Klaus Rödler

Erbsen, Bohnen, Rechenbrett:

Rechnen durch Handeln

Bibliografische Information der Deutschen Bibliothek:
Die Deutsche Bibliothek verzeichnet diese Publikation in der Deutschen Nationalbibliografie; detaillierte bibliografische Daten sind im Internet unter http://dnb.ddb.de abrufbar.

Impressum

Klaus Rödler
Erbsen, Bohnen, Rechenbrett: Rechnen durch Handeln

Realisation: Stefan Zielasko / Friedrich Medien-Gestaltung
Druck: Aalexx Druck GmbH, Großburgwedel. Printed in Germany
ISBN 3-7800-2076-9

Besuchen Sie uns im Internet unter: www.kallmeyer.de

Inhaltsverzeichnis

„Es ist doch so:
2 x 2 macht irgendwas und 4 x 4 macht irgendwas.
Leider nicht dasselbe.
Sonst wäre es einfacher!“
(Stan Laurel)

Vorwort

So wie Stan geht es vielen Kindern. Für sie sind die Zahlen ein Rätsel. Sie betrachten die Beschäftigung mit ihnen als Rätselspiel, das sich die Schule oder irgendwelche Erwachsenen ausgedacht haben. Es kommt darauf an, hinter die Regeln zu kommen, die aber ziemlich kompliziert gemacht wurden. Das ist schade, denn sonst wäre es einfacher.
Die Schule tut wenig dafür, dieses Bild der Mathematik und des Rechnens aufzulösen. Rechenunterricht findet noch immer zumeist abgesondert statt. Wo immer Lehrer und Lehrerinnen Fächer vernetzen, nur selten wird hierbei der Rechenunterricht einbezogen. Leichter scheint es, Kunstunterricht mit Sachkunde oder Deutsch mit Musik zu verbinden als das Rechnen mit der Erfahrungswelt der Kinder. Seitens der Mathematik tauchen Umwelt und Erfahrungswelt vor allem als Beispiel oder Anwendung auf, selten – und häufig nie – als deren Auslöser.
In der Reformpädagogik blieb die Mathematik ungewöhnlich isoliert und auf sich bezogen. An den von Montessori entwickelten Materialien und ihrer Bearbeitung sieht man deutlich, wie Mathematik als eigenständiger, isolierter Bereich des Denkens gesehen und entwickelt wird. Indem das Kind sich mit den Spindeln und dem Rosa Turm, mit dem Multiplikationsbrett oder den Perlenketten beschäftigt, nimmt es deren Strukturierung auf. Es lernt so mathematische Strukturen wie größer/kleiner, Vorgänge wie Vervielfachen und Teilen, oder Mengen als unterschiedlich geordnete Ansammlungen von Einzelelementen, kennen. Diese Erfahrung bleibt aber im Lernprozess ans Material gekoppelt und ist nicht auf den Alltag gerichtet.
In der Arbeit am Material strukturiert das Kind seinen Geist im mathematischen Sinne. Die Vorstellung ist, dass das Kind diese Strukturierung aufnimmt und so bei seiner Wahrnehmung des Alltags benutzen kann. Diese Übertragungsleistung mag vom Kind im Einzelfall geleistet werden oder auch nicht. In der gemeinsamen pädagogischen Arbeit, im Rechenkonzept der Montessoripädagogik, wird sie nicht thematisiert.
Neuere fachdidaktische Veröffentlichungen betonen ausdrücklich die Notwendigkeit, Mathematikunterricht vor allem auch an der Mathematik zu treiben, das heißt, deren Grundlagen selbst zum Kern des Unterrichts zu machen. „Ohne die Erforschung mathematischer Strukturen *für sich selbst*, jenseits unmittelbarer Wirklichkeitsbezüge, hätte sich die Mathematik niemals zu dem breiten anwendungsfähigen Werkzeug entwickeln können, das es heute ist. ... Der ‚reine Aspekt‘ der Mathematik ist insofern ein unverzichtbares Element des Mathematiklernens.“[1]
So richtig das ist, und so wichtig es daher ist, die Einsicht in die Eigenständigkeit der Zahlenwelt und deren Gesetzmäßigkeiten als wertvolles Ziel im Auge zu behalten, so problematisch ist es, wenn dieser Gesichtspunkt am Anfang dominiert, wenn entdeckendes Ler-

nen im Unterrichtsalltag nur noch an Rechendreiecken, Zahlenmauern, Zahlenfolgen, merkwürdigen Zahlen und Ähnlichem praktiziert wird und die Umwelt ausschließlich oder überwiegend in zum Thema passenden Sachaufgaben verpackt daher kommt.
Wichtig an der zitierten Aussage bleibt, dass die Mathematik auch auf der Ebene des Rechnenlernens vor allem dann ihre bildende Kraft entfalten kann, wenn die verwendeten Verfahren reflektiert werden, wenn die Überlegungen zur Sprache kommen und das Rechnen nicht nur Mittel, sondern auch Inhalt ist. Richtig ist aber auch, dass die Reflektion des Rechnens das Rechnen voraussetzt. Und es will mir nicht einleuchten, warum es ‚reinere' Mathematik sein soll, wenn diese Reflektion an Kunstobjekten wie Zahlenmauern geschieht, als wenn sie sich an der Frage reibt, warum Bohnenpflanzen immer 2, 5, 8, 11, … Blätter haben. Ich kann auch nicht nachvollziehen, warum es bildender sein soll, seine Überlegungen beim Rechnen in Zahlennotizen festzuhalten, als diese durch Operationen mit konkretem Rechenmaterial zu vollziehen.

Die geschriebene Zahl kann den Rechenprozess erst dann unterstützen, wenn sie dem, der da rechnet, mehr ist als ein Zeichen. Gerade weil das *Ziel* des Rechnenlernens das Rechnen mit unseren abstrakten Zahlen ist, ist das zentrale *Lernziel* der Arithmetik ein wirklich fundiertes Zahlverständnis. Und das entwickelt sich erst allmählich vom Konkreten zum Abstrakten, weshalb angemessene konkrete Rechenverfahren gefunden und angeboten werden müssen.

Diesem Ziel einer Passung zwischen praktizierten Rechenverfahren und innerer Rechenlogik wird allein mit den vertrauten Methoden noch nicht genügend Rechnung getragen. Nach *Schipper/Raddatz* lösen am Ende der vierten Klasse die schwachen Rechner zwei Drittel und selbst die guten Rechner ein Fünftel der Aufgaben im Zahlenraum bis 20(!) noch zählend.[2] Offensichtlich haben alle Übungen mit Zahlen und das Rechnen in den systematisch aufgebauten Zahlräumen – trotz der Veranschaulichung mit Material – bei vielen Kindern nicht geholfen, um zu einem Rechnen vorzudringen, das die dezimale Stellenwertstruktur unserer Zahlen und Aspekte wie Zerlegung oder Verdopplung nutzt. Wenn dies aber so ist, dann ist es doppelt wichtig, *dieser* unangenehmen Wahrheit ins Gesicht zu schauen, und eine Form des Rechnenlernens zu entwickeln, die der inneren Logik des Abzählens Rechnung trägt und breiteren Raum einräumt. *Daran anknüpfend und darauf aufbauend* müssen die mathematischen Konzepte thematisiert und müssen die weiterführenden Rechenverfahren entwickelt werden! Gefordert ist eine Brücke zwischen handelndem und abstraktem Rechnen, die bis in die hohen Zahlenräume hinein trägt.

Ich plädiere daher dafür, den Kindern Wege zu zeigen, auf denen sie so konkret rechnen können, wie es ihrer inneren Anschauung entspricht und die Zahlen, bzw. Zahlzeichen dabei zunächst eher als Notationshilfen zu begreifen. Auch dort, wo schon mit Zahlen gerechnet wird, sind diese immer wieder auf konkrete Realitäten zurück zu beziehen. Denn das zugrundeliegende Denken der Kinder ist selbst dann, wenn die Beschleunigung des pädagogischen Alltags schon Zahlenrechnen zeigt, im Wesentlichen noch immer ein konkretes Denken.

Insbesondere rechenschwache Schüler werden vom frühzeitigen Übergang auf abstrakte Zahlzeichen überfordert und müssen sich dann als Notlösung auf die Suche nach den versteckten ‚Tricks' machen. Für sie ist nicht nur der Zusammenhang zwischen dem Rechnen und ihrer Lebenserfahrung verloren gegangen, sondern auch der zwischen Zahl und deren Gehalt. Sie sitzen als ‚Stan' in der Klasse und empfinden sich als zu ‚doof' zum Rechnen. Sie brauchen Mittel, die ihnen helfen, die konkrete Situation oder die abstrakte Zahl handelnd zu übersetzen: *Rechenmittel.*

Ich plädiere zweitens dafür, die Erfahrungswelt als Rechenanlass ebenso zu nutzen wie für mathematische Entdeckungen. Weil die Umwelt *nicht* didaktisch aufbereitet daher kommt, zwingt sie uns, unser Rechenvermögen kreativ zu nutzen und angesichts der noch nicht befriedigend lösbaren Probleme weiter zu entwickeln. Sie hilft uns, nicht in Zahlräumen zu denken, sondern in Problemstellungen. Rechnen an der Umwelt heißt daher immer, in einem persönlichen Zugriff denkend zu arbeiten. Diese Chance, unseren Unterricht von den Routinen zu befreien und zu einem geistvollen Arbeitsprozess umzugestalten, dürfen wir uns nicht entgehen lassen.

Dieses Anknüpfen an die Umwelt wird aber nur möglich, wenn wir die konkrete Wirklichkeit auf einem angemessenen Abstraktionsniveau handhabbar machen können. Dieser Aufgabe dienen im Bereich der Anzahlen die Rechenmittel, die den abstrakten Zahlen eine konkrete Gestalt geben. Deren Einsatz und Gebrauch, insbesondere die aufbauende Entwicklung der Rechenmittel über die vier Schuljahre, stellt daher das eigentliche Kernelement und das eigentlich Neue dieser Veröffentlichung dar. Eine Konsequenz, die mit der Verschiebung des Focus auf die Rechenverfahren und auf die konkrete Zahldarstellung in Form handhabbarer Mengen einher geht, ist zum Beispiel die, dass sich die Stufung des Lehrgangs nun nicht mehr in Zahlräumen (bis 5, bis 10, bis 20, bis 100, bis 1000, bis 1 Million) vollzieht, sondern dass Stufen innerer Rechenkonzepte sichtbar gemacht, die mit bestimmten Zahlvorstellungen korrespondieren. Diese inneren Konzepte sind weitgehend unabhängig von den behandelten Zahlräumen, weshalb der Unterricht nicht mehr in der Logik wachsender Zahlräume, sondern in der Logik zunehmend abstrakter Rechenmittel entwickelt wird.
Rechenmittel ermöglichen nicht nur einen an Umweltbezügen interessierten Mathematikunterricht. Sie wirken auch integrativ! Denn sie ermöglichen es, Kinder, die inhaltlich abgehängt scheinen, im ‚ganz normalen Rechenunterricht' in einer Form einzubinden und zu fördern, dass diese wieder Anschluss ans Geschehen gewinnen. Dies ist möglich, weil das handelnde Rechnen mit Rechenmitteln hilft, Strukturen zu bilden, die von vielen Kindern nicht allein logisch an der Analyse von Zahlen und mathematischen Konstrukten erschlossen werden können.

Dieser Focus ist eng gezogen. Er schließt vieles aus, was auch zum Rechnenlernen gehört. Weder werden die einzelnen Größen in ihrer jeweiligen Bedeutung thematisiert, noch kommen operative Übungen vor. Aus den unterschiedlichen Aspekten der Zahl sind hier nur Zählzahl und Anzahl ernsthaft angesprochen. Das Kopfrechnen wird ebenso wenig erwähnt wie dem halbschriftlichen Rechnen breiter Raum eingeräumt wird, das *Schipper/Raddatz* zu Recht als ‚gestütztes Kopfrechnen' bezeichnen.

Dies geschieht nicht, weil diese Bereiche keine Bedeutung hätten. Im Gegenteil! Gerade am Kopfrechnen und gestützten Kopfrechnen zeigt sich, wie ein Kind innerlich denkt und rechnet. Auf welchem Zahlverständnis es aufbaut. Nicht um die Bedeutung dieser Bereiche zu relativieren, werden sie ausgeblendet oder nur am Rande behandelt, sondern um die Neuerung ganz in den Mittelpunkt zu stellen, um die es mir geht und die nicht durch den Versuch eines umfassenden Konzepts verwässert werden soll.
Diese Neuerung besteht darin, anzuerkennen, dass Rechnen zunächst einmal *kein Rechnen mit Zahlen, sondern ein Rechnen mit Anzahlen* (also etwas Gezähltem) ist, – selbst dort, wo es in Zahlen notiert wird. Sie besteht zweitens darin, dem konkreten Rechnen Mittel an die Hand zu geben, die Rechenhandlungen auf unterschiedlichem Abstraktionsniveau möglich machen. Sie besteht drittens darin, den diagnostischen und didaktischen Blick weg von den Zahlräumen hin zu den Zahlstrukturen zu wenden, so dass die Entwicklung eines Schülers auf dieser Ebene beschreibbar wird. Dabei wird betont, dass die Einsicht in die grundlegenden Eigenschaften unserer Zahlen, nämlich aus dezimalen Bündelungen und Stellenwerten gebildet zu sein, im Zentrum der Aufmerksamkeit stehen muss. Und schließlich besteht die hier vorgeschlagene Neuerung darin, diese Vorgänge in einen Lernprozess einzubinden, der das Rechnen selbst und die Entwicklung der uns vertrauten Verfahren *zum Mittel* erhebt, das Ziel eines verständigen Umgangs mit Zahlen zu erreichen. Es geht daher um einen Einstieg ins Umdenken im Bereich des Rechnenlernens.

Der hier vorgestellte Ansatz ist im Klassenunterricht entstanden und wurde im Klassenunterricht entwickelt. Er setzt nicht die ‚Eins-zu-eins'-Fördersituation voraus und auch nicht die kleine Gruppe. Es geht um einen *fördernden Klassenunterricht* und um *im Klassenunterricht fördernde Verfahren.*

Dieses Buch richtet sich daher in erster Linie an Lehrerinnen und Lehrer der Grundschule oder Sonderschule, die sich bemühen, ihren Rechenunterricht effektiver zu gestalten. Um dazu in der Lage zu sein, gilt es, den Blick zu schärfen für das, was im Kind unter der Oberfläche des sichtbaren Rechnens geschieht. *‚Wie lernen Kinder rechnen? Was passiert da eigentlich in ihrem Kopf?'* Davon gilt es ein Bild zu haben, wenn wir ein Kind in seinem Lernprozess begleiten wollen. Für diese Frage bietet dieses Buch ein Modell. Indem es hilft, durch ein tieferes Verständnis der Vorgänge zu einer sensibleren Sicht zu gelangen, stärkt es die Diagnose- und Entscheidungskompetenz im ganz normalen Rechenunterricht.
Was wir als Lehrer aber auch suchen, sind Handlungsalternativen. Handlungskompetenz erwächst nicht automatisch aus der Diagnose. Oft stehen wir im Unterricht ratlos vor den erkannten Problemen. Da nutzt uns auch die beste Diagnose nichts, wenn wir nicht wissen, wie wir darauf reagieren können. Daher bildet diese praktische Frage des alltäglichen Unterrichts den Ausgangspunkt des Buches. Dabei geht es vom alltäglich erlebten ‚Erfolg und Misserfolg im Unterricht' *als Realität* unserer Unterrichtsarbeit aus, das heißt von der geläufigen Tatsache, dass es ‚gute und schwache Rechner gibt'.
Dies geschieht aber nun nicht in der Form, dass es versucht, die guten Rechner als Erfolg und die schwachen Rechner als Misserfolg des Unterrichts zu verbuchen. Es geht nicht

darum, die Illusion zu nähren, wir könnten bei Verwendung der richtigen Konzepte, alle zu guten Rechnern machen. Im Gegenteil wird die Tatsache der Differenz zum Ausgangspunkt und Anlass genommen, das Unterschiedliche in seiner Unterschiedlichkeit Ernst zu nehmen, um jedem zu seinem Recht zu verhelfen. Dies geschieht ganz praktisch, indem insbesondere Möglichkeiten dargestellt werden, worin eine akzeptierende Förderung bestehen kann, welche den ‚schwachen Rechner' nicht als mangelhaft, sondern als anders denkend anerkennt.
Bei der Suche nach angemessenen, nicht diskriminierenden Formen der unterstützenden Begleitung gerät die Materialebene in den Blick, welche in ihrer Bedeutung für das Denken des Kindes und insbesondere in ihrer fördernden Wirkung dargestellt wird. Dass der Gebrauch des Materials so breiten, fast handbuchartigen Raum einnimmt, dient dabei einem doppelten Zweck. Zunächst und vor allem soll die Effizienz vor Augen geführt werden, welche dem hier vorgeschlagenen Material innewohnt, wenn man dessen Kernbotschaften verstanden hat. Gleichzeitig sollen eben diese Kernbotschaften durch die detaillierte Präsentation nachvollziehbar und also im eigenen Unterricht verwendbar werden.

Indem das Rechnen als ein Vorgang dargestellt wird, in dem unterschiedliche Denkniveaus als natürliche Realität und insbesondere das konkrete und handelnde Rechnen als wesentliche Basiskompetenz anerkannt werden und indem mit den Rechenmitteln ein Material an die Hand gegeben wird, das diese Vielfalt des Geschehens und die Veränderungen des Denkens bei den einzelnen Kindern produktiv begleitet, ist zugleich die Grundlage dafür gelegt, dass das Buch auch unter der dritten Fragestellung ‚*Wie können wir die Rechenkompetenz fördern?*' gelesen werden kann.
Wir haben durch die in den Rechenmitteln sichtbare Stufung nämlich sowohl ein *Diagnose-* als auch ein *Fördermittel*. Und da nahezu mit jedem Material und daher auf jedem Niveau alle Rechenprobleme des Grundschulbereichs lösbar sind, können wir die Förderung inhaltlich an das Unterrichtsgeschehen anbinden, in dem sich das Kind mit seiner Klasse bewegt. Wir müssen ihm keine anderen Aufgaben geben. Wir geben ihm nur andere Rechenmittel in die Hand; Rechenmittel, die seinem Denken entsprechen, dieses anerkennen und daher nicht nur seine kognitive Entwicklung, sondern auch sein Selbstbewusstsein fördern. Durch diese Eigenschaft lässt sich der Ansatz auch aus sonderpädagogischer Perspektive lesen und produktiv nutzen.

Wenn also das Buch sowohl im Blick auf den Rechenunterricht als Gesamtkonzept wie im Blick auf den Förderaspekt oder den Diagnoseaspekt gelesen werden kann, so spiegelt sich diese Vielfalt auch in den unterschiedlichen Möglichkeiten, es als Leser zu nutzen. Man muss es nicht chronologisch abarbeiten, sondern kann seinen eigenen Weg durchs Buch finden.

Dennoch sollte man sich zu Anfang dadurch ins Thema ziehen lassen, dass man im Abschnitt A den ‚Weg des guten und schwachen Rechners' verfolgt, um die Änderung der Aufmerksamkeit nachzuvollziehen, welche der für den Unterricht vorgeschlagenen Materialebene zugrunde liegt.
Dann ist es möglich, je nach Interesse, in beliebiger Reihenfolge die Abschnitte B1 (Mit Sachen rechnen) und B3 (Rechnen mit Rechenmitteln) zu lesen, weil hier die Konsequenzen

für den Unterricht ganz praktisch vorgestellt werden. In diesen Abschnitten kann man auch später gezielt nachschlagen, wenn man eine Anregung sucht oder ein konkretes Problem hat. Im Abschnitt C ist vor allem der Abschnitt C2 (Das zweite Schuljahr) von ergänzender Bedeutung, weil darin der ansonsten nicht berücksichtigte Aspekt der Einführung von Multiplikation und Division, einschließlich des ‚kleinen Einmaleins', behandelt wird. Und wer sich auf ein kommendes Schuljahr vorbereitet, kann im jeweiligen Abschnitt in C nachlesen, was die im Kern wesentlichen Einsichten sind, die es jenseits aller Detailthemen in diesem Schuljahr im Blick auf das Rechnenlernen zu vermitteln gibt.
Derjenige, der auf diese Weise ein vertieftes Interesse gewonnen hat, wie diejenigen, die das Buch vor allem im Blick auf den Diagnose- und Förderaspekt oder aus fachdidaktischer Perspektive lesen, sollten sich nun mit den ausgelassenen Abschnitten befassen. Bedeutsam ist dabei insbesondere der Abschnitt B2 (Rechenmittel), in dem die ‚Stufen der Abstraktion' benannt werden, nach denen die Rechenmittel aufeinander aufbauen. Dieser Abschnitt ist grundlegend, denn hier wird noch einmal explizit benannt, wie und in welcher Weise sich die aufeinander folgenden Rechenmittel ergänzen, so dass deutlich wird, an welchem Punkt es jeweils sinnvoll ist, in der Arbeit von einen Rechenmittel auf ein neues überzugehen. Gerade für Sonderschullehrerinnen bzw. diejenigen, die häufiger diagnostische Aufgaben durchzuführen haben, ist dieser Abschnitt von besonderer Bedeutung.
Während mit dem Abschnitt B2 der Blick durch eine größere Präzision verfeinert wird, hilft Abschnitt C, sich abschließend einen Überblick über das Ganze zu verschaffen. Die in den Rechenmitteln vorgestellte Stufung wird auf die Realität unserer (meist) vierjährigen Grundschule bezogen, so dass es leichter fällt, das im eigenen Unterricht Beobachtete einzuordnen, bzw. die nächsten Schritte vor dem Hintergrund der Gesamtperspektive zu planen.
Hier geht es noch einmal um den tieferen Sinn, den bildenden Gehalt, den wir – jenseits von den konkreten Rechentechniken – im Auge behalten müssen, wenn wir den Rechenunterricht eben doch und vor allem als Teil des *Mathematik*unterrichts nicht aus den Augen verlieren wollen.

Mit diesem Buch habe ich das Ziel, neue Aspekte in die fachdidaktische Diskussion einzubringen. Vor allem aber möchte ich Lehrer und Lehrerinnen ‚auf den Geschmack' bringen. Ich möchte ihnen Anregungen an die Hand zu geben, was sie in ihrem Unterricht verändern und wie sie in diesen Bausteine einbauen können, die den gestellten Ansprüchen gerecht werden. Dieses Buch soll ein Werkzeug sein für die Weiterentwicklung von Unterricht. Und da es letztlich – wie bei allem Lernen – um die gemeinsame Entwicklung und Reflektion von Erfahrung geht, bin ich für Erfahrungsberichte und Rückkopplungen ganz besonders dankbar.

Aus diesem Grund danke ich an dieser Stelle schon einmal Annegret, die die erste war, die sich für meine Ideen interessierte und (als nicht vom Fach kommende Lehrerin) ausprobierte. Ihre positive Rückkopplung war ein Ansporn für mich, die Grundlagen meines Rechenunterrichts genauer zu durchdenken und breiter öffentlich zu machen.

Frankfurt/M., Januar 2006

A: Erfolg und Misserfolg im Rechenunterricht

1. Was ist erfolgreiches Rechnen?

Spätestens seit PISA geht es um mehr als um ‚rechnen lernen'. Es geht um die Entwicklung von ‚Rechenkompetenz', die sich darin beweist, dass Sachprobleme übersetzt und Rechnungen vor dem Hintergrund eigener Denkbewegungen und nicht nur mechanisch gelöst werden. Was aber steckt dahinter? Was macht einen kompetenten Rechner aus? Wie wird ein Kind im Rechnen kompetent?

Rechenkompetenz ist eng damit verknüpft, wie vielfältig, anschaulich und differenziert die Zahlvorstellungen eines Rechners sind. Erst wenn er die verschiedenen Aspekte in den unterschiedlichen Situationen angemessen erkennen kann, kann er sich im Blick auf die Rechnungen angemessen verhalten. Bei Selter/Spiegel finden wir das Beispiel einer kompetenten Rechnerin[3]:

> **Die Aufgabe:** Ein Apotheker füllt 1,750 kg Salmiakpastillen in Tüten zu je 50 g. Wie viele Tüten erhält er?
>
> Die Übersetzung dieser Textaufgabe in eine Rechnung ‚1,750 kg : 50 g =' würden sicher viele Kinder einer 4. Klasse so leisten, wenn gerade die schriftliche Division behandelt wurde. Kreativ wird die Sache durch die Tatsache, dass das Kind nicht entlang eines gelernten Verfahrens rechnet, sondern eigenen Überlegungen folgt.
> Es schreibt: „2 x 7 = 14, 1 x 1 = 1, 2 x 10 = 20, also 35 Tüten."

Die originelle Idee besteht darin, vom Inhalt einer Tüte (50 g) auf den zweier Tüten (100 g) zu schließen und die gesamte Menge aus 100 g Bausteinen zusammenzusetzen, was bei unseren dezimal strukturierten Zahlen die Aufgabe erleichtert.
Das macht aber auch deutlich: Kreativität kann nur wirksam werden, wenn die Struktur der Zahlen wirklich verstanden ist und dadurch genutzt werden kann. Um so zu rechnen, muss das Kind nicht nur die Größenbereiche Kilogramm und Gramm kennen. Es muss auch die dezimale Schreibweise mit Komma als Tausenderzahl interpretieren können. Es muss 50 g als halbe 100 g erkennen und 1000 g als 10 x 100 g. Das Beispiel ist also nicht nur ein Beispiel für kreatives Rechnen, sondern es zeigt vor allem, wie wichtig es ist, dass Kinder die dezimale Struktur unserer Zahlen wirklich verstehen lernen.

Im Kern geht es bei der Entwicklung der Rechenkompetenz nicht nur um differenzierte Zahlvorstellungen, sondern vor allem um die Entwicklung von Einsicht in die Struktur unserer Zahlen. Im Unterricht kommt es daher darauf an, den Blick auf diese Ebene des Geschehens

zu lenken und dies zu unterstützen. Das beginnt nicht bei komplizierten Aufgaben oder bei der Erschließung großer Zahlräume, sondern mit dem ersten Tag in der Schule.
Wenn ich zum Beispiel einem Kind sage „Nimm zwei Stifte in die eine Hand und einen in die andere.", und es dann auffordere, mir zu sagen, wie viele Stifte das insgesamt sind, so muss ein Kind, um die Aufgabe zu bewältigen, unsere Zahlenfolge bis 3 kennen und aufsagen können. Dieses Kind wird erst zwei Stifte nehmen und dabei laut oder leise zählen: „Eins, zwei." Anschließend wird es einen Stift in die andere Hand nehmen. Und dann wird es die Stifte einzeln von einer Hand in die andere zählen (oder auch nur mit den Augen abtasten) und laut oder leise zählen: „Eins, zwei, drei." So sagt es mir die richtige Lösung.
Was ich in der Beobachtung dieses Vorgangs aber auch erfahre, ist, dass das Denken des Kindes noch sehr auf das konkrete Material angewiesen ist und dass es sich auch kleinster Mengen vergewissern muss. Die Menge scheint als selbstständige Eigenschaft noch gar nicht vorhanden. Das Kind benutzt eine Zuordnungsregel, indem es die Zahlenfolge auf die Stifte anwendet, denn es weiß, dass es so das Ergebnis findet, das die Erwachsenen hören wollen. Vielleicht hat das Kind den Sinn der Sache noch gar nicht durchschaut und sucht – wie in einem Rätsel – schlicht das richtige Wort ‚drei'. Allein die richtige Antwort kann mich als Lehrer noch nicht sicher machen, was das Kind über Zahlen und Rechenvorgänge wirklich verstanden hat.

Ein Kind, das bereits ein inneres Bild der Zahlen 1, 2 und 3 hat, das heißt, diese Zahlen als Mengen sieht, nimmt möglicherweise gleich zwei Stifte in die eine Hand, einen in die andere und sagt dann: „Drei."
Tut es dies, dann hat es auch schon ein inneres Bild von Zerlegungen, denn es erkennt in der Zerlegung nach ‚2' und ‚1' spontan die ‚3' . Es muss sie nicht erst zusammenführen. Besteht dieses innere Bild noch nicht, dann wird das Kind die Stifte der beiden Hände in eine Hand tun oder zusammen ablegen, so dass die ‚3' vor seinen Augen entsteht.

Möglich ist schließlich auch, dass ein Kind die Stifte gar nicht, wie aufgefordert, in die Hand nimmt und nach einigem Überlegen gleich „Das sind 3!" sagt. Das heißt nun entweder, dass es in diesem Bereich so klare Handlungsvorstellungen hat, dass es auf die Durchführung gar nicht mehr angewiesen ist. Oder dass es hinter der geforderten Handlung die Rechnung erkennt, die es auch ohne Handeln ausführen kann. Oder auch, dass es ‚weiß', dass es beim Lehrer um die Addition geht und die Aufgabe 1 + 2 = 3 mit der Mama bereits auswendig gelernt hat; – um zu vertuschen, dass sein Verständnis eigentlich genau so weit ist, wie das des zweiten Kindes, nämlich bei dem Versuch, die Spielregeln auswendig zu lernen, ohne wirklich zu erfassen, worum es geht.

Wenn ich Kindern helfen will, ihre Rechenkompetenz zu erweitern, so reicht es also nicht, Aufgaben zu stellen und Lösungen zu kontrollieren. Ich muss vielmehr den Blick dafür gewinnen, wie und – vor allem – auf welchem gedanklichen Niveau das Kind die Lösung gefunden hat. Was hat das Kind von den Zahlen verstanden? Nur wenn ich das Kind im Rahmen seines Zahlbegriffes rechnen lasse, hat es die Chance, forschend, entdeckend, handelnd, argumentierend, also: wirklich *mit*denkend, zu rechnen.
Am Anfang steht die Sensibilität für den Schüler, vor allem für die Gedanken und Prob-

leme, welche in seiner Arbeit und seiner Arbeitshaltung zum Ausdruck kommen. So lange wir uns von richtigen Ergebnissen getäuscht in falscher Sicherheit wiegen oder angesichts beständig falscher Lösungen an Schülern und unserer ‚didaktischen Inkompetenz' verzweifeln, können wir die Entwicklung der Kinder nicht fördernd und produktiv begleiten. Erst wenn wir bereit sind, an jedem Punkt immer wieder ehrlich Bilanz zu ziehen, und wenn wir den jeweils erreichten Stand (samt der sichtbaren Probleme) als tatsächlichen Ausgangspunkt sehen können, werden wir in der Lage sein, die Entmutigung zu verhindern, die ein Schüler entwickelt, der sich aufgibt, weil er sich aufgegeben fühlt.

Deshalb beginnt dieses Buch mit der augenscheinlichen Tatsache, dass es gute und schwache Rechner gibt, dass manche Kinder es begreifen und andere immer wieder Fehler machen.
Was geschieht da eigentlich bei den guten und was bei den rechenschwachen Schülern? Wie können wir eingreifen, damit sich eine sichtbare Rechenschwäche nicht verfestigt?

Der Weg des rechenschwachen Schülers, seine Bewältigungsversuche und Unterlaufungsstrategien müssen zur Kenntnis genommen werden. Und wir brauchen Hinweise, wie diesen an jedem Punkt des Lernens immer wieder neu – positiv – begegnet werden kann.

2. Der Weg des guten und schwachen Rechners

Was unterscheidet den Weg des ‚guten' Rechners von dem eines Kindes, das das Rechnen in der Schule mit Schwierigkeiten lernt? Vergleicht man die beiden Wege, dann sieht man typische Abkopplungen, die der ‚schwache' Rechner als Schutz vor Überforderung durchführt. Diese als solche wahrzunehmen, zu durchschauen *und als Realität anzuerkennen*(!), ist die Voraussetzung dafür, dass man als Lehrer nicht nur fordernd (und verzweifelnd), sondern fördernd reagieren kann. In welche Richtung förderliche Maßnahmen gedacht und erprobt werden können, wird in diesem Kapitel an für den Rechenweg entscheidenden Stationen dargestellt.

Natürlich existieren diese Typen des guten und des schwachen Rechners nicht in Reinkultur. Natürlich sind sie nicht starr und unveränderlich. Gute, strukturorientierte Rechner können zu verunsicherten Anwendern von Schemata werden und umgedreht kann es bei Kindern, die man lange Zeit als rechenschwach erlebt und vielleicht innerlich eingestuft hat, zu überraschenden Entwicklungssprüngen kommen. Die Fähigkeit, sich Lernprozessen zu öffnen und auf die damit verbundenen Änderungen des Denkens einzulassen, verändert sich. Sie ist abhängig von den gesamten Lebenserfahrungen, in denen ein Kind gerade steht und aufwächst.
Insofern sind Optimismus und Pessimismus gleichermaßen geboten: Optimismus, dass jedes Kind sich jederzeit neu orientieren kann und man ihm die Chance dazu geben muss,

es also nicht auf die Rolle als ‚schwachen Rechner' festschreiben darf. Pessimismus, weil der Erfolg eben letztlich nicht didaktisch konstruierbar ist. Auch beim besten Willen und den besten Methoden wird nicht jedes Kind zum ‚guten Rechner'. Schon gar nicht zu jedem Zeitpunkt! Seine sozialen, emotionalen oder auch kognitiven Möglichkeiten (Was dabei Ursache und was dabei Wirkung ist, lässt sich oft gar nicht klar sagen!) setzen eine Grenze, die respektiert werden muss und sich nicht fachdidaktisch auflösen lässt. Gerade auch aus Respekt vor dem Kind! Denn verlangt man ständig etwas nicht zu Leistendes, diskriminiert man sein Wesen. Man untergräbt sein Selbstwertgefühl und schädigt gerade dadurch die Grundlage, auf der allein kognitive Entwicklung möglich ist.

Deshalb ist es so wichtig, sich ein klares Bild vom Kind zu machen, eine Einordnung, eine Schublade, wenn man so will, die das Kind so nimmt, wie es ‚ist'; zumindest wie es sich mir mit all seinen Schwächen präsentiert. Und deshalb ist es so wichtig, den eigenen pädagogischen Optimismus für die Überzeugung zu nutzen, dass man ihm nicht schadet, wenn man es in all seiner mathematischen Mangelhaftigkeit sein lässt und ihm die Mittel an die Hand gibt, sich auf diesem Niveau zu bewegen. Dies, weil man fest daran glaubt, dass auch dieses Kind das Potenzial hat, sich zu verändern und dann all die Schritte zu vollziehen, von denen wir meinen, es sollte oder müsse sie eigentlich heute schon gehen.

Dieses Kapitel beschreibt den Weg des Schülers durch den schulisch gebotenen Rechenunterricht mit Hilfe zweier Schubladen. Diese sollen zeigen, wie unterschiedlich Kinder mit unserem Angebot umgehen. So wird auch deutlich, warum die schwachen Rechner so häufig schwach bleiben und was wir ihnen bieten müssen, damit sie ihre tatsächliche Rechenlogik gebrauchen können, um diese selbst verändernd zu überwinden.

2.1 Der Schuleinstieg

Der Schuleinstieg des guten Rechners

Auch der gute Rechner hat einmal damit begonnen, Dinge zählend zu erfassen und abzählend zu rechnen. Dies geschah aber schon vor einigen Jahren. Bereits im Kindergarten hat er sich für Anzahlen interessiert und an seinen Fingern kleine Aufgaben gerechnet. Galt es, Bonbons unter den Kindern gerecht zu verteilen, erledigte er das durch konkretes Handeln, wobei die Anzahl hier unwichtig war und daher Zahlen keine Rolle spielten. Reihum bekam jeder ein oder zwei, bis nichts mehr übrig war. Vielleicht konnte er da schon bis 25 zählen, aber das brauchte er zur Lösung dieses Problems nicht. Jetzt, am Anfang seiner Schulkarriere, kennt er bereits die Zahlenfolge bis 100 und ist sehr gespannt auf das, was noch kommt.

Er hat sehr früh angefangen, sich für Anzahlen zu interessieren und diese in seiner Umwelt entdeckt. An der Garderobe sah er die Zahl der Kleiderhaken und an der Wand die der Fenster. Er entdeckte, dass man die Stückchen beim Bäcker zählen kann und dass es immer vier Reifen am Auto sind. Ihm fielen die Anordnungen auf, und er thematisiert sie: „Da an der Garderobe sind immer fünf Haken hintereinander." „Bei den Joghurts sind im-

mer vier in einer Reihe." Schon lange kann er mit Münzen umzugehen. Er geht einkaufen und weiß, was die Münzen wert sind.
Wenn der gute Rechner in die Schule kommt, dann macht er eine Art Wiederholungskurs. Er lernt den *schulischen Umgang* mit Zahlen: die Bearbeitung gleichartiger Aufgaben, das Aufschreiben von Gleichungen und Ungleichungen sowie die Übersetzung von Bildern oder Sachsituationen in Rechnungen. Er lernt, die Zahlen, isoliert vom Alltag, unter die Lupe zu nehmen, aber er lernt über sie nichts wirklich Neues. Vielmehr bietet ihm der Anfangsunterricht ein Feld, in dem er seine vorhandenen Kenntnisse erproben und festigen kann. Wenn etwa die Zerlegungen der Zahlen bis 10 trainiert werden oder das schnelle Erfassen geordneter Mengen geübt wird, dann wird intensiviert, was das Kind von sich aus bereits begonnen hat, nämlich hinter den Zahlen Mengen zu sehen und diese auf Anzahl und Ordnung hin zu betrachten. Das Kind findet sich mit seinen Erfahrungen in den schulischen Anforderungen wieder.

Der Schuleinstieg des schwachen Rechners

Genau diese innere Anknüpfung fehlt dem rechenschwachen Schulanfänger. Er hat den Anzahlaspekt in seinem Alltag noch nicht beachtet. Er sah die Heizung – aber nicht die Rippen. Er sah den Tisch – aber nicht die Beine. Und wenn, dann war es für ihn nicht von Interesse, ob da drei, vier oder fünf Beine waren. Sie waren halt da, und der Tisch fiel nicht um. (Oder: Sie waren da, damit der Tisch nicht umfiel.)
Ihm geht es um die Funktion der Sachen und unter diesem allgemeinen Blickwinkel betrachtet er auch die Geldmünzen: „Damit kann man Sachen kaufen!" Aber Münze ist Münze, und viele Münzen sind „Viel Geld!". Da die Grundlage der Beobachtung und Analyse von Anzahlen im Alltag fehlt, fehlt umso mehr die Grundlage, um symbolische Wertigkeiten zu verstehen. Dem ‚schwachen Rechner' ist, wenn er in die Schule kommt, noch immer alles ‚eins' oder ‚viel', bzw. ‚ein Haufen'.

Der schwache Rechner fängt in der Schule, wie der gute in früherem Alter, irgendwann an, zu zählen. So kann er den Anfang der Zahlenreihe lernen. Aber er kommt selten weit über die zwanzig hinaus, weil ihm die wiederkehrende Struktur noch nicht aufgeht und jede weitere Zahl eine zusätzliche Gedächtnisleistung abfordert. Kinder mit sehr gering ausgeprägtem Strukturierungsvermögen oder echten Gedächtnisproblemen kommen selbst Anfang des ersten Schuljahres noch nicht über die Zehn und manche nicht über die Fünf hinaus. Doch solche Kinder sind selten. Für die meisten schwachen Rechner gilt, dass sie in der Lage sind, spätestens nach den ersten Schulwochen die Zahlenfolge zumindest memorierend zu lernen, wie auch manche Kinder, die das schon beim Schuleintritt können, es nur auf diesem Verständnisniveau beherrschen.
Dieses memorierende Lernen, mit dem ein Teil der Kinder die Aufgabe des Zahlenlernens zu bewältigen versucht, hat einen Haken. Die Zahlen sagen ihnen nämlich eigentlich nichts. Die Kinder verbinden die Zahlen nicht zwangsläufig mit Anzahlen oder anderen Vorstellungen. Wie gute Rechner im Kindergartenalter können sie zwar ‚vierzehn' sagen und vielleicht ‚14' schreiben. Sie können sogar bis ‚14' zählen aber nicht mit ‚14' rechnen. Ihr Rechnen ist auch im Schulalter noch abzählend, wobei das Abzählen eher das Aufsagen einer Wortfolge in der richtigen Reihenfolge darstellt als ein echtes Zählen. Es ist eher ein „one,

two, three, …" oder ein „bring, brought, brought" oder ein „Ich – geh' – im – Walde – so – für – mich – hin.", als ein echtes Zählen. Selbst Anzahlen wie ‚3' müssen in dieser Form von Worten begleitet ‚abzählend' aufgelegt werden. Jedes Weiterrechnen erfordert immer wieder die Vergewisserung des erneuten Abzählens. („Eins, zwei, drei.") Auf diesem gedanklichen Niveau versuchen sie, mit den schulischen Anforderungen des ersten Schuljahres zurecht zu kommen, wenn es im Unterricht bereits um die Zerlegung und Vereinigung von Mengen, beziehungsweise um Operationen wie Addition und Subtraktion geht.
In erster Linie gelingt ihnen das dadurch, dass sie die abstrakten, in Rechenpäckchen gegossenen Aufgaben in Abzählhandlungen zurück übersetzen. Solange sie Kugelrahmen, Würfel oder Zählplättchen verwenden dürfen, nehmen sie diese und verwenden sie einzeln immer wieder von vorne abzählend. Gerade daran erkennt man das im Anfangsunterricht rechenschwache Kind, dass es über die ersten Schulwochen hinaus immer wieder jede Menge von Anfang an abzählen muss. Legt es ‚5 + 3', so zählt es nicht nur die ‚5' und die ‚3' beim Legen ab, sondern beginnt auch das Ergebnis wieder von vorne abzuzählen.
Schon der Schritt, die gerade gelegte ‚5' in der Aufgabe noch als ‚5' anzuerkennen, überfordert das Kind. Oder es erkennt zwar die ‚5', aber es kann von dort nicht weiterzählen. Es kann nicht in die Zahlenfolge einsteigen, sondern muss diese immer wieder von vorne beginnen.

Ein im beschriebenen Sinne rechenschwaches Kind wird dem Lehrer spätestens dann auffällig werden, wenn der behandelte Zahlenraum die 10 übersteigt. Spätestens dann wird es für die Aufgaben nämlich deutlich länger brauchen als andere Kinder. Obwohl es bei der Arbeit ist, wird es nicht fertig. Wenn kein Rechenmittel zur Verfügung gestellt wird, werden wir beobachten, dass es offen oder heimlich seine Finger zur Hilfe nimmt, weil es mit einer rein vorstellungsmäßigen Lösung der Aufgaben überfordert ist.

Zu diesem Zeitpunkt fördernde Maßnahmen

Vor allem geht es darum, das Kind für den Anzahlaspekt zu öffnen, das heißt, ihm die Tatsache von Anzahlen in seiner Umwelt bewusst zu machen **Umwelterforschung mit Strichlisten** ist eine gute Übung (siehe B 1.1). Sie erfordert noch keine Zahl- oder gar Ziffernkenntnis, und sie verwandelt funktionale Umwelt in neutrale Anzahlen.

> „Das zählende Rechnen scheint für alle Menschen ein wichtiger Zwischenschritt auf dem Wege zu weiterführenden Strategien zu sein. Wenn wir den Kindern die Möglichkeit nehmen, in diesem Bereich vertraut zu werden, dann nehmen wir ihnen auch die Möglichkeit, eine Grundlage für weitere Entwicklung zu schaffen."
>
> (Schipper/Raddatz)[4]

Es kommt also zentral darauf an, Zählanlässe ebenso zu schaffen wie die Möglichkeit des zählenden Rechnens zu eröffnen. Letzteres nicht, weil es als Verfahren angestrebt wird, sondern weil es nur so überwunden werden kann.

„Wie viele Tische hat die Klasse?" Das kann mit einer Strichliste jedes Kind beantworten. Dazu muss es noch gar keine Zahlen kennen. Und doch wird es auf die Tatsache der Anzahl hin orientiert, und es lernt – im Vergleich unterschiedlicher Strichlisten – etwas über Größenordnungen.
Dabei ist auf diesem elementaren Niveau noch gar nicht entscheidend, dass ein Ergebnis wirklich exakt stimmt oder dass der Vergleich großer aber nur knapp unterschiedlicher Mengen genau durchgeführt wird. Diese Exaktheit und vor allem das Bedürfnis nach ihr muss sich ja erst entwickeln. Zu Anfang reicht es, wenn deutlich wird: Es sind mehr Stühle als Tische in der Klasse, „weil die Strichliste länger ist". Für den rechenschwachen Schulanfänger geht es ja erst einmal darum, sich überhaupt mit dem Anzahlaspekt und seiner Aussagekraft auseinander zu setzen.
Ein guter Schüler wird hier vielleicht die Anzahlen benennen können oder feststellen, dass es doppelt so viel Stühle wie Tische sein müssen, weil jeder Tisch zwei Stühle hat. Das ändert nichts daran, dass auch das rechenschwache Kind die Aufgabe gelöst hat. Und die beiden Rechenniveaus müssen nicht einmal unverbunden nebeneinander existieren. Im Kreis kann man zum Beispiel die Strichlisten abschätzen und daran die Aussage messen: Ist die von den Stühlen wirklich etwa doppelt so lang wie die von den Tischen? Wenn nein, warum nicht? Wie kann man Strichlisten verbessern, um die Anzahl noch deutlicher zu machen? (Zum Beispiel etwa durch gleich große Striche oder durch die Einführung einer Fünferstruktur.)

Diese Arbeit mit Strichlisten sollte, wenn man ihr einen bedeutenden Platz im Anfangsunterricht zuweist, auf jeden Fall irgendwann dahingehend verändert werden, dass die Strichlisten entsprechend der üblichen Normierung durch einen Querstrich als jeweils fünften Strich übersichtlicher gestaltet und dadurch erst wirklich lesbar werden. Es ist nämlich nachweisbar, dass auch wir Erwachsene nicht in der Lage sind, Mengen oberhalb der ‚4' mit einem Blick zu erfassen. Wir müssen sie zählen oder strukturieren, das heißt, in überschaubare Teile zerlegen. Wenn wir also wollen, dass die Kinder ein ‚inneres Bild' der Zahlen entwickeln, müssen wir diese in einer Form vor Augen führen, in der sie leicht zu erfassen sind. Diesen Sinn haben die Querstriche, wie sich experimentell mit der Klasse ohne Aufwand bestätigen lässt. In dieser genormten Anordnung lassen sich nämlich alle Anzahlen bis 20 mit einem Blick erfassen, was als Partnerspiel oder auch mit der ganzen Klasse trainiert werden kann.

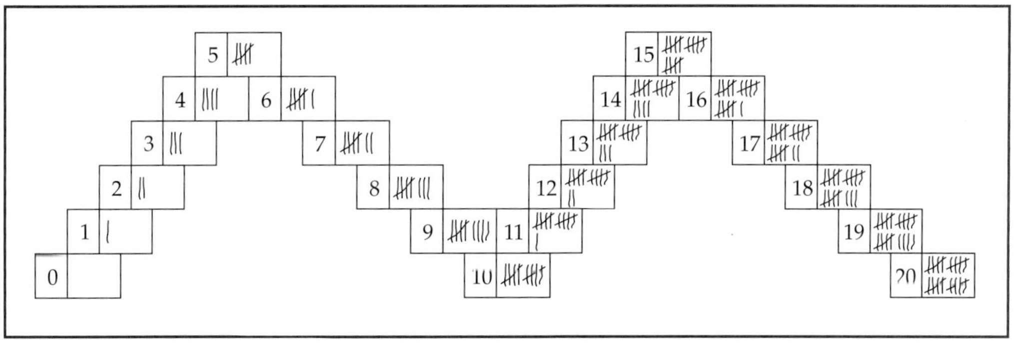

Zahlentreppe

Zweitens geht es darum, den Anzahlaspekt mit unseren Zahlzeichen zu verbinden, das heißt, die ‚3' an die Vorstellung von drei Gegenständen zu koppeln. Dafür bietet es sich bei extrem schwachen Schülern, die sonst auf absehbare Zeit von der gemeinsamen Erarbeitung der Zahlzeichen ausgeschlossen wären, oder im Sonderschulbereich an, mit einer entsprechenden *Zuordnungstabelle*, den Zusammenhang zwischen Strichliste und Zahl, bzw. zwischen Zählmaterial (Würfel / Plättchen) und Zahl herzustellen (siehe auch die Abbildung der Zahlentreppe auf S. 17). Mit ihrer Hilfe können auch diese Kinder bereits zu einem Zeitpunkt mit Zahlzeichen arbeiten, an dem sie ihnen noch nicht geläufig sind. Wie die Buchstaben bei einer Anlauttabelle lernen sie die Zahlzeichen im Gebrauch kennen (siehe auch B 2.2).
Drittens geht es darum, dem zählenden Kind *Sicherheit in der Zahlenfolge* zu geben. Es soll lernen, von jedem Punkt aus weiterzählen zu können. Zumindest im Zahlenraum bis 10 sollte ein Kind von jeder Zahl aus drei Zahlen vorwärts oder rückwärts zählen können, damit es nicht aus diesem Mangel heraus gezwungen ist, bei Rechnungen abzählend von vorne zu beginnen. Dieses Vorwärts- und Rückwärtszählen sollte in Verbindung mit Zählmaterial oder zumindest entsprechenden Veranschaulichungen (z. B. Punktmusterkarten) geübt werden, damit es keine pure Wortfolge bleibt.

Viertens können Spiele und Übungen zu *Zerlegungen* helfen, Mengen auch als zusammengesetzte zu begreifen. Dies ist auch die Voraussetzung dafür, dass man später ‚6 – 2 =' oder ‚4 + 2 =' in der Vorstellung aufgrund des damit verbundenen inneren Bildes schnell lösen kann. Für diese Zerlegungsspiele und Übungen gilt: Je größer die Schwierigkeiten, um so kleiner sollte die Anzahl sein, deren Zerlegungen geübt werden. Und: Es müssen nur Zerlegungen bis 10 geübt werden, weil nur diese in den fortgeschrittenen Rechenverfahren von Bedeutung sind (vergl. S. 27).

Vor allem sollte die Tatsache des zählenden Rechnens anerkannt und den Kindern beim Rechnen ein angemessenes Zählmaterial als Rechenmittel an die Hand gegeben werden. Würfel bewähren sich hierfür, die bald durch *5er-Stangen* ergänzt werden sollten (siehe unten, B 2.3). Wie schon bei den Strichlisten, erleichtert diese Struktur sowohl das Rechnen wie auch das Ablesen der Ergebnisse enorm, weswegen zu diesem Zeitpunkt ebenfalls *Übungen zum Blitzerfassen* angebracht sind.

2.2 Der Zahlenraum bis 20

Der Übergang in den 20er-Raum wird in der Schule im Allgemeinen damit verbunden, dass man zum ersten Mal den Zehner als Orientierungspunkt thematisiert. Zahlen zwischen 10 und 20 werden als zusammengesetzt dargestellt, und es wird durch Rechenübungen auf Analogien wie etwa bei ‚5+2 =' und ‚15 + 2 =' hingewiesen. Im zweiten Schritt wird das Rechnen mit Zehnerübergang in der Form geübt, dass die Aufgabe in Teilaufgaben bis zum Zehner und darüber hinaus zerlegt wird.

$$7 + 5 = 7 + 3 + 2 = 10 + 2 = 12$$

oder

$$14 - 9 = 14 - 4 - 5 = 10 - 5 = 5$$

Der gute Rechner im Umgang mit dem 20er-Raum

Der gute Rechner sieht die 13 schon lange als zusammengesetzte Zahl. Gibt man ihm Aufgaben der Art ‚13 + 5 =' oder ‚16 – 4 =', so wird er sie ohne Probleme und ohne Hilfe eines Rechenmittels lösen können. Er wird auch begründen können, warum das so einfach und eigentlich nichts Neues ist. Man muss ja nur bei den Einern rechnen, und diese Aufgaben sind bekannt und einfach.
Aufgaben mit Übergang könnte er ebenfalls lösen. Möglicherweise benutzt er dabei sogar die Struktur des Zehners schon in der von uns angestrebten Form, so dass wir ihm nur den Formalismus des schrittweisen Aufschreibens lehren, den er aus der Verschriftlichung seiner eigenen Gedanken gleichfalls selbst entwickeln könnte.

Vielleicht löst er die Aufgabe aber auch noch durch Weiterzählen. Da er sich in der Zahlenfolge jedoch sicher bewegen kann und beim Vorwärts- und Rückwärtszählen schnell ist und keine Fehler macht, sind die Lösungen richtig und der Zeitaufwand in der 1. Klasse unauffällig.
Konfrontieren wir einen solchen Rechner mit unserer Idee des Rechnens in zwei Schritten, so ist diese Blickweise für ihn zwar neu, aber er kann sie schnell aufnehmen. Da er Zahlen mit Mengen identifiziert und diese in anderen Zusammenhängen als strukturiert erlebt hat und da er die Strukturierung von Mengen bereits für sein Rechnen verwendet (etwa indem er ‚3 + 5' als Zerlegung von ‚8' spontan erkennt), fällt es ihm leicht, diese vertraute Zerlegungsidee auf den Zehner übertragen, zu eigen zu machen und fortan zu benutzen.

Der schwache Rechner im Umgang mit dem 20er-Raum

Ganz anders der schwache Rechner, der noch völlig auf konkrete Vorstellungen und abzählende Verfahren angewiesen ist. Schon den Einstieg in den 20er-Raum verarbeitet er anders. Für ihn steht als Bild weiterhin die lineare Folge im Vordergrund. Er hat gerade erst erkannt, dass Zahlen als Repräsentanten von Mengen verstanden werden können und dass ihre Folge dadurch entsteht, dass immer ein Element dazu kommt. Weil er dieses innere Konzept der stetig wachsenden Folge nicht schon wieder aufgeben kann, fällt es ihm so schwer, die Idee der Zerlegung wirklich zu integrieren, das heißt, etwa in der ‚5' die Mengen ‚3' und ‚2' zu sehen. Die ‚3' und die ‚2' als Einheiten zu sehen, bzw. die ‚5' als etwas, das man je nach Belieben und Interpretation der Gesamtsituation als Einheit oder als Summe von Einzelelementen oder von Teileinheiten benutzen kann, überfordert ihn.

Die Ursachen dafür können sehr unterschiedlicher Art sein. Sie können im kognitiven Vermögen des Kindes, in seiner bisherigen vorschulischen, schulischen und außerschulischen Förderung oder auch in innerpsychischen Problemen begründet sein. Oft sind es ängstliche, unsichere Kinder, die nicht den Mut aufbringen, sich einem neuen Konzept zu öffnen, weil sie dafür ein bestehendes Konzept verabschieden müssten, das ihnen Halt und Orientierung gibt.
Seine Blickweisen auf eine Sache zu verändern, setzt nämlich psychische Stabilität voraus. Es bedarf innerer Sicherheit, um eine gewisse Anzahl nicht immer wieder von vorne abzuzählen oder eine bestimmte Aufgabe mit einer auswendig gewussten Lösung zu

verbinden. (Wobei ‚auswendig gewusst' hier eine an der Erfahrung gebildete Lösung meint, keine unverstanden nachgeplapperte.) Dass sich die guten Rechner gerade dadurch auszeichnen, dass sie sich einen wachsenden Bestand gewusster Aufgabensätze erwerben, hat mit ihrer Kompetenz zur Strukturierung ebenso zu tun wie mit ihrer inneren Sicherheit, – zumindest im Bereich des Rechnens.

Gerade weil die Ursachen so vielfältig und tiefgreifend sind, fällt es uns als Lehrer so schwer, dem Kind allein auf didaktischem Weg und unter didaktischem Blickwinkel zu helfen. Deswegen scheitern wir oft, bzw. wir glauben zu scheitern, weil ein Kind nicht die Einsichten aufnimmt, die wir zu vermitteln versuchen. Es ist eine Frage des Respekts – des Respekts dem Kind gegenüber wie auch des Respekts uns gegenüber –, diese ‚Misserfolge' weder uns noch dem Kind anzulasten, sondern als zu akzeptierende Wirklichkeit zur Kenntnis zu nehmen. Nur wenn wir dazu bereit sind, können wir das Kind weiter positiv auf seinem Weg begleiten. *Nur wenn wir gleichermaßen seine Schwäche (im Sinne einer Eigenart) sehen und diese weder ihm noch uns als ‚Versagen' anlasten, können wir der Frage nach den Ursachen und den zu ziehenden Konsequenzen in Ruhe nachgehen.*
Fachdidaktisch heißt es erst einmal, dem Kind Brücken zu bauen, damit es in den Unterricht integriert bleibt. Wir müssen ihm Hilfen an die Hand geben, damit es die im Unterricht behandelten Aufgaben in seiner Logik bearbeiten kann, ohne diese Tatsache, dass es nämlich nur auf der Oberfläche die gleichen Rechnungen vollzieht, dabei aus den Augen zu verlieren. Gleichzeitig müssen wir versuchen, es nicht drängend aber fördernd zu begleiten.

Das rechenschwache Kind wird aus der von uns ins Spiel gebrachten Analogie von ‚2 + 3' und ‚12 + 3' nicht auf die Bedeutung des Zehners schließen, denn dieser ist ihm nur ein Punkt in der Zahlenreihe, der sich aus seiner Wahrnehmung heraus nicht von den anderen abhebt. Vermutlich erkennt es nicht einmal die ‚10' in der ‚12' wirklich an, da es ja nur eine ‚1' sieht. Es wird bei diesem Aufgabentyp vielmehr bald sehr stolz sein, dass es ‚den Trick verstanden' hat: „Bei diesen Aufgaben kommt es ja gar nicht auf die ‚1' vorne an. Man muss nur die Zahlen hinten rechnen und dann die ‚1' davor schreiben!" Mit dieser inneren Logik kann es die Aufgaben so schnell und mühelos (oder langsam und mühevoll) rechnen, wie es bisher im Zahlenraum bis 10 gerechnet hat. Im Grunde geschieht hier – neben dem Erlernen der Zahlnamen bis 20 – eine Festigung des Rechnens bis 10. Und das, obwohl man als Lehrer vielleicht stolz ist, weil alle in der Klasse die Zahlen bis 20 so gut beherrschen.
Nach Schipper/Raddatz können schwache Rechner Ende der 1. Klasse rund ein Viertel der Aufgaben im Zahlenraum bis 20 überhaupt noch nicht lösen! Keine 10 % der Ergebnisse werden auswendig gewusst und rund 90 % werden zählend (80 % alles-zählend, 10 % weiter-zählend) gelöst.[5] Kein Wunder, dass sie nach ‚Tricks' suchen, um angesichts der daraus resultierenden Überforderung nicht völlig zu kapitulieren.

Der Einbruch, den viele Lehrer in Unkenntnis dieser verborgenen Wirklichkeit gar nicht nachvollziehen können, kommt, wenn es um den Zehnerübergang geht. Plötzlich ist ‚alles weg', und es wird bei den Übergängen fehlerhaft und oft scheinbar vollkommen falsch gerechnet. Dies geschieht spätestens dann, wenn neben der Addition auch die Subtraktion eingeführt ist. Hier sind einige häufige Varianten:

7 + 8 = 14	3 + 9 = 13	Verzählt wegen des großen zweiten Summanden.
7 + 8 = 5	3 + 9 = 2	Typischer Klappfehler eines Fingerrechners. Bei ‚10' werden die gefüllten Hände eingeklappt und dann wird weitergezählt.
7 + 8 = 10	3 + 9 = 7	Wieder ein Klappfehler. Diesmal werden aber nur die Finger der weiterzählenden zweiten Hand eingeklappt.
7 + 8 = 16	3 + 9 = 18	Der zweite Summand wird zugleich zerlegt und zum Zehner ergänzt. **(2 + 6) (1 + 8)**
7 + 8 = 14	3 + 9 = 13	Falsch zerlegt. **(8 = 3 + 4) (9 = 7 + 3)**
7 + 8 = 5	3 + 9 = 8	Zerlegungsrest subtrahiert. **(10 – 5) (10 – 2)**
7 + 8 = 13	3 + 9 = 17	Falscher Zerlegungsteil als Einerstelle. **(7 + 3) (3 + 7)**
15 – 8 = 6	12 – 9 = 4	Verzählt wegen des großen Subtrahenden.
15 – 8 = 16	12 – 9 = 2	Der Subtrahend wird zum Zehner ergänzt und zu 10 addiert **(10 + 6)** oder subtrahiert **(10 – 8)**.
15 – 8 = 13	12 – 9 = 17	Der Subtrahend wird richtig zerlegt, der Zerlegungsrest aber addiert statt subtrahiert. **(10 + 3) (10 + 7)**
15 – 8 = 7	12 – 9 = 3	Die Einer werden der Größe nach gelesen und subtrahiert. **(8 – 5 = 3) (9 – 2 = 7)** Das Ergebnis wird vom Zehner abgezogen.
15 – 8 = 5	12 – 9 = 8	Es wird richtig zerlegt, aber der falsche Zerlegungsteil vom Zehner abgezogen. **(10 – 5) (10 – 2)**

Lediglich die jeweils erste Gruppe ist so konsequent (und vernünftig) oder einfach hilflos und überfordert, unser Angebot, da sie es nicht verstanden hat, einfach zu ignorieren. Diese Kinder zählen weiter und verzählen sich halt manchmal. Bei den ‚Klappfehlerkindern' entsteht ein dabei ein spezifisches Problem, weil sie ein Handelungsschema automatisiert haben, das die 10 nicht überschreiten kann.
Allen anderen Kindern ist gemeinsam, dass sie versuchen, ‚den Trick' zu benutzen, von dem im Unterricht die Rede war. Aber weil sie seine Grundlage, nämlich die Strukturierung nach dem Zehner, nicht verstanden haben, spekulieren sie aus unserer Sicht wild herum und mischen die verschiedenen Bestandteile des Verfahrens.

Interessanterweise können sich dabei *trotz falscher Logik* wie bei der vorletzten Subtraktion richtige Ergebnisse ergeben. Das wäre ein wirkliches Highlight, wenn es von den Schülern bemerkt würde und im Unterricht besprochen werden könnte. Bemerkt man es aber nicht (was wahrscheinlicher ist), so wird die wirkliche Problematik des Ratens ebenso verdeckt wie die Tatsache, dass diese Kinder Subtraktionen vermutlich noch nicht von links nach rechts lesen und Aufgaben wie ‚3 – 7 =' daher einfach als ‚7 – 3 =' uminterpretieren; ein Fehler, der – unbearbeitet – fast unvermeidlich bei der schriftlichen Subtraktion in der 3. Klasse wieder auftaucht.

Zu diesem Zeitpunkt fördernde Maßnahmen

Wie oben gesagt, sind die Ursachen für derartige Rechenprobleme vielfältig und dementsprechend sind neben fachdidaktisch fundierten Fördermaßnahmen immer auch pädagogische ins Auge zu fassen. Die Suche nach ‚Tricks' zeigt, dass dem Kind das Selbstvertrauen fehlt, sich selbst mit seinem Vermögen zum Ausgangspunkt seines Lernprozesses zu machen. Es misstraut seiner Basis, den wirklich vorhandenen Zahlvorstellungen. Gleichzeitig ist es ihm unmöglich, sich uns mit seinen Überlegungen anzuvertrauen. Das muss gar nicht in einem negativen Verhältnis zwischen Kind und Lehrer begründet liegen. Es reicht, dass es die Diskrepanz zwischen seinen inneren Bildern und unserer Logik spürt, um in diesem auf uns Zugehen keinen Sinn zu sehen. So bleibt ihm nur, sich zu verstecken und sich allein auf die Suche nach den vermuteten ‚Tricks' zu machen.
Aus diesem Grund ist es so wichtig zu überlegen, wie man *das Selbstvertrauen des Kindes stärken* kann. Elterngespräche können eine Rolle spielen. Die Rolle des Kindes in der Klasse kann thematisiert werden.

Vor allem aber dürfen die Fördermaßnahmen im Blick auf diese Problematik nicht kontraproduktiv sein. Oft senken wir gerade durch unsere Förderkonzepte die Selbstachtung des Kindes und den Glauben an seine eigene Kompetenz. Indem wir es fördern, bestätigen wir ihm, dass es ‚dumm' ist. Mit unseren Hilfen zeigen wir ihm, wie es ‚richtig' geht und dass es ‚eigentlich doch einfach' ist. Aber weil diese Hilfen sein inneres Zahlkonzept nicht respektieren, entwerten wir das Kind, während wir es zu fördern meinen.

Es ist eine immer wieder zu beobachtende Erfahrung, dass Fördermaßnahmen, gerade wenn sie länger laufen, für alle Beteiligten zu einer Routine werden, ohne dass sich ein Erfolg einstellt. Je mehr wir fördern, umso weniger erreichen wir. Und gerade weil sich der Erfolg nicht einstellt, beweisen wir die These, dass das Kind ein schwacher Rechner ist und verankern diese Auffassung nicht nur bei uns, sondern auch in seinem Selbstbild. Dies aber schließt den Teufelskreis.
Fördernde Maßnahmen müssen daher im genannten Sinne ambitionslos sein. Pessimismus („Das Kind ist halt so. Es geht im Moment nicht mehr.") muss mit Optimismus verbunden werden. („Es geht *im Moment* nicht mehr.") Kompetenz kann sich mit der Zeit und für uns überraschend entwickeln, denn jeder Mensch entwickelt sich *auch* in Sprüngen.

Hindernde Rahmenbedingungen, auf die wir keinen Einfluss haben, können sich ändern. Und: Das Kind kann im Rahmen seines Ablösungsprozesses einen anderen Umgang mit diesen Rahmenbedingungen entwickeln.
Zweitens müssen fördernde Maßnahmen sachlich bleiben. Sie müssen dem Kind einleuchten, und es muss sich in ihnen wiederfinden. Dies geht am besten, wenn sie seine innere Rechenlogik ernst nehmen. Wir erkennen den richtigen Weg, wenn das Kind uns durch seine Bereitschaft und sein Interesse an unseren Hilfen zeigt, dass es diese Förderung nutzen will.

Fachdidaktisch müssen wir ihm in erster Linie helfen, sein allein auf der Zahlenfolge beruhendes Zahlkonzept aufzulösen. Übungen zum Blitzerfassen von kleinen Mengen (bis 5) und Zerlegungen bis 5 helfen, die Zahl zwar noch als Anzahl, diese jedoch gleichzeitig als Einheit zu erleben.

Ein Beispiel:

Als Partnerübung liegen 3, 4 oder 5 Plättchen in der Mitte. Ein Kind verdeckt immer einen Teil.
Das andere Kind muss spontan sagen, wie viele Plättchen a) sichtbar b) verdeckt sind.
Diese Übung kann mit Hilfe eines Arbeitsblattes auch individuell fortgeführt werden.

5

3	
5	
	3
	4
	1

3

0	
3	
	2
	3
	1

Man kann diese Übung in dem Maße erweitern, wie das Kind im schnellen Erfassen oder Ermitteln der Zerlegungen sicher wird. Da die Zerlegungen bis 10 für das Kopfrechnen von großer Bedeutung sind, geben alle Übungsformen Sinn, die diesen Bereich trainieren. (Zum Beispiel auch der Einsatz von *Schütteldosen.*)
Daneben sollte das schnelle Erfassen der inzwischen für den Klassenunterricht wichtigen Zahlen zwischen 10 und 20 durch Übungen am *Zwanzigerfeld*, an *Strichlisten*, am *Zwanzigerrahmen* sowie mit *Würfeln und 5er-Stangen* geübt werden. Auch hierdurch entsteht Sicherheit im Blick auf geordnete und daher als Einheit zu nehmende Mengen und Teilmengen.

Selbst wenn das Kind noch zählend rechnet und offenkundig ist, dass sein Vorstellungsvermögen nur ausreicht, Rechnungen mit kleinen Anzahlen einsichtig durchzuführen, so hilft es dem Kind trotzdem, auch Aufgaben im Zahlenraum bis 20 zu bearbeiten, wenn dieses hantierend und durch geeignete Rechenmittel unterstützt geschieht (siehe B 2.3). Vor allem verhindert diese Integration in die Arbeit der Klasse, dass sich das Kind abgehängt und ausgegrenzt fühlt.
Bei der Auswahl des Rechenmittels ist für die Entwicklung der notwendigen Strukturen entscheidend, dass dieses den Fünfer und den Zehner *anschaulich* repräsentiert, da es da-

durch ‚nebenher' die Zahlvorstellungen des Kindes ebenso entwickelt wie dessen Kompetenz, in Zerlegungen zu denken.
Besonders eignen sich *‚Stangen und Würfel'* (siehe B 3.2), da hier die Analogie der Rechnungen ‚8 – 5 =' und ‚18 – 5 =' augenfällig ist. Beide Male geschieht der gleiche Abziehvorgang, nur dass im zweiten Fall da noch eine Zehnerstange liegt. Hier ist der Zehner aber – anders als beim reinen Kopfrechnen – kein pures Zahlzeichen; keine ‚1 da vorne'. Er ist materiell sichtbar, als etwas, was sich aus 10 Einzelwürfeln zusammensetzt. Dies geschieht auch bei der Verwendung von *Geldmünzen* (siehe B 3.3), die sich in der Sortierung 10-Cent- und 1-Cent-Münzen an dieser Stelle, sofern die unterschiedliche Wertigkeit beachtet werden kann, ebenfalls anbieten. Allerdings ist der Zehner bei den Münzen nur *symbolisch* repräsentiert, während er als Stange materiell vorhanden ist.
Die Stange setzt sich aus 10 Würfeln zusammen, hat deren Gewicht und Volumen. Ich kann an dieser sogar die Zerlegung des Zehners erkennen und trainieren. Deshalb sind Stangen und Würfel hierfür ein förderliches Arbeitsmittel.
Arbeitet das Kind zum Beispiel mit Einerwürfeln und Zehnerstangen, fällt es ihm leicht, etwa bei der Aufgabe ‚8 + 5 =' die zwei fehlenden Würfel zu sehen, um welche die ‚8' ergänzt werden muss, um sie mit einer Zehnerstange austauschen zu können. Entsprechend erkennt das Kind bei der Umkehraufgabe ‚13 – 5 =' sofort, dass es, wenn es ‚5' wegnehmen will und nur ‚3' dort liegen hat, die fehlenden ‚2' von der Zehnerstange wegnehmen muss. Das geschieht durch Umtauschen oder, wenn das Kind dazu schon bereit ist, indem es die beiden wegzunehmenden Würfel mit dem Daumen abzählt und verdeckt. So bleiben vom Zehner nur noch ‚8' sichtbar, eben die Zerlegung zur ‚2' (siehe B 3.2).

2.3 Addition und Subtraktion im Zahlenraum bis 100

Der Zahlenraum bis 100 wird üblicherweise Ende der ersten Klasse eingeführt. Zu Beginn werden die Zahlen bis 100 als aus Zehnern und Einern zusammengesetzt veranschaulicht und es wird die Zahlenfolge geübt. Oft wird neben dem Zahlenstrahl auch das Hundertertafel benutzt, um die Orientierung zu verbessern und die Bedeutung von Einer- und Zehnerstelle hervor zu heben. Geldmünzen bilden eine weitere Anknüpfung. Erste einfache Rechnungen wie die Addition und Subtraktion von Zehnerzahlen werden durchgeführt.
In der zweiten Klasse wird dieser Einstieg wiederholt und ausgebaut, indem die Rechnungen schrittweise erschwert werden. Nach dem Rechnen mit Zehnerzahlen folgen (erst einstellig, dann zweistellig) solche ohne Übergang. Über die Aufgaben mit einstelligem Übergang führt der Lehrgang zum gesamten Bereich der Addition und Subtraktion zweistelliger Zahlen.

Der gute Rechner bei der Erarbeitung des Zahlenraumes bis 100

Der gute Rechner kennt bereits Mitte der ersten Klasse die Zahlen bis 100. Er hat spätestens beim Zehnerübergang verstanden, wie sich bei Addition und Subtraktion Zehner bilden können und aufgelöst werden. Der schulische Einstieg in den neuen Zahlenraum ist für ihn eine Erlösung, weil er endlich seiner Kompetenz angemessen angesprochen wird.

Im Kern kann der gute Rechner alle Aufgaben unter Rückgriff auf sein Vorwissen lösen. Man muss sie ihm nicht erklären, sondern kann die unterschiedlichen Lösungswege erarbeiten lassen, was umso besser gelingt, je geübter er im Gebrauch von Rechenmitteln ist. Die hier sichtbaren Vorgänge lassen sich im Gespräch unter den Kindern ansprechen, wodurch die Logik der unterschiedlichen Rechenstrategien einsichtig wird. Förderung des guten Schülers heißt bei der Erarbeitung des 100er-Raumes, ihn seine Potenziale nutzen zu lassen. Er soll sich in seinen Fähigkeiten erfahren, damit er seine aktive Orientierung auf den Größen- und Anzahlaspekt in seiner Umwelt erhält. Was ihm noch fehlt, ist nicht das Wissen, wie zu rechnen ist. Es ist die fehlende Routine, die erst den schnellen Blick auf die Aufgabe und ein vorteilhaftes Umgehen damit ermöglicht.
Aber auch wenn der gute Rechner nicht die Möglichkeit bekommt, die Rechenwege aufgrund seines Vorwissens selbst zu entwickeln, so ist er doch stets in der Lage, die im Unterricht dargebotenen Verfahren und dahinter stehenden Überlegungen mit seinem Vorwissen abzugleichen und die Passung zu spüren, die hier besteht. Der Unterricht bestätigt ihn und stärkt damit sein Selbstbewusstsein.

Der schwache Rechner bei der Erarbeitung des 100er-Raumes

Der Ausdruck ‚schwache Rechner' meint an diesem Punkt diejenigen Kinder, die wegen fehlender Förderung oder trotz guter Förderung Ende der ersten Klasse die Struktur der Zahlen als aus Zehnern und Einern zusammengesetzt noch nicht so weit verinnerlicht haben, dass sie auf dieser Grundlage ihre Rechnungen durchführen und die daher weiter überwiegend abzählend rechnen. Für sie kommt die Zahlraumerweiterung zum falschen Zeitpunkt. Sie kommt zumindest dann zum falschen Zeitpunkt, wenn man glaubt, dass diese notwendig mit dem Einstieg in das Verständnis der dezimalen Stellenwertstruktur unserer Zahlen verknüpft und auf deren Verständnis angewiesen ist. Denn *dafür* sind sie nicht vorbereitet.
Für einen schwachen Rechner steht noch immer die Vorstellung der Zahlen als einer immer wachsenden Folge von Einzelelementen im Vordergrund. Er denkt in Kategorien von Einzelelementen, Mengenhaufen und Zahlenstrahl. Alle Strukturen, mit denen im Unterricht bereits gearbeitet wird, hat er als Tricks aufgenommen, mit denen er komplizierte Aufgaben, deren Zahlen im Rahmen seiner Konzepte nicht zu handhaben sind, auf einfachere, in seiner Logik stehende, zurückführt. Er lernt vielleicht, die Folge der Zehnerzahlen vorwärts und rückwärts aufzusagen, aber wenn er Zehnerzahlen addiert und subtrahiert, dann rechnet er mit Einern und hängt „eine Null dran". Auch wenn wir ihm Geldmünzen geben, so sieht er nicht ‚30 + 20', sondern er sieht ‚3 + 2' und rechnet dies. Entsprechend rechnet er Aufgaben mit zweistelligen Zahlen ohne Übergang stellenweise. („Die mit der und die mit der.") Dabei fühlt er sich in seiner Logik bestätigt, denn sie führt zum richtigen Ergebnis.
Dass in Wirklichkeit der Unterbau eines angemessenen Zahlenkonzepts fehlt, wird dem Lehrer oft erst sichtbar, wenn wieder Zehnerübergänge ins Spiel kommen und die Logik plötzlich nicht mehr funktioniert. Bei Additionen wie ‚47 + 35 =' weiß er nämlich nicht, wohin mit der entstandenen ‚12' und bei Subtraktionen wie ‚37 – 29 =' dreht er vielleicht die Einerstelle einfach um und erhält als Ergebnis ‚12'. Einstellige Aufgaben wie ‚46 + 8 =' oder ‚73 – 9 =' löst er sicherheitshalber weiterhin durch Vorwärts- und Rückwärtszählen.

Insbesondere bei Subtraktionsaufgaben führt das zu gehäuften Fehlern, weil das Rückwärtszählen im Zahlenraum bis 100 noch unsicher ist, insbesondere wenn Zehnerübergänge ins Spiel kommen.
Konnte der schwache Rechner seine fundamentalen Schwierigkeiten in der ersten Klasse vor sich und seiner Umwelt dadurch verstecken, dass er zwar etwas langsamer rechnete und etwas unsicherer war als andere, ‚die Sache' aber (wenn er konsequent zählte) im Prinzip ‚konnte', so werden seine Probleme jetzt offenkundig. Das, was bisher vielleicht nur auf der Ebene von Rechenunlust, mangelnder Motivation, geringer Beteiligung und geringem Selbstvertrauen im Wesentlichen *im* Kind gearbeitet hat, wird nun zum offenen Konflikt zwischen Kind und Rechenunterricht; zwischen Lernziel und den möglichen Schritten.

Zu diesem Zeitpunkt fördernde Maßnahmen

Auch – und gerade – zu diesem Zeitpunkt geht es vor allem einmal darum, sich und dem Kind keine Panik zu machen. Das Schädlichste, was man tun kann, ist direkt oder indirekt die Botschaft zu vermitteln: *Wenn du es jetzt noch nicht begriffen hast und wenn du es jetzt in der 2. Klasse nicht begreifst, dann begreifst du es nie! Zumindest hat es dann keinen Sinn, in die 3. Klasse zu wechseln.* Unter dieser Angst steht das Kind bereits. Es hält sich für dumm, weil es nicht begreift, was es nicht begreift. Das ganze Rechnen wird ihm immer rätselhafter, weil es nicht hinter die Tricks kommt, die die anderen scheinbar mühelos beherrschen.

Dadurch, dass uns Lehrern das zweite Schuljahr durch die zentrale Thematisierung der Zehner und Einer unter dem Aspekt des Zehnerübergangs und der Hinführung zum Stellenwertverständnis als zweiter archimedischer Punkt erscheint, von dem aus das Zahlsystem weiter entwickelt wird, geraten wir hier selbst leicht in Panik, wenn sich die Botschaft spürbar nicht vermittelt. Wir wissen, wie zentral sie ist. Alles Spätere baut darauf auf. Wie soll das Kind in der 3. Klasse mit Tausendern und in der 4. Klasse mit Millionen rechnen, wenn es das Stellenwertprinzip schon bei den so greifbaren, im Alltag gegenwärtigen und mit Material gut zu veranschaulichenden Zehnern und Einern nicht begreift. Wer hier aussteigt, der ist verloren. Das ist unser Gefühl. Aber das ist ein selbst geschaffenes Problem!
Es ist die Folge unserer Zergliederung des Rechenkurses, die in der Tat wichtige Einsichten in unseren Zahlbegriff und unsere Rechenverfahren (Zahl als Einheit, Zehnerübergang, Zehner/Einer, Stellenwertsystem) zu ‚archimedischen Punkten' des Rechnenlernens verwandelt. Diese Zergliederung erst ermöglicht es dem Kind, sich lange in Sicherheit zu wiegen und Hürden unbemerkt zu umgehen. Der Zahlenraum bis 20 zwingt nicht darüber, so wenig wie bei einem Einstieg im Zahlenraum bis 5 der Aspekt der Zahl als Einheit erkannt sein muss. Das, was aus unserer Sicht zentrale Botschaft des Unterrichts ist, erweist sich im Rahmen des jeweilig behandelten Zahlenraumes als nicht zwingend.
Auch der dritte (scheinbar) archimedische Punkt ist nur aus unserer Sicht ein solcher. Die Hürde der Stellenlogik im Zahlenraum bis 100 entsteht nämlich weniger durch die Öffnung des Zahlenraumes als durch unsere enge Verknüpfung dieses Vorgangs mit den zu verwendenden Rechenverfahren. Nur weil wir meinen, es sei zwingend, nun in Zehnern

und Einern zu denken und weil wir diese über kleine Stellenwerttafeln an die Positionen der Ziffern binden, entsteht der Konflikt mit dem rechenschwachen Kind.

Nur weil wir meinen, das sei der letzte Zeitpunkt, sich von konkreten und zählenden Verfahren zu lösen, müssen wir an dieser Stelle Druck machen und übend die Verfahren einschleifen, die offenkundig nicht (noch nicht!) verstanden werden. Diese beiden Annahmen sind aber falsch!
Erstens kann man sehr wohl im Zahlenraum bis 100 zählend und konkret handelnd rechnen. Und zum zweiten bietet die Thematisierung des Zahlenraumes bis 1000 und darüber hinaus einen weiteren und – nicht nur für schwache Rechner – viel geeigneteren Zeitpunkt, um zu der zentralen Einsicht des stellenweisen und dezimalen Aufbaus unserer Zahlen durchzudringen. Zumindest dann, wenn bis dahin die Grundlage gelegt und die Haltung nicht zerstört wurde (siehe dazu B 3.2 und B 3.4).

Selbstbewusstsein stärken ist weiterhin die oberste pädagogische Aufgabe, und das heißt, das Kind *im Rahmen der Förderung* vor allem mit *passenden Aufgaben* zu konfrontieren. Damit meine ich Aufgaben, die es im Rahmen seiner Konzepte lösen kann und die es im Blick auf das Ziel nicht (wie zum Beispiel ‚20 + 30 =') wie dargestellt in irrigen Auffassungen bestärken. Es soll nicht zu ‚Tricks' greifen müssen, sondern es soll seine Aufgaben verständnisvoll handelnd und rechnend lösen. Daher sollten beim Rechnen im Hunderterraum das handelnde Lösen von Aufgaben mit Übergang durch eine einstellige Zahl (siehe S. 81–83) im Mittelpunkt stehen, die von Übungen zum Zerlegen und vom Schnellrechnen im Zahlenraum bis 10 ergänzt werden.
Gerade rechenschwache Kinder haben einen geringen Bestand an auswendig gewussten Aufgaben. Sie müssen also auch in den Teilschritten immer wieder rechnen. Ihre Rechenschwäche zeigt sich gerade auch daran, dass die operativen Übungen zur Automatisierung des Einspluseins wenig erfolgreich waren. Daher ist es umso wichtiger, dass der Aspekt der Zerlegung in Übungen wie Rechenhandlungen greifbar und optisch immer wieder präsent ist, weshalb Aufgaben mit Übergang auf der Einerstelle diese herausragende Bedeutung haben.

Zweitens soll das Kind *in den Gesamtunterricht integriert bleiben.* Die Phasen gemeinsamer Arbeit müssen also in der Art gestaltet werden, dass auch die rechenschwachen Kinder der Klasse in der Lage sind, an diesen im Rahmen ihrer Rechenkonzepte, eventuell unter Verwendung von Rechenmitteln sinnvoll teilzunehmen. Aufgaben, die den gesteckten Rahmen sprengen und daher ungeeignet erscheinen, sollten im Rahmen der inneren Differenzierung nur jenen Kindern gegeben werden, die diese bereits gewinnbringend bearbeiten können.

An allen Übungen, die in der Klasse mit dem Ziel durchgeführt werden, die *Anschauung zu stärken*, sollte die Klasse als Ganzes teilnehmen. Ob es die Arbeit mit der Hundertertafel ist oder das Rechnen mit Geldmünzen, die Darstellung von Aufgaben durch Strich-/Punktmuster oder die Verwendung von Würfeln und Stangen. Solange sich die Rechnungen

mit visuellen Bildern oder mit Handlungen verbinden, hat auch das rechenschwache Kind die Chance, daran anzuknüpfen. Selbst wenn es das im Einzelfall nicht in der von uns gewünschten Logik tut, so wirken doch die Strukturen des verwendeten Materials und vor allem fühlt es sich nicht ausgesondert, sondern integriert. Es muss sich für seine Arbeit nicht abwerten.
Rechnungen sollten nach Möglichkeit allgemein mit Rechenmitteln durchgeführt werden. Wenn es in der Klasse eine Kultur der Arbeit mit Rechenmitteln gibt, das heißt, wenn *alle* Kinder es gewohnt sind, das Rechnen mit Mitteln als eine zulässige Form der Arbeit zu begreifen, wenn sie sehen, dass auch andere Kinder zu Rechenmitteln greifen, dann liegt darin für die Kinder nichts Auffälliges oder gar Diskriminierendes. Gerade wenn die Wahl der Mittel frei gestellt ist und manche mit Würfeln und Stangen, andere mit Geld und wieder andere vielleicht mit Kugelrahmen rechnen, so fällt die innere Differenzierung, die in der Situation vom Lehrer mitgedacht ist, den Kindern nicht auf.

Aufgaben, die rechenschwache Kinder ‚mit Trick' zu lösen versuchen, sollten beim Kopfrechnen vermieden werden oder zumindest nicht im Vordergrund stehen. Dazu gehören alle Aufgaben ohne Zehnerübergang! Man kann sie verwenden, aber ohne die Verbindung mit einem Rechenmittel darf man von den richtigen Ergebnissen nicht auf das Verständnis schließen. Immerhin stabilisiert die Teilnahme am gemeinsamen Rechnen das Selbstbewusstsein eines schwach rechnenden Kindes; wenn auch auf einer mathematisch fragwürdigen Grundlage. Besser sind daher – wie dargestellt – Aufgaben, bei denen der Zehnerübergang durch Addition oder Subtraktion mit einer einstelligen Zahl hervorgerufen wird. Diese festigen, auch wenn sie unrationell zählend gelöst werden, immerhin die Kenntnis der Zahlenfolge und sie bringen über die Veränderung des Zehners beim Übergang dessen Bedeutung ins Spiel.

Wählt man diesen Weg und stellt Aufgaben mit einstelliger Addition oder Subtraktion in den Vordergrund, so empfiehlt es sich, bei diesen solche mit und ohne Übergang zu mischen.

Beispiel:	73 + 5 =	36 + 4 =	68 – 5 =	83 – 3 =
	73 + 7 =	36 + 5 =	68 – 8 =	83 – 4 =
	73 + 9 =	36 + 2 =	68 – 9 =	83 – 7 =
	73 + 2 =	36 + 8 =	68 – 3 =	83 – 2 =

oder auch vermischt:

64 + 3 =	72 + 8 =	27 – 6 =	38 – 4 =
75 + 5 =	63 + 6 =	34 – 2 =	34 – 8 =
29 + 4 =	46 + 8 =	65 – 6 =	56 – 7 =
33 + 5 =	48 + 6 =	79 – 9 =	57 – 6 =

Diese Übungsform stellt das Kind bei jeder Aufgabe erneut vor die Frage, ob denn der Zehner sich verändert oder nicht.

Man kann den Blick für diese Fragestellung dadurch schärfen, dass man die Kinder auffordert, erst diejenigen Aufgaben zu rechnen, die „einfach" sind. Dadurch sortiert das Kind sofort selbst und gewöhnt sich an, die Aufgaben auf die besondere Problematik hin in Augenschein zu nehmen. Diese Abschätzung sichert auch das elementare Rechnen im Zahlenraum bis 10, das in dieser Phase noch einmal im Mittelpunkt stehen muss, damit der Anteil der spontan gewussten Ergebnisse wächst.

In der Praxis zeigt sich dabei, dass die Vorstellung, der Zehnerübergang müsste zwingend im 20er-Raum erarbeitet werden, falsch ist. Viele Kinder, denen es nicht eingeleuchtet hat, warum man bei einer einfachen Aufgabe wie ‚7 + 5 =' in Schritten rechnen soll und die sich dem durch das für sie einfachere, einsichtigere und schnellere Zählen entzogen haben, verstehen nun besser, welchen Wert es hat, den Zehner als Zehner zu sehen. Aufgaben wie 45 + 7 = / 65 + 7 = / 25 + 7 / 27 + 5 = / 47 + 5 = werden beim Legen der Rechenmittel in ihrer analogen Struktur erkannt. Und das unabhängig davon, ob der Zehnerübergang bei der Addition der Einerstellen zählend oder in Schritten gerechnet wird. Auch wer der Meinung ist, der Zehnerübergang müsse gezielt als Rechnen in Schritten thematisiert werden, findet in dieser Phase des Lernprozesses einen günstigeren Zeitpunkt, da die Grundlage für die notwendigen Zerlegungen jetzt deutlich gefestigter ist als noch in der ersten Klasse.
Aufgaben mit einstelliger Addition und Subtraktion sind also, vor allem, wenn man sie (unter anderem) in solchen Mischungen präsentiert, Struktur fördernd. Und das gilt sowohl bei der Arbeit mit als auch ohne Rechenmittel. Hier stimmt ja der ‚Trick', auf den immer gleich bleibenden Vorgang bei der Einerstelle zu schauen. Die jeweils *unterschiedliche* Veränderung bei der Zehnerstelle stellt sicher, dass die unterschiedliche Qualität von Einern und Zehnern nicht unbeachtet bleiben kann.

Zweistellige Aufgaben mit Übergang dagegen verwirren das rechenschwache Kind und sollten – wenn es nicht mit Rechenmitteln arbeitet – völlig verbannt bleiben. An die hier geforderten Operationen kann es mit seinem linearen Verständnis der Zahlen nicht anknüpfen. Es kann die Aufgaben im Zweifel nicht zählend lösen. Und daher *muss* es zu den nun schon mehrfach benannten Tricks greifen, die aber hier in die Irre führen, weil sie nicht der Struktur der Sache entsprechen. Insbesondere bei den Subtraktionsaufgaben führen sie zu Fehlern, deren Ursache dem Kind nicht klar werden und es daher entmutigen.

Zahlenstrahl, Hundertertafel und Hunderterfeld sind in dieser Phase geeignete Anschauungsmittel. Sie helfen auch dem rechenschwachen Kind, sich im Zahlenraum bis 100 zu orientieren. Sie helfen ihm, die wiederkehrende Struktur der Einer beim Zählen zu erkennen und zu nutzen. Sie helfen beim Ordnen und bei der Bestimmung der Vorgänger und Nachfolger, was seinerseits die Zahlenreihe sichert. Insofern sind es geeignete *Anschauungs*mittel im zweiten Schuljahr. Als *Rechen*mittel sind die drei Materialien zwar brauchbar, und für gute Rechner ist es sogar förderlich, sie auch als solche einmal zu verwenden. Im Rahmen der Förderung schwacher Rechner haben sie aber Nachteile, die gesehen werden müssen, warum vor allem Zahlenstrahl und Hundertertafel für diese eine eher untergeordnete Rolle spielen sollten.
Mit dem 100er-Kugelrahmen kann man die Kinder rechnen lassen, aber auch er ist bei der Förderung nicht optimal.[6]

Die besten Rechenmittel sind nach meiner Überzeugung in diesem Zahlenraum *quadratische Plättchen und 10er-Stäbe* (oder Würfel und Zehnerstangen) sowie *Geldmünzen* (10-Cent und 1-Cent), sofern die unterschiedliche Wertigkeit beachtet werden kann (siehe B 3.2 und B 3.3). Lässt man die Kinder legend rechnen, so werden sie mit beiden Materialien aufmerksam auf Zehner und Einer. Sie erkennen die Übergänge und können diese je nach Abstraktionsniveau durch Umtauschen, Verdecken oder vorgestelltes Wegnehmen lösen. Und sie sehen beim Addieren und Subtrahieren immer den Zusammenhang zwischen Aufgabe und Umkehraufgabe sowie zwischen Zerlegung und Subtraktion.
Hantierend können auch die schwachen Rechner auf diese Weise am normalen Rechenunterricht teilnehmen, so dass eine externe Förderung nicht zwingend geboten ist. Gleichzeitig schaffen sie sich durch die einjährige Arbeit mit dem Material die Erfahrungsgrundlage, um im 3. Schuljahr den Schritt zu einem echten abstrakten Bündelungs- und Stellenwertverständnis zu tun, der ihnen im Moment noch nicht abverlangt wird.

2.4 Einige Bemerkungen zu Multiplikation und Division

Üblicherweise werden die Kinder durch das Einmaleins mit diesen neuen Rechenoperationen konfrontiert. Da das Einmaleins die Kenntnis der Zahlen bis 100 sowie ein gewisses Verständnis dieser Zahlen voraussetzt, geschieht es meist im zweiten Halbjahr der 2. Klasse. Die Multiplikation wird als fortgesetzte Addition oder Zählen in Schritten gedeutet, die Division als Umkehroperation oder aus dem Aufteilen und Verteilen abgeleitet. Da man von den Kindern erwartet, dass sie sich inzwischen im Zahlenraum bis 100 sicher bewegen, kann man von Anfang an mit Rechenpäckchen einsteigen, mit denen die Reihen geübt werden. Neben der Lösung durch fortgesetztes Addieren wird auf geschicktere Formen hingewiesen (6 x 4 = 5 x 4 + 1 x 4 oder 9 x 3 = 10 x 3 – 1 x 3). Ziel ist es, Divisionen und Multiplikationen im Rahmen des kleinen Einmaleins zu automatisieren.
Es ist klar, dass ein rechenschwaches Kind, mit diesem Weg überfordert ist. Da es in der Addition und Subtraktion im Zahlenraum bis 100 eben noch keine Sicherheit gewonnen hat, rettet es sich bestenfalls dadurch, dass es die Reihen so gut es kann auswendig lernt. Das Einmaleins führt nicht zu einer Vertiefung des Zahlenverständnis. Wenn es an dieser Stelle um etwas geht, dann geht es eigentlich um das Verständnis der neuen Operationen Multiplikation und Division. Diesem Aspekt wird aber im Blick auf das Ziel, die Reihen zu erlernen, oft nicht die für das rechenschwache Kind nötige Aufmerksamkeit gegeben. Dabei sind dies beides Operationen, welche die Zahlen als Anzahlen nehmen und nur unter einem bestimmten Blickwinkel strukturieren. (12 = 3 x 4 bedeutet ja: Da sind 12 Dinge, und die kann ich in 3 Viererreihen legen.) Diese sinnliche Erfahrung kommt eigentlich dem konkreten Denken der rechenschwachen Kinder entgegen und wäre geeignet, den Aspekt der Strukturierung und Zerlegung von Zahlen zu festigen. In dieser Logik würde seine Kopfrechenkompetenz sogar gestärkt. Das aber braucht Zeit, und die gibt man sich Mitte/Ende der 2. Klasse oft nicht mehr.
Dass Multiplikation und Division als das elementare Rechnen fördernde Operationen seit der ersten Klasse im Unterricht präsent sein sollten und wie das unterrichtlich praktiziert werden kann, wird in Abschnitt C 2 dargestellt.

2.5 Die Erweiterung des Zahlraumes bis 1000/ schriftliche Addition und Subtraktion

Mit der Erweiterung des Zahlenraumes in den Tausenderbereich wird allgemein das Stellenwertsystem erneut thematisiert, ohne das weder einfache Kopfrechenaufgaben wie ‚250 – 120' oder ‚367 + 400', noch das halbschriftliche Rechnen oder gar die schriftlichen Verfahren verständig durchgeführt werden können. Manche Bücher gehen von großen Mengen aus und wiederholen die Idee des Bündelns, das auch mit Materialien wie den Montessori-Blöcken (1er-Würfel, 10er-Stange, 100er-Platte, 1000er-Würfel) veranschaulicht wird, bevor sie die Arbeit mit der Stellenwerttafel oder das stellenweise Zerlegen (324 = 3H + 2Z + 4E) anregen. Andere beginnen direkt mit der Stellenzerlegung und der Stellenwerttafel. Wieder andere erweitern die bisher verwendeten Anschauungsmittel Zahlenstrahl und Hundertertafel, bzw. Hunderterfeld, zum Tausenderstrahl und Tausenderbuch, um an ihnen die Tatsache der dezimalen Stellenwertstruktur unserer Zahlen sichtbar zu machen. Über elementare Kopfrechenaufgaben kommt man dann zu schwierigeren Aufgaben, die stellenweise halbschriftlich gerechnet werden, woraufhin dieses Verfahren abschließend in das rationellere genormte schriftliche Verfahren überführt wird.

Der gute Rechner bei der Erarbeitung des Zahlenraumes bis 1000

Große Zahlen haben immer eine besondere Faszination für Kinder, die sich unser gestufter Rechenlehrgang leider kaum zu Nutze macht. Der gute Rechner (und mit ihm viele durchschnittliche) kennt daher die Zahlen bis 1000 bereits, wenn er in die 3. Klasse kommt. Aufgaben wie ‚260 + 320' oder ‚680 – 530' kann unser guter Rechner direkt lösen, weil er die Analogie zum Rechnen mit zweistelligen Zahlen sieht. Es sind eher Konzentrationsprobleme oder fehlende Rechenroutine, wenn er sich bei solchen Aufgaben verrechnet. Der Rechenunterricht gibt ihm nun die Möglichkeit, das, was er intuitiv bereits kann und richtig macht, noch einmal unter verschiedenen Sichtweisen zu durchdringen und in einem Umfang zu üben, dass dabei eine größere Rechengeschwindigkeit und Rechensicherheit entsteht. Insbesondere die Phase des halbschriftlichen Rechnens erweist sich für ihn dabei als segensreich, weil sie ihm zeigt, wie er seine Gedanken notieren kann. Das gilt umso mehr, wenn ihm erlaubt ist, auf eigenen Wegen, das heißt entsprechend der eigenen inneren Logik, die Folge der einzelnen Rechenschritte zu bestimmen und aufzuschreiben, wenn der Vorgang also als ein von Notizen ‚gestütztes Kopfrechnen' (Raddatz/Schipper) verstanden wird. Finden dann in der Klasse noch öffentlich Diskussionen über solche Unterschiede im Vorgehen statt, so wird sein mathematischer Verstand herausgefordert, und er spürt seine Kompetenz in diesem Bereich.
Das Risiko für den guten Rechner besteht eher darin, dass der Unterricht in der 3. Klasse ihn ausbremst, wenn dieser allzu vorsichtig voranschreitet und wenn auch beim halbschriftlichen Rechnen Formalismen im Vordergrund stehen.
Der Übergang zum schriftlichen Rechnen fällt dem guten Rechner leicht, und er arbeitet von Anfang an fehlerlos. Dies geschieht weniger, weil er keine Schwierigkeiten hat, die genormten Rechenvorschriften konsequent einzuhalten. Es geschieht deshalb, weil er deren Grundlage durchschaut. Wenn der gute Rechner seine kleinen Einsen schreibt, weiß

er ebenso, was er macht, wie wenn er die Subtraktion in der Logik einer Ergänzungsaufgabe löst. *Dies* ist die Grundlage seiner Rechensicherheit.

Der schwache Rechner bei der Erarbeitung des Zahlenraumes bis 1000

Auch viele schwache Rechner entgehen der Faszination der großen Zahlen nicht und können über die Hundert hinaus und manchmal auch von großen Zahlen aus weiter zählen. Ihr Problem ist weiterhin, dass sie (wie mancher durchschnittliche Rechner, der im Unterricht gar nicht als schwach auffällt) die Operationen der Zahlen nicht durchdrungen und sich mit den benannten ‚Tricks' durchlaviert haben. Möglicherweise sind sie in der Lage, die genannten dreistelligen Aufgaben ebenfalls zu lösen, weil sie ihren Trick („Die mit der und die mit der.") einfach auf die neuen Stellen übertragen. Sie sehen hier nichts anderes, als wenn bei ‚260 + 320 =' ‚26 + 32 =' stünde oder bei 680 – 530 =' ‚68 – 53 ='. Es scheinen auf den ersten Blick nur Konzentrations- oder Gedächtnisprobleme zu sein, wenn bei ‚260 + 320' etwa ‚490' herauskommt, während alle anderen Aufgaben richtig sind. Dabei liegt die Ursache darin, dass das Kind mit unverstandenen Stellen rechnet und hier ‚die' mit ‚der' verwechselt hat. (2 + 2 = 4, 6 + 3 = 9, Null dran, also: 490!)
Weil das rechenschwache Kind die Struktur unserer Zahlen noch nicht verinnerlicht hat und daher diese auch nicht nutzen, also nicht verständig abstrakt rechnen, kann, ist es so wichtig, dass, wie allerorts versucht wird, mit der Einführung des Tausenderraumes diese Struktur noch einmal in den Blick genommen wird. Dieser Versuch scheitert aber oft. Und das hat verschiedene Gründe:
Geht der Einstieg im Wesentlichen von der Stellentafel und dem stellenweisen Zerlegen aus, so bietet dieser dem rechenschwachen Kind überhaupt keinen Grund, sein inneres Konzept zu ändern. Zwar wird im Blick auf die Stellen gearbeitet, aber die Form bestätigt es nur in seinem Trickkonzept. Die Stellenwerte werden nämlich in ihrer Dimension nicht wirklich deutlich.
Übungen der folgenden Art würden auch im ersten Halbjahr der 1. Klasse von vielen Kindern richtig bearbeitet.

437 = 4H + 3Z + 7E	2H + 4Z + 7E = 247
685 = 6H + 8Z + 5E	5H + 1Z + 9E = 519
329 = 3H + 2Z + 9E	3H + 8Z + 4E = 384

	Hunderter	Zehner	Einer
327	3	2	7
406	4	0	6
855	8	5	5

Derartige Aufgabentypen werden als Übertragungs- oder Abschreibübungen verstanden, die nur dann schwierig werden, wenn eine Stelle ‚fehlt', also eine ‚0' geschrieben werden müsste, obwohl ‚da nichts ist'. Das rechenschwache Kind schreibt dann: 4H + 3Z = 43. Die zentrale Rolle der ‚0' im Stellenwertsystem ist ihm nicht bekannt und wurde vielleicht auch gar nicht ernsthaft thematisiert.

Offensichtliche Schwierigkeiten tauchen wie schon im Hunderterbereich auf, wenn bei Kopfrechenaufgaben Übergänge ins Spiel kommen, denn dann geht das stellenweise Addieren und Subtrahieren aus den gleichen Gründen nicht mehr so einfach, aus denen heraus sich schon im Hunderterbereich Schwierigkeiten einstellten. Wie schon im Hunderterbereich entstehen dann plötzlich Veränderungen in den Stellen, die dem Kind rätselhaft bleiben, weil sie nicht in sein Konzept passen.

Selbst die Phase des halbschriftlichen Rechnens ist für viele schwache Rechner eine entmutigende Qual. Sie sind es **nicht gewohnt, ihr Denken zu reflektieren**, ihre Gedanken in Formeln umzusetzen oder auch nur den Zusammenhang zwischen ihrem Denken und dem Geschriebenen herzustellen. Im Gegenteil leben sie ja gerade davon, dass sie ihr Denken vor dem Lehrer verstecken, damit dieser nicht merkt, was ihnen alles unklar ist. Sie wollen nicht als schwache Schüler da stehen und sind daher froh, wenn sie an der Oberfläche bleiben dürfen, an der sie ‚ganz gut' oder ‚ausreichend' mithalten.
Werden auch noch verschiedene Rechenwege vorgestellt und diskutiert, dann sind sie vollends verwirrt und wissen gar nicht mehr, woran sie sich halten sollen. Deshalb ist man als Lehrer auch so leicht versucht, diese offensichtliche Schwierigkeit dadurch zu lösen, dass man diesen Kindern einen normierten Rechenweg an die Hand gibt, nach dem sie eine Aufgabe halbschriftlich lösen können. Der Ärger ist dann allerdings umso größer, wenn ‚dumme' Fehler oder ‚Schludrigkeiten' dazu führen, dass die Aufgaben dennoch nicht richtig gerechnet werden. Denn so klar kann gar keine Regel sein, dass man sie nicht falsch anwenden könnte, wenn die Details und Hintergründe unklar bleiben.

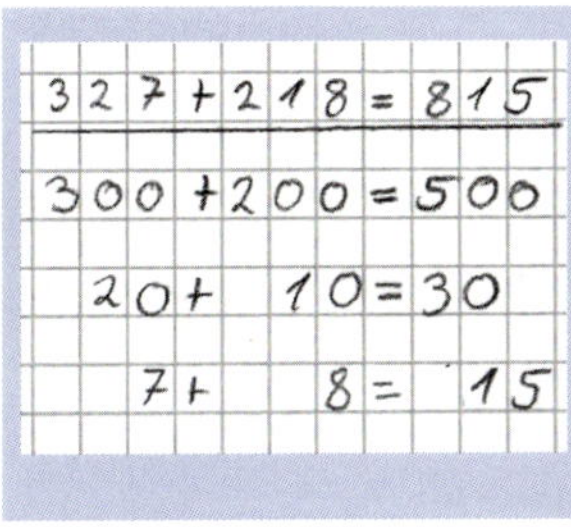

Beim halbschriftlichen Rechnen gibt es eine solche Vielzahl von Aspekten zu beachten, dass ein Kind, das ohne Verständnis für die Gründe versucht, sie sich alle zu merken, einfach Fehler machen muss. Ohne Einsicht in die Bedeutung der Stellen schafft auch das halbschriftliche Rechnen keine neuen Einsichten.

An dieser Stelle fördernde Maßnahmen

Hat ein Kind an diesem Punkt in der 3. Klasse noch ernste Schwierigkeiten, so sind diese nach meiner Erfahrung häufig darin begründet, dass das Zahlkonzept dieser Kinder noch nicht gefestigt ist. Übungsformen, die dieses voraussetzen, greifen daher nicht oder nur bedingt. Die Stellentafel erklärt ihnen nichts. Das Tausenderbuch bleibt eine Ansammlung von Zahlzeichen und der Tausenderstrahl oder die Rechenlinie können sie nicht nutzen, da sie die hilfreichen Zwischenpunkte nicht finden, die eine Rechnung einfach machen. Die Ebene des Strukturierens ist einfach noch zu schwach entwickelt.
Daher gilt es, diese noch einmal ganz neu aufzubauen, und der Abschnitt vom Rechnen mit *‚Erbsen, Bohnen und Holzstäbchen'* (B 3.4) sowie das sich anschließende Rechnen mit dem *römischen Rechenbrett* (B 3.5) zeigen, wie das mit der ganzen Klasse als ein für alle fruchtbares Unterrichtsvorhaben in der 3. Klasse durchgeführt werden kann.

Das, was hier als Rechenunterricht für die 3. Klasse vorgeschlagen wird, lässt sich auch als Förderunterricht mit Dritt-, Viert- oder auch Fünftklässlern durchführen. Obwohl wir uns damit scheinbar sehr weit von den ‚eigentlichen' Unterrichtsinhalten wegbewegen, wird man den Effekt eines solchen Förderunterrichtes im Unterricht bald spüren, weil es den Kindern plötzlich gelingt, auch den genormten Unterricht mit anderen Augen zu sehen. Für sehr viele Kinder gewinnen die als Routinen gelernten Verfahren plötzlich an Plausibilität, wenn sie sich in der Förderung mit den Themen *zählen, ordnen, bündeln, symbolisieren* und *nachvollziehbare Handlungsroutinen entwickeln* beschäftigt und auf dieser ganz praktischen Ebene die Zahlen kennen gelernt haben.
Daneben führt das praktische Hantieren mit Einern, Zehnern, Hunderten und Tausendern indirekt zu zahlreichen Rechenanlässen im *Zahlenraum bis 20*. Nebenher wird also genau der Bestand an Aufgaben wiederholt, der bei den schwachen Rechnern noch nicht ausreichend gesichert ist.

2.6 Epilog

Hier endet meine Darstellung vom guten und schwachen Rechner. Nicht, weil deren Weg zu Ende wäre, sondern weil nichts mehr zu sagen ist. Von hier ab wiederholt sich alles. Im Zahlenraum bis eine Million und darüber, bei den ganzen Zahlen und den Brüchen, bei der schriftlichen Multiplikation und Division ebenso wie bei den Klammerregeln, den Termumformungen und der Algebra. Der gute Rechner kann all diese neuen Themengebiete des Mathematikunterrichts – unabhängig davon, ob sie gut oder schlecht unterrichtet werden – in seine Vorstellungen von den Zahlen und Rechenverfahren einbauen. Er erlebt das wachsende Gebäude der Mathematik als etwas Organisches, bei dem alles Neue aus Bekanntem hervorwächst und dieses Bekannte in ein neues Licht rückt. Dem schlechten Rechner gerät das Gebäude der Mathematik zu einem Labyrinth, an das immer neue Räume angefügt werden mit immer neuen Spielregeln. Es ist ihm ein Irrgarten ohne Sinn, Ziel und Ordnung. Und je mehr die Schule auf dem Ausbau des Gebäudes besteht, umso mehr verliert er die Orientierung und die Erinnerung an die Fundamente, den Anfang, aus dem das alles hervorgegangen ist.

Wenn wir das nicht wollen, wenn wir nicht wollen, dass Kinder die Mathematik für sich ‚abhaken', wenn wir diese schwachen Rechner nicht aufgeben wollen, dann kommen wir nicht umhin, mit Ihnen das Fundament zu sichern und die Verbindung zu den Grundlagen herzustellen. Dieses Buch zeigt, dass dies nicht notwendig heißt, immer wieder „mit Adam und Eva" anzufangen. Auf jedem Niveau kann man das Fundament klären. Selbst in der 6. Klasse können sich Kinder im Rahmen der Bruchrechnung ihre Zahlvorstellungen und die Operationen der Grundrechenarten verdeutlichen. Und sie können nebenher ihre Kopfrechenkompetenz im Rahmen der elementaren Additionen und Subtraktionen sowie beim Einmaleins stärken. Immer ist Lernen auf diesen verschiedenen Ebenen möglich. Nur müssen wir diese unterschiedlichen Aspekte im Auge haben und sie konkret handelnd, reflektierend und befragend zum Thema machen. Haben wir dafür nicht die Zeit und die Aufmerksamkeit, dann müssen wir mit den Folgen leben. Dann sind die Wege schicksalhaft.

B: Rechnen durch Handeln

Mit ‚Lesen durch Schreiben' hat Jürgen Reichen einen Weg in den Schriftspracherwerb aufgezeigt, der es in hohem Maße ermöglicht, von den Kompetenzen der Kinder auszugehen und sich von deren Motivation und Umgang mit der Sache den jeweiligen Weg zeigen zu lassen, auf dem das Kind den Umgang mit unserer Schrift erlernt. Indem den Kindern mit der Anlauttabelle ein Mittel an die Hand gegeben wird, das sie befähigt, ihre lautlich abgehörten Gedanken in Schriftzeichen umzusetzen, lernen sie eben über dieses erste Schreiben die Buchstaben in ihrer Lautbedeutung kennen. Und indem sie sich über ihre Schreiberfahrungen austauschen, kommen Besonderheiten (Regelhaftiges ebenso wie Abweichungen vom Lautprinzip) in den Blick, die auf diese Weise kennen gelernt werden.

Dieser Ansatz ist – trotz all seiner Schwierigkeiten und Mängel im Detail – vor allem deshalb interessant, weil er den Unterricht radikal verändert. Er fordert ein Unterrichtsverständnis und eine Unterrichtssituation, in der die Kinder Unterschiedliches tun und der Lehrer dieses Unterschiedliche begleitet, aufeinander bezieht und in einen gemeinsamen Rahmen stellt oder in einem gemeinsamem Rahmen (zum Beispiel einer Oberthematik) entstehen lässt. Dadurch ermöglicht er den Kindern, auf ihrem jeweiligen Kompetenz- und Interessensniveau (Das auszuhalten, bzw. zu thematisieren, ist das eigentliche Problem des Lehrers!) zu arbeiten, so dass sowohl sehr schwache Schreibanfänger wie auch schon gut schreibende Kinder nebeneinander arbeiten können, ohne im Kern Unterschiedliches zu tun. (Natürliche Differenzierung)
Jedes Kind schreibt und macht so das Schreiben- und Lesenlernen zu seinem eigenen Lernprozess. Das ist eine wesentliche Veränderung, hatte doch der vom Lehrer angeleitete systematische Lehrgang vor allem auch zur Folge, dass die Kinder ihren eigenen Lernprozess als einen von außen initiierten und von außen abhängigen empfanden.

Dieses Buch will Wege aufzeigen, wie der Prozess des Rechnenlernens den Kindern in ähnlicher Weise in die Hand gegeben werden kann. Nicht nur durch ‚Arbeiten im eigenen Tempo', nicht nur durch ‚entdeckendes Lernen' in Form von ‚offenen Aufgabenstellungen'. Sondern vor allem dadurch, dass der Unterricht (das Klassenleben) als ein Rahmen entwickelt wird, in welchem der Aspekt der Zahlen (wie der der Schrift) im Unterricht stets präsent ist und in welchem die Kinder Mittel (statt der Anlauttabelle hier: *Rechenmittel*) an die Hand bekommen, mit denen sie in die Lage versetzt werden, solche Probleme zu bewältigen.

Rechnen wird beim Rechnen gelernt wie die Schriftsprache beim Schreiben. Zahlen, Operationen, Zahlstrukturen und Rechenstrukturen werden in der Arbeit erfahren und beim Gespräch über die Lösungswege reflektiert. So werden auch die Eigenschaften und Zusammenhänge der Zahlen und Operationen zum Thema.

„Aber wie soll ein Kind, das noch gar kein Zahlverständnis hat und eventuell kaum zählen kann, Rechenprobleme in der Umwelt entdecken und gar lösen? Hier stellen sich die

meisten Fragen doch in einer Weise, dass die verstandesmäßig erfassten Zahlräume weit überschritten werden!" In der Tat. Das ist das Problem, weshalb dieser Versuch vielleicht auch so wenig gewagt wird und manchem als vollkommen unrealistisch erscheinen mag. Meine Erfahrung als Lehrer ist aber eine andere, und ich habe ‚Lesen durch Schreiben' auch deshalb angeführt, weil man davon unter anderem dreierlei lernen kann:
Erstens darf ‚schreiben' nicht mit unserer Normschreibung identifiziert werden. Wer dies tut und Angst vor ‚falsch' geschriebenen Wörtern hat, der darf Schreibanfänger sehr lange nicht schreiben lassen. Der muss erst die Elemente der Schrift und einen Bestand an Grundwörtern vermitteln, bevor diese zum Schreiben benutzt werden können. Schreiben ist aber etwas, das immer auf einem gewissen Verständnisniveau stattfindet und im Blick darauf gesehen und bewertet werden muss. ‚Fehler' sind weniger Hinweise auf einen Mangel als vielmehr Dokument eines bestimmten Kompetenzniveaus und einer spezifischen Rechtschreibstrategie, mit der das Kind an die Schrift herangeht. Im ‚Fehler' kommt eine spezifische Denkvorstellung zum Ausdruck, die eine innere Logik hat.
Ganz entsprechend ist auch das Rechnen im Zusammenhang mit dem jeweiligen Verständnisniveau zu sehen und zu unterstützen. ‚Rechnen' heißt für einen Rechenanfänger, konkretes Zählen und Abzählen. Notation von Rechnungen heißt konkretes oder analoges Abbild des Vorganges. (Nichts anderes machen ja auch die Schulbücher, wenn sie den Kindern Bilder mit erloschenen Kerzen und geplatzten Ballons als Aufgaben präsentieren.) Ein Unterricht, der dies Ernst nimmt, muss also eine Vorstellung der ‚Stufen des Rechnenlernens' haben, so dass er in den Rechnungen und an den Fehlern der Kinder erkennt, in welcher Logik sie jeweils arbeiten, um ihnen in dieser Logik und von dieser Logik aus weiter zu helfen. Wie solche Reaktionen des Lehrers aussehen können, wurde am Weg des schwachen Schülers bereits dargestellt.

Zweitens zeigt ‚Lesen durch Schreiben', dass die Kinder ein Hilfsmittel brauchen, das ihnen die Brücke baut zwischen ihrem Kompetenzniveau hin zu der Wirklichkeit der Buchstaben. Bei Reichen ist das die ‚Anlauttabelle', mit der Schreibanfänger, die noch keine Buchstaben kennen, diese sehr schnell entsprechend der Anlaute der abgebildeten Dinge identifizieren und abmalen können. Das ist ja gerade das Verblüffende, dass Kinder, welche kein ‚Au', ‚t' und ‚o' lesend erkennen würden, ‚Auto' (oder ‚to' oder ‚Auo' oder ‚t') unter ein Bild schreiben und wissen, dass das Auto heißt. Eben weil sie es mit Hilfe der Anlauttabelle selbst ermittelt haben. Ganz ähnlich brauchen die Kinder für die Bewältigung von Rechenproblemen Hilfsmittel, mit denen sie das unmittelbare Rechnen am Objekt simulieren können. Diese Hilfsmittel nenne ich *‚Rechenmittel'*, und sie sind weit mehr als die zur Einführung eines bestimmten mathematischen Aspektes verwendeten Anschauungsmittel.

Rechenmittel helfen, Rechenprobleme zu lösen, deren Abstraktion oder deren Größenordnung das eigene Denken noch übersteigt.

Dass dies möglich ist, weist ein Blick in die Geschichte der Zahlen und des Rechnens. Über Jahrtausende und bis heute finden sich Belege dafür, wie es Kulturen gelang, Rechen-

probleme handgreiflich zu machen. Ob mit Knotenschnüren oder Fingern, ob mit Steinen, Tonkugeln oder gekerbten Hölzern, ob mit Rechenbrettern oder Kugelrahmen, immer wieder gelang es Menschen, sich Hilfsmittel zu verschaffen, um sich über Anzahlen zu verständigen und notwendige Operationen durchzuführen. Es lohnt also, sich bei den frühen Rechenverfahren der Menschheit kundig zu machen, die ihre Brauchbarkeit mehr als bewiesen haben. (Unter anderem dadurch, dass sich auf ihrer Grundlage unser dezimales Stellenwertsystem entwickelt hat.)
Drittens führt die Umsetzung von ‚Lesen durch Schreiben' und seine unmittelbare Vernetzung mit einem werkstattorientierten Unterrichtsansatz dazu, dass sich der Schriftspracherwerb eng mit dem Sachkundeunterricht verbinden lässt, weil die dort angesprochenen Erfahrungen als Schreibanlass verwendet werden können. So wird das Schreiben in einen sinnvollen Gesamtzusammenhang gestellt und als Hilfe zur Alltagsbewältigung erlernt. Entsprechend scheint es mir bedeutsam, auch das Rechnen aus seinem noch immer isolierten Dasein zu befreien und verstärkt nach Anlässen zu suchen, die es im Alltag der Kinder verankern. Dies gilt umso mehr, weil – wie der folgende Abschnitt zeigt – das Anknüpfen an Problemen der Umwelt den Unterricht zwingt, handelnd und konkret zu werden. ‚Mit Sachen rechnen' heißt ja, die Dinge selbst für die konkreten Operationen zu benutzen, also das Problem an und mit der Sache zu lösen, oder – in einem ersten Abstraktionsschritt – die zentrale Eigenschaft, um die es bei dem Problem geht, zu isolieren und in ein Material konkret analog abzubilden (zum Beispiel Körperlängen in gleich lange Papierstreifen), um mit diesen zu arbeiten. Damit bewegt sich das Rechnen mit Sachen auf der allerersten, noch ganz konkreten Ebene des Rechnens.

1. Mit Sachen rechnen

Wenn wir ernsthaft glauben, dass der Rechenunterricht nicht nur das Ziel hat, die Grundlagen für den weiterführenden Arithmetikunterricht zu legen, sondern dass das Rechnen eine echte Hilfe in der kompetenten Bewältigung des Alltags darstellt, dann sollte das eigentlich im Unterricht sichtbar werden. Dieser findet aber in der Praxis noch immer weitgehend abgekoppelt von echten Sachbezügen statt. Und das, obwohl Erichson bereits 1997 auf die Bedeutung von *‚Authentizität'* im gesamten Unterricht hinwies und auf die Notwendigkeit, dies im Mathematikunterricht stärker zu berücksichtigen. *„Die Effektivität natürlicher Lernprozesse resultiert aus ihrer Authentizität."*, schreibt sie. *Und: „Es gibt keine authentische Situation, die nicht fächerübergreifend, problem- und projektorientiert wäre."*[7]
Dennoch tauchen Sachbezüge im Unterricht eher in Form von zum durchgenommenen Inhalt passenden Textaufgaben auf und wird Authentizität in Projekttage und Parcours zum ‚Lernen mit allen Sinnen' separiert. Es scheint kaum möglich, Authentizität zu einem, den Alltag des Mathematikunterrichts durchziehenden, Unterrichtsprinzip auszubauen. Kein Wunder, dass es den Kindern schwer fällt, mathematische Denkstrukturen auszubilden, die schulischen Inhalte in ihrem Alltag wiederzufinden und dass auch viele Erwachsene bereits an einfachsten Problemen scheitern. Wer ist schon in der Lage, den Durchschnittsverbrauch seines Autos zu überschlagen!

Das Bildungspotenzial, das im Rechenunterricht liegt, kommt nicht zum Tragen, weil dieser den Kindern allein und vor allem als ein seinen inneren Gesetzen folgendes System präsentiert wird, ohne dass deutlich wird, wie dieses aus dem Leben der Menschen erwachsen und in diesem verwurzelt ist. Die kulturelle Dimension (oder besser: der dahinter stehende kulturelle Prozess) bleibt völlig im Dunkeln. Auch im Blick auf unseren Rechenunterricht trifft Wagenscheins Kritik an der ‚verfremdenden Apparatur' des Physikunterrichts und vor allem seine Forderung: *„An einigen Stellen erlebt zu haben, wie sich die freien Erscheinungen freiwillig dem Staunenden und Findigen eröffnet haben, und sich auch heute wieder jedem Neuling zu eröffnen bereit sind, das gehört zur naturwissenschaftlichen Bildung."*[8]
Diese Forderung gilt in gleicher Weise für die mathematische Bildung:

> Rechnen beginnt nicht als System, sondern erwächst aus der „freien Erscheinung", aus der Beobachtung der Umwelt, die unter einen bestimmten Blick genommen wird. Es entsteht, wenn Menschen anfangen, sich mit Anzahlen und Größen zu beschäftigen. Und dafür bedarf es unserer hoch entwickelten und an abstrakte Zahlen gekoppelten Rechentechnik gar nicht. Rechnen mussten und konnten schon die Menschen vor Tausenden von Jahren. Nur benutzten sie dabei Techniken, die ihrem konkreten Denken entsprachen.

Überall auf der Welt, in allen Kulturen entstanden solche konkreten Zahldarstellungen und Rechenmittel. Sie schnitzten Kerben, knoteten Schnüre, sammelten Steine oder Muscheln und benutzten diese Hilfsmittel, um Anzahlen festzuhalten und Veränderungen festzustellen. Auch ihre Längen und Gewichtsmaße waren konkrete, sinnlich erfahrbare Größen, wie man zum Beispiel an Längenmaßen wie Handspanne, Fuß oder Schritt sieht. Die Stunden des Tages waren ursprünglich als zwölfter Teil des Tages an den Sonnenlauf gekoppelt, weshalb sie im Sommer länger und im Winter kürzer waren. Erst allmählich wurde diese Vielfalt an konkreten Maßen normiert, und erst im 19. Jahrhundert wurden die zunächst regionalen Normen in Europa auf die uns vertrauten Maße hin vereinheitlicht. Und selbst diese nun vereinheitlichten Normen haben als Bezugspunkte weiterhin der Natur entnommene Größen.

Mit Sachen rechnen bedeutet also zweierlei: Erstens die Umwelt verstärkt zum Ausgangspunkt zu nehmen, um darin die Probleme zu finden, die Zahlen zu entdecken und das Rechnen daran zu entwickeln. Und zweitens das Rechnen selbst nicht von Anfang an auf die Ebene des Operierens mit abstrakten Zahlen oder gar Zahlzeichen zu reduzieren, sondern als ein hantierendes Problemlöseverfahren einzuführen und zur Verfügung zu stellen.

Wenn Kindergartenkinder ihre beim Faschingszug eingesammelten Bonbons ‚gerecht' aufteilen, dann geschieht das nicht abstrakt, sondern konkret. Vielleicht wird abgeschätzt: „Du bekommst ‚so' viel und du ‚so' viel und ich ‚so' viel." Vielleicht sagt dann ein Kind: „Mein Haufen ist aber viel kleiner!", und es nimmt sich noch ein paar aus dem größeren. Vielleicht werden die Bonbons auch reihum so verteilt, dass immer jeder eines bekommt. Das wären alles Problemlösungen, die dem Stand der Kinder angemessen sind und die vergleichbar in anderen Kulturen und früheren Zeiten durchgeführt wurden. Wenn hier also die Forderung aufgestellt wird, dass die Umwelt (auch im Rechenunterricht) verstärkt zum Ausgangspunkt von Lernprozessen genommen werden soll, so bedeutet das zwangsläufig, dass man seinen Unterricht für solche Verfahren öffnet. Denn nur in den allerseltensten Fällen werden die auf diese Weise auftauchenden Probleme in unseren gestuften, an Zahlraumgrenzen und der Entwicklung formaler Rechentechniken orientierten Lehrgang passen.

Dieses Kapitel stellt an einigen Beispielen exemplarisch dar, wie komplexe Probleme durch eine nicht abstrakte, sondern dem kindlichen Denken angemessene konkrete Bearbeitung bewältigbar werden. Es wird gezeigt, wie sie handelnd zu lösen sind und wie dadurch die mit den Problemen in Verbindung stehenden Zahlen und Rechenverfahren verständlich werden. Wenn dabei schwerpunktmäßig Beispiele für Erst- und Zweitklässler präsentiert werden, so geschieht das, um deutlich zu machen, dass auch diese schon komplexe Sachsituationen bewältigen können. Indirekt bekommt man dabei Hinweise, wie in höheren Klassenstufen der Grundschule Förder- und Differenzierungsmaßnahmen in den Unterricht eingebunden werden können. ‚Schwache' Dritt- und Viertklässler haben ja gerade deshalb Probleme, weil ihre innere Logik auf dem Niveau der 1. oder 2. Klasse hängen geblieben ist und sie noch sehr auf konkrete Vorstellungen angewiesen sind.[9]

Mit Sachen zu rechnen, fördert nicht nur die Motivation und das Verständnis für die Bedeutung des Rechnens im Leben. Es fördert auch das Verständnis für die Zahlen und die Operationen selbst und leistet damit einen Beitrag zur Vermeidung und Behebung von Rechenschwächen.

1.1 Anzahlen feststellen und vergleichen (Arbeit mit Zählmitteln/Notation mit Strichlisten)

Aus wie viel Legosteinen ist das Haus gebaut? Wer hat mehr Pokémon-Karten? Wie viele Bücher hat unsere Klassenbücherei? Wie viele Erbsen sind in dem Glas? Immer wenn es ums Zählen geht, ist es sinnvoll, dies nicht ausschließlich durch Aufsagen der Zahlenfolge an der Sache selbst zu tun, sondern parallel oder ausschließlich ein Zählmittel zu verwenden, welches die Anzahl unmittelbar und konkret darstellt. Indem wir die Kinder ermuntern, den Abzählvorgang in ein Rechenmittel oder in eine Strichliste abzubilden, schaffen diese sich ein Anzahlbild; die Grundform der Zahl.
Hat man in der Klasse zum Beispiel *Holzwürfel (Somawürfel)* als Zählmaterial, so können Kinder auf diese Weise auch Anzahlen festhalten und darstellen, die den von ihnen wirklich beherrschten Zahlenraum und die ihnen bekannte Zahlenfolge weit übersteigen. Indem der eine Haufen Würfel für die Anzahl der Erbsen im Glas steht, der zweite Haufen für die Anzahl der verbauten Legosteine und der dritte für die Menge der Pokémon-Karten, die Kurt im Kreis gezeigt hat, gewinnen die konkret gewonnenen (nämlich einfach analog nachgebildeten) Anzahlen ein Eigenleben. Sie werden unabhängig vom konkre-

ten Objekt handhabbar. Damit gewinnen die Kinder eine zentrale Einsicht in unseren Umgang mit Zahlen, der ja ebenfalls losgelöst von konkreten Vorgängen scheint, obwohl sich konkrete Vorgänge darin verbergen. Gleichzeitig bleiben die Würfel aber doch – anders als die geschriebenen Zahlen – konkrete Objekte und entsprechen so dem Denken der Kinder.
Sucht man nach angemessenen Formen der Verschriftlichung, so bieten sich auf diesem Niveau *Strichlisten* an, da diese die Anzahl zwar bildlich, aber in Einzelelementen und daher analog wiedergeben. Der Schritt auf die Zeichenebene wird also nicht mit einem Verlust an Anschauung erkauft und erfordert kein die Arbeit mit dem Zählmittel übersteigendes Abstraktionsniveau.

Mit solchen analog gebildeten Würfelhaufen (Steinhaufen, Muschelhaufen, etc.) lässt sich zum Beispiel Anfang der 1. Klasse feststellen, ob alle Kinder da sind. Jedes Kind legt beim Weggehen einen Würfel in eine Schale, die am Eingang steht. Beginnt morgens der Unterricht, legt es einen der Würfel in eine Schale daneben. Wird der letzte Würfel umgelegt, sind alle da und der Kreis kann beginnen. Bleiben zwei Würfel liegen, heißt das, dass zwei Kinder fehlen. Man kann aber auch die gefüllte Schale zählen und die Kinder fragen, wie viele Kinder noch fehlen. Oder man zeigt mit den zwei Würfeln, dass noch zwei Kinder fehlen und fragt, wie viele dann da sind. Solche Rechenergebnisse lassen sich mit den konkreten Würfeln kontrollieren, womit man die Zahlenreihe in der Klasse übt und nebenher rechenschwache Schüler gut einbinden und indirekt fördern kann.
Auch Fragen wie ‚Sind eigentlich mehr Jungen oder mehr Mädchen in der Klasse?' lassen sich mit den Würfeln konkret bearbeiten. Alle Kinder nehmen einen Würfel und Jungen und Mädchen legen ihre dann jeweils auf einen eigenen Haufen. Diese können durch zählen, durch legen in Reihen oder als geordnete Muster verglichen werden.
Umgedreht kann man Anzahlen aus der Klasse (Anzahl der Tische, Stühle, Fensterscheiben, Tafeln, Computer, usw.) in Würfeln vorgeben und die Aufgabe stellen, herauszufinden, was hier wohl gezählt wurde. Bei solchen Aufgaben müssen die Kinder abschätzen und lernen, in Größenordnungen zu denken. Liegen da nur vier Würfel, wird keiner vermuten, dass es sich um die Anzahl der Tische handelt.

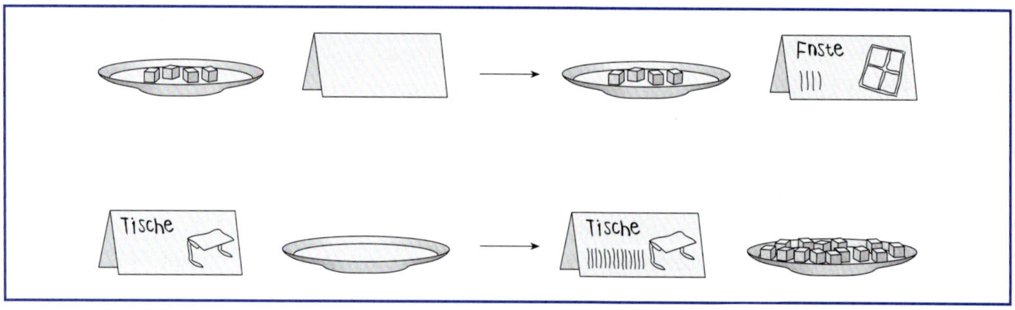

Vielleicht stellt sich aber dabei heraus, dass es nicht nur die vom Lehrer angedachten vier Fenster gibt, sondern dass auch vier Kinder eine Brille tragen, dass der Computertisch vier Beine hat und dass immer vier Kinder an einem Gruppentisch sitzen. Mehrdeutigkeit ist ein guter Nebeneffekt solcher Aufgabenstellungen.

Mit Rechenmitteln lassen sich sogar Anzahlen mitteilen und vergleichen, die gar nicht in der Klasse präsent sind. Wie oft musst du beim Weg in die Schule über eine Straße gehen? Wie viele Stufen sind es bei dir zu Hause bis in die Wohnung?

In Werkstattphasen oder beim Wochenplan kann man Arbeitsplätze, an denen nur eine bestimmte Anzahl Kinder arbeiten kann, mit Kästchen markieren, worauf die entsprechende Zahl Würfel passt. Jeder hat einen Würfel und besetzt damit seinen Arbeitsplatz.
Natürlich ‚reicht es eigentlich', wenn die Kinder zählen, die Zahlen aufschreiben und man die Zahlen vergleicht. Aber für viele Kinder bleibt dieses Hantieren mit geschriebenen Zahlen in der Klasse abstrakt. Sie werden zu bloßen Zeichen, die ihre sinnliche Dimension verloren haben. Aus der ‚25' wird dann vielleicht gar noch eine ‚52' und spätestens wenn gerechnet werden muss, steigen diese Kinder aus. Für sie ist es dann gar kein Anknüpfen an der Lebenswelt mehr, sondern nur noch ‚Mathe'.
Zählen die Kinder dagegen ihre Treppenstufen wirklich mit Erbsen ab, so kann man diese Erbsenreihen ordnen, nebeneinander legen und vergleichen. Wer muss die meisten Stufen laufen? Wer die wenigsten? Wie viele Stufen muss Karin mehr laufen als Kirsten? Die Kinder können sich selbst entsprechende Fragen ausdenken und aufschreiben. So entstehen im Rechenunterricht Schreibanlässe und plötzlich greifen Deutsch- und Mathematikunterricht ineinander. Vor allem aber sind alle Kinder unabhängig von ihrer bereits erreichten Rechenkompetenz in der Lage, an diesen Aufgaben, die da im wahrsten Sinne des Wortes vor ihnen liegen, zu arbeiten. Leistungsstarke Kinder können sich in der Art fordern und ausprobieren, dass sie die Anzahlen in Zahlzeichen dokumentieren oder gar die Vergleiche als Rechnungen aufschreiben. Leistungsschwächere Kinder brauchen bei vielen Aufgaben nicht einmal in dem auf den ersten Blick notwendigen Umfang zählen zu können. Wenn es um die Differenz zweier Mengen geht, reicht es zum Beispiel, sie paarweise nebeneinander zu legen und den Unterschied festzuhalten. Und selbst dieses Festhalten erfordert zwingend noch keine Zahlzeichen, da es auch mit Strichlisten geschehen kann.

Interessant ist, dass solche im Rechenunterricht von den Kindern gefundenen und festgehaltenen Anzahlen und Rechenergebnisse selbst wieder zum Gesprächsanlass werden können. Stellt man diese Karten aus, so werden die Kinder versuchen, sie zu lesen. Auf diese Weise werden die Karten in unserer Ausstellung, mit denen eigentlich Zähl*ergebnisse* dokumentiert sind, für den Betrachter zu Rechengeschichten, die es zu entschlüsseln gilt: Was ist da gemeint? Um was ging es dabei? Die mathematisierte Wirklichkeit muss in die wirkliche Wirklichkeit zurück übersetzt werden. So üben die Kinder bereits an diesem frühen Punkt das, was ihnen üblicherweise viel später als Textaufgabe gegenübertritt und so viel Schwierigkeiten macht.

1.2 Längen feststellen und vergleichen (Papierstreifen zur Dokumentation und als Rechenmittel)

Meter und Zentimeter sind im ersten Schuljahr noch nicht vorgesehen, aber natürlich lässt sich die Frage nach Größe oder Länge bei vielen Themen nicht vermeiden. Beobachtet man zum Beispiel das Wachstum von Pflanzen im Blumenkasten, so wäre es doch schade, deren Größe und Wachstum nicht festzuhalten. Natürlich kann und sollte man mit Zentimetermaß und Lineal arbeiten, wenn es um Längen geht. Die Beschriftung auf dem Lineal zeigt ja die Folge der Zahlen, so dass sich das Lineal intuitiv als Zahlenstrahl interpretieren lässt. Da die einzelnen cm-Abschnitte markiert sind, sich 7 cm also aus sieben Zentimetern zusammensetzen, können die Kinder mit diesen Zentimeterangaben rechnen, ohne sich Rechenschaft darüber abzulegen, was genau ein Zentimeter eigentlich ist. Man muss sich aber klar sein, dass die so gefundenen Zahlen als Längenangaben für einen Teil der Klasse noch nicht wirklich aussagekräftig sind, weil nicht alle Kinder die Verbindung der abgelesenen Zahl zum Einzelzentimeter intuitiv herstellen. Dies gilt umso mehr, wenn die Zahlen dabei zu groß werden und die Verbindung mit den Längen verloren geht. Auch hier kommt es daher darauf an, angemessene Mittel zu finden, die die Brücke zwischen dem konkreten Objekt und der abstrakten Zahl (hier: Größe) bauen.

Wie man Anzahlen durch Zählmaterialien darstellt, so macht man sich Längen am besten durch Gegenstände entsprechender Länge handhabbar. Man wird die Bohnenpflanze nicht nur mit dem Lineal und dem Zollstock messen, sondern Papierstreifen vorbereiten, die dann von den Kindern an die Pflanze gehalten und auf die entsprechende Länge abgeschnitten werden können. Außerdem notiert man das Datum und – wenn man will – die in Zentimetern gemessene Länge. So erhält man mit den Streifen ein wunderbares, vielfältig einsetzbares Material. Die unterschiedlich langen Streifen, die auf diese Weise entstehen, lassen sich nämlich selbst wieder ordnen und zuordnen. (Welche gemessene Länge passt zu welchem Streifen? Welches Datum gehört dazu?) Und wenn man die Streifen nebeneinander legt oder aufhängt, bekommt man Balkendiagramme, an denen das exponentielle (erst langsame und dann immer schneller werdende) Wachstum augenscheinlich wird.[10]

Genauso lässt sich die Größe der Kinder festhalten. Jedes Kind macht sich Anfang des ersten Schuljahres einen Streifen, auf dem es seinen Namen schreibt. Jetzt lassen sich nicht nur diese Streifen vergleichen (Wer ist gleich groß? Welche Kinder passen hintereinander gelegt in die Klasse? Passen alle Kinder in den Flur? Gibt es zwei Kinderpaare, die gemeinsam genau gleich groß sind? Sind Jungen größer als Mädchen?), sondern die Kinder können ihr eigenes Wachstum untersuchen. Hebt man nämlich die Streifen auf und misst in der zweiten Klasse wieder, so lassen sich plötzlich nicht nur die jetzt gemessenen Längen untereinander vergleichen, sondern auch die Veränderungen. (Nicht nur: Wer ist jetzt der Größte/Kleinste? Sondern: Wer ist am meisten gewachsen? Wer ist gleich viel gewachsen? Wachsen Große schneller als Kleine? Wachsen Blonde langsamer als Schwarzhaarige?) Und all das ist möglich, ohne zu rechnen!
Um das Wachstum zu vergleichen, muss man ja nur die Streifen aufeinander legen und einen Streifen mit der entsprechenden Differenz schneiden. Um die blonden und schwarzhaarigen Kinder zu vergleichen, kann man alle Streifen sortiert hintereinander legen. Da-

bei gibt eine größere Gesamtlänge der schwarzhaarigen Kinder noch keine Antwort, weil ja vielleicht viel mehr Schwarzhaarige in der Klasse sind. Aber auch dieses Problem lässt sich auf verschiedene Weisen für alle plausibel lösen, wenn man es als konkretes Problem in der Klasse diskutiert. Zum Beispiel kann man gleich viele von jeder Gruppe nehmen. Vielleicht lässt man dabei extreme Werte weg. Man kann auch die kleinere Anzahl durch mittlere Werte aus dieser Gruppe ergänzen. Wenn man ganz genau ist, kann man (auf jeden Fall in der 3. Klasse, wenn die Division schon intensiver behandelt ist) die Mittelwerte ermitteln, indem man einen Streifen der jeweiligen Gesamtlänge in entsprechend viele Teile teilt, wie es blonde und schwarzhaarige Kinder sind. (Wem dabei die Körperlängen zu überdimensioniert und daher unpraktisch erscheinen, der kann das Gleiche mit den Fußlängen oder der Länge von Ellenbogen bis Fingerspitze machen.)
Wichtiger als das Ergebnis ist bei derartigen Aufgaben und vor allem bei Bearbeitungen dieser Art, dass auf diese Weise Denkprozesse praktisch sichtbar und dadurch auch in ihrer Vielschichtigkeit durchschaut werden. Die Fragen drängen sich nicht abstrakt, sondern konkret auf, weil sie konkret sichtbar sind. Das macht es Kindern möglich, mitzudenken und sich zu beteiligen, die sonst abschalten würden. Gleichzeitig eröffnet sich die vielfältige Welt des Ordnens und Vergleichens, des Zufügens und Wegnehmens, des Vervielfachens und Teilens, aus dem die Welt der Zahlen, der Größen und des Rechnens entstanden ist und sich jedem neu eröffnet, der sich damit forschend beschäftigt.

1.3 Vom Umgang mit Geld und Preisen

Geld und Preise sind unmittelbarer Alltag der Kinder und auch der Schule, die mit immer begrenzteren Mittelzuweisungen haushalten muss. Man findet daher immer wieder Anlässe, eine reelle und nicht künstlich eingebrachte Problematik im Rechenunterricht zur Sprache zu bringen: Für die Plätzchen soll eingekauft werden. Eine Klassenfeier, Klassenfahrt oder ein Ausflug müssen geplant werden. Was kosten eigentlich die Magic-Karten oder der neue Gameboy? Wie viel Taschengeld habt ihr und wofür gebt ihr es aus? Wie viel Geld gibt man eigentlich pro Monat aus? Der Preisaspekt lässt sich häufig auf natürliche Weise thematisieren und bietet die Möglichkeit, Sachkunde und Mathematikunterricht zu vernetzen. Daneben gibt es auch schöne, künstlich geschaffene Spielsituationen mit Geld und Preisen, die den Vorteil haben, jederzeit und unabhängig vom aktuellen Klassengeschehen zu greifen.

Der Klassenladen

Ein einfaches Spiel, das sich in den ersten Klassen immer wieder mal für ein oder zwei Wochen anbietet, ist der Klassenladen. Dinge, die im Rahmen des Wochenplans oder der Freien Arbeit benötigt werden (Arbeitsmaterial, Bücher aus der Klassenbücherei, Spiele) werden mit Preisen ausgezeichnet und sind für die Benutzung gegen den genannten Preis auszuleihen. Die Kinder haben dafür in jeder Woche eine gewisse Menge Spielgeld zur Verfügung. Die Preise lassen sich dabei an die Rechenkompetenz der Kinder anpassen.
Solch ein Laden, in dem natürlich auch andere Dinge spielerisch ‚verkauft' werden können (Man kann Gemüsestand, Flohmarkt, Kiosk spielen.), stellt nicht nur eine Variation

des täglichen Ablaufs dar. Er lässt sich auch selbst als Baustein für Wochenplanaufgaben nutzen und bietet in der 1. Klasse zahlreiche Leseanlässe. In einer kleinen Kartei oder im persönlichen Wochenplan können Aufgaben stehen wie auf den folgenden Karten:

„Kaufe ein Buch.

Lies und
male ein Bild."

„Kaufe für 2 Euro.
Was hast du
gekauft?
Schreibe es auf."

„Was kannst du
für 3 Euro kaufen?
Schreibe fünf
Sachen auf."

„Welche vier
Sachen kannst du
für genau fünf
Euro kaufen?"

Aufgaben dieser Art lassen dem Kind dabei oft die Möglichkeit, Verschiedenes zu tun. Es kann sich ein leicht zu lesendes oder ein schwer zu lesendes Buch holen. Es kann für 2 Euro ein Spiel holen oder ein Buch. Es kann für 3 Euro nach Dingen suchen, die genau 3 Euro kosten, nach solchen, die auch billiger sind oder auch mehrere Sachen aufschreiben, die zusammen 3 Euro kosten. Diese in der Aufgabe liegende Unbestimmtheit ermöglicht es dem Kind, sich entsprechend der eigenen Fähigkeiten und Ansprüche zu fordern. So erhalten wir implizit eine innere Differenzierung, die uns zugleich Informationen über die Leistungsfähigkeit und vor allem die Haltung der Kinder gibt. Über- oder unterfordert sich ein Kind dabei aus unserer Sicht unangemessen, können wir durch präzisere Aufgabenstellungen Einfluss nehmen.
Differenzierung geschieht dadurch, dass nicht vorgeschrieben ist, wie die Aufgaben gerechnet werden sollen. Will ich etwa herausbekommen, welche 4 Dinge ich für genau 5 Euro kaufen kann, so kann ein guter Rechner das im Kopf bearbeiten. Ein schwächerer Rechner hat aber die Möglichkeit, sich 5 Euro hinzulegen und die Preise auf dem Tisch konkret zu verteilen, bis das Geld genau aufgeteilt ist. Ohne zu kaufen kann der Vorgang auf der Ebene des Geldes konkret nachgebildet werden.
Auch im 3. und 4. Schuljahr lässt sich der Klassenladen noch durchführen, wenn man die Preise entsprechend den inhaltlichen Anforderungen des jeweiligen Schuljahres gestaltet, also zum Beispiel mit Dezimalzahlen arbeitet.

Virtuelle Einkäufe

Ein anderes Spiel besteht darin, virtuelle Einkäufe durchzuführen.
Häufig gibt es in den Zeitungen Werbebeilagen. Gerade vor Weihnachten kommen viele Spielzeugkataloge ins Haus. Diese lassen sich unter dem Blickwinkel ‚Was würdest du dir kaufen/wünschen, wenn du 20/50/100 Euro zur Verfügung hättest?' behandeln.

Aufgaben dieser Art haben den oben genannten Vorteil der Offenheit. Sie verbinden Sachkunde- und Mathematikunterricht, und sie sind auf unterschiedlich konkretem Rechenniveau zu bearbeiten, so dass sie ein hohes Maß an innerer Differenzierung ermöglichen. Wieder kann mit Geld gelegt, im Kopf, halbschriftlich oder schriftlich gerechnet werden. Außerdem reicht bei dieser Fragestellung im Allgemeinen ein Überschlag zur spontanen Beantwortung, so dass das wichtige Rechnen mit Größenordnungen gefördert werden kann. Die Kinder nehmen die Zahlen nicht nur als Rechenmaterial, sondern im Blick auf das verfügbare Geld unter dem Aspekt teuer und billig unter die Lupe. „Der Kran kostet schon 49,99 €. Da kann ich mir nichts anderes mehr leisten."
Die Forderung, mit mehreren Dingen möglichst nahe an die Grenze von zum Beispiel 50 € zu kommen und nicht darüber zu dürfen, setzt eine weitere Anforderung. Sie zwingt allerdings auch (genau wie die Aufforderung das Restgeld zu bestimmen), am Ende mit den exakten Preisen zu rechnen.

Einkauf von		
Sache	Preis	etwa
Summe:		
Rest:		

Dieses Einkaufsspiel lässt sich noch interessanter gestalten, wenn man wirklich in ein Geschäft geht. Ein Supermarkt oder ein größeres Kaufhaus bieten sich an, in denen die Kinder sich bewegen können und nicht zu nah beieinander sind.
Jedes Kind bekommt einen Einkaufszettel und den Auftrag für einen bestimmten Betrag ‚Essen fürs Wochenende', ‚neue Kleider' oder ‚Spielsachen' einzukaufen. Die Wünsche trägt es dort samt Preis und Überschlag ein. In der Schule wird dann gerechnet, ob der Einkauf den Finanzrahmen gesprengt hat oder nicht und was übrig ist.

Wem dieser Mathematikunterricht im Blick auf das Sozialleben seiner Klasse frag*würdig* ist, kann aus diesem scheinbaren Nachteil einen Vorteil machen, indem er die Problematik als Realität der Kinder anspricht. Wenn man thematisiert, was es bedeutet, in einer bestimmten Situation etwa nur 10 Euro zur Verfügung zu haben, dann erschließt das ein Stück Lebensrealität, die ebenso wenig beschämend sein muss wie die eines Kindes aus reichem Elternhaus. In den seltensten Fällen werden sich Glück und Unglück in einer Klasse parallel zu Reichtum und Armut der Eltern verteilen, so dass wir durch die offene Behandlung der Thematik nicht Gefahr laufen, Vorurteile zu verfestigen. Im Gegenteil besteht die reelle Chance, dass latente, bereits vorhandene(!) Schamgefühle einzelner aufgelöst werden, weil eine solche sachbezogene Auseinandersetzung diesen Aspekt der Lebensrealität zwar als konsequenzenreich benennt aber zugleich in seiner Bedeutung relativiert.

****** HL - M A R K T ******
**** Oederweg 17 - 19 ****
**** 60318 Frankfurt-Main ****
LAUGENGEBAECK 1.02 7
KAESE BEDIENUNG 2.30 7
ROLAND BRETZELI 1.78 7
CRUNCHIPS PAPRIK 1.43 7
KAESE BEDIENUNG 1.30 7
LC1 JOG.PUR3,5% 1.27 7
LC1 JOG.PUR3,5% 1.27 7
RAHMWIRSING 1.02 7
RAHMWIRSING 1.02 7
SUEDTIR.MARK.SP. 6.75 7
KAFFEESAHNE 12% 0.43 7
KAFFEESAHNE 12% 0.43 7
FRUEHLINGSQUARK 1.38 7
OBST/GEMUESE 1.99 7
2 x 2.99
OBST/GEMUESE 5.98 7
COCA COLA PET 8.69 16
PFAND 3,30 EUR 3.30 16
SUMME EUR 41.36 *
GEGEBEN BAR 50.00
RÜCKGELD EUR 8.64
EINKAUF IN DEM DEM 80.89
RÜCKGELD IN DEM DEM 16.90
ENTHALTENE MEHRWERTSTEUER
MWST 16.00% EUR 1.65
MWST 7.00% EUR 1.92
SUMME MWST EUR 3.57
30.03.2002 08:20 1839 101010 1 5
*** WIR DANKEN FÜR IHREN EINKAUF ***
***IHR VERKAUFSTEAM FREUT SICH AUF ***
*** IHREN NÄCHSTEN BESUCH ***
*** MO - FR 8:00 BIS 20:00 UHR ***
*** SA 8:00 BIS 16:00 UHR ***
*** TEL.: 069 - 959 670 0 ***

Der Kassenzettel

Im Alltag, zum Beispiel beim Untersuchen eines Kassenzettels, stellen sich die Probleme – Gott sei Dank – nicht so einfach wie das im lehrgangsgeleiteten Mathematikunterricht üblich ist.

Sie fordern uns heraus. Oft müssen wir sie erst entdecken, das heißt, wir müssen lernen, die Dinge zu befragen. An Hand eines einfachen Einkaufszettels lassen sich wohl Dutzende von Fragen stellen und auf den unterschiedlichsten Niveaus klären. Vom Erstklässler bis zum Fünftklässler bieten sich Herausforderungen. Und wenn wir es den Kindern gestatten, eigene Fragen zu entwickeln und diese auf eigenen Wegen zu beant-

****** HL - M A R K T ******
**** Oederweg 17 - 19 ****
**** 60318 Frankfurt-Main ****
SPIRLI NUDELN FL 1.84 7
FRUCHTJOGHURT 1.12 7
PFAND 0,15 EUR 0.15 7
FRUCHTJOGHURT 1.12 7
PFAND 0,15 EUR 0.15 7
SUMME EUR 4.38 *
GEGEBEN BAR 4.50
RÜCKGELD EUR 0.12
EINKAUF IN DEM DEM 8.57
RÜCKGELD IN DEM DEM 0.23
ENTHALTENE MEHRWERTSTEUER
MWST 7.00% EUR 0.29
SUMME MWST EUR 0.29
30.03.2002 09:46 1941 101010 1 5
*** WIR DANKEN FÜR IHREN EINKAUF ***
***IHR VERKAUFSTEAM FREUT SICH AUF ***
*** IHREN NÄCHSTEN BESUCH ***
*** MO - FR 8:00 BIS 20:00 UHR ***
*** SA 8:00 BIS 16:00 UHR ***
*** TEL.: 069 - 959 670 0 ***

worten, dann entfaltet sich ein Arbeitsprozess, der alle Kinder der Klasse, gute wie schwache Rechner, herausfordert.

Elemente des Kassenzettels

Zunächst geht es sicher darum, so einen Bon überhaupt erst einmal unter die Lupe zu nehmen und zu verstehen.
Dazu reicht im Kern die Lesefähigkeit Ende der ersten Klasse. Fragen wie ‚Wie heißt das Geschäft?',Wo ist es?', ‚Was wurde gekauft?', ‚Was war teuer?' ‚Was war billig?', ‚Was hat das alles zusammen gekostet?', ‚Was wurde bezahlt?', ‚Wie viel Geld gab es zurück?', sind offensichtlich und liegen auf der Hand.
Aber in so einem Kassenzettel steckt noch viel mehr. Es geht ja gar nicht nur um Preise. Manchmal sind merkwürdige Zahlen hinter den Preisen. Meist steht da eine 7. Bei Cola und Pfand eine 16. Was bedeutet das?
Unter der Rechnung steht hinter Datum und Uhrzeit eine vierstellige Zahl (1839). Dann kommt die Zahlenfolge 101010 und dahinter eine 1 und eine 5. Kriegen wir raus, was das bedeutet? Oder müssen wir uns im Geschäft erkundigen? Wenn die das überhaupt wissen!

Der zweite HL-Beleg gibt uns einen Hinweis auf die Bedeutung der vierstelligen Zahl. Hier ist alles gleich, nur dass hinter der Uhrzeit 9:46 die vierstellige Zahl 1941 steht. Könnte es sich hier um die Bonnummer handeln? Wie viele Kunden wären dann in wie viel Minuten bedient worden? Macht das Sinn? Und wenn ja: Fängt die Kasse jeden Morgen bei Null an zu zählen? Oder am Wochenanfang? Oder nach 9999 immer wieder von vorne?
Immerhin der 7 und der 16 können wir auf dem Zettel auf die Spur kommen. Unten steht nämlich etwas von MWST. 16 % und MWST. 7 %. Da liegt der Verdacht nahe, dass hier ein Zusammenhang besteht. Mit der Information, was Mehrwertsteuer ist und wie man Prozente auf dem Taschenrechner (oder in der vierten Klasse schriftlich) berechnet, lässt sich die Vermutung für gute Rechner überprüfen: Sind 7 % der Summe aller Einzelpreise mit einer 7 dahinter wirklich 1,65 Euro? Stimmt das auch bei Cola und Pfand?
Der Code aus Einsen und Nullen steht hinter Datum und Uhrzeit, hat vielleicht also etwas damit zu tun. Da sich die Uhrzeit geändert hat, könnte es sich um das Datum handeln. Lässt sich das überprüfen? Wie? Vielleicht geht man einfach mal jeden Tag ins Geschäft, um zu sehen, ob und wie sich das von Tag zu Tag ändert. Hat das eine Logik, die wir verstehen können? Sicher hilft es, viele verschiedene Zettel zu sammeln und zu vergleichen. Eine ähnliche Ziffernfolge taucht nämlich auch beim Penny-Markt auf. Hilft uns das weiter?

Hier haben wir uns schon weit vom Rechnen im engen Sinne entfernt. Eigentlich geht es um Lesen. Um Sinnentnahme, um Suche nach Sinn. Wir wollen die Logik entschlüsseln, die sich hinter den Zeichen verbirgt. Ist das nicht auch etwas, wobei uns die Mathematik, da, wo sie zuständig ist, helfen sollte?

In vielen Fällen müssen wir ganz konkret rechnen, um die Fragen zu beantworten. Etwa die Fragen zu Datum und Uhrzeit, die auf Grundschulniveau durchaus ebenfalls eine Herausforderung sein können: ,Um wie viel Uhr wurde eingekauft?' ,Wie lange war das Geschäft schon geöffnet?', ,Wie viel Zeit ist zwischen den beiden Einkäufen beim HL vergangen?', ,Welche der Einkäufe könnte ich (als Lehrer) gemacht haben?' Es ist ja immer Vormittag. ,Was für ein Wochentag war es denn?', ,Wie viele Stunden hatte das Geschäft nach dem Einkauf noch geöffnet?', ,Wie lange ist es in der Woche geöffnet?' Da geht es nicht mehr um isolierte Rechenpäckchen, sondern es müssen Uhr und Kalender zu Hilfe gezogen werden. Und in diesem komplexen Geschehen können die Lösungen arbeitsteilig gesucht und gefunden werden. Nicht alle müssen alles bearbeiten. Die Komplexität bietet vielfältige Spielräume zur inneren Differenzierung.
Man könnte meinen, dieser Impuls eigne sich nur für höhere Klassen und gute Rechner, aber das stimmt nicht. Da es hier um konkrete Vorgänge geht, da sich hinter diesen Belegen Realität im wahrsten Sinne des Wortes versteckt, können wir uns auf dieser Ebene bewegen. Indem man die Aufgabenstellungen mit Rechenmitteln, hier vor allem mit Spielgeld, bearbeitet, können schon Erstklässler und schwache Rechner im zweiten und dritten Schuljahr sich forschend mit den Kassenbelegen auseinander setzen.

Wirklich schwierige Probleme werfen die Wurst-, Käse und Obstpreise auf, bei denen neben dem Endpreis auch der kg-Preis angegeben ist. ,Fiesta-Apfel 0,33 kg x 1,99 EUR/kg' heißt es da. Wie kann man nachkontrollieren, ob das *wirklich 0,66* € ergibt. Wer da auf die Idee ,Taschenrechner' kommt, weil er die schriftliche Multiplikation noch nicht gelernt hat, zeigt, dass er sich zu helfen weiß. Natürlich kann man es auch schrittweise oder halbschriftlich machen, indem man erst zu Gramm übergeht, aber was bedeutet eigentlich ein Grammpreis von 0,00199 €? Andererseits zeigt auch der Taschenrechner Verwirrendes. Sein Ergebnis ist 0,6567 €. Wo stecken da die 66 Cent? Was ist da passiert? Das sind Fragen, die auch für die Besten jeder Klasse eine Herausforderung darstellen.

Frühstück

Will man die Preise mit Volumen und Gewicht verbinden, so bietet sich ein anderes Projekt an, das man gut in der Klasse durchführen kann.[11]
Was frühstücken die Kinder? Was ist ein gesundes Frühstück? Solche Fragen werden im Sachkundeunterricht häufig thematisiert. Wie viel kostet eigentlich ein Frühstück? Diese nicht minder interessante Frage wird nicht gestellt. Dabei bietet sie Material für eine Fülle von Fragen und forschenden Untersuchungen.

Kurt trinkt zum Frühstück ein Glas Gemüsesaft, isst eine Schüssel Cornflakes und bekommt einen Apfel sowie ein Trinkpäckchen mit in die Schule. Karin trinkt morgens zwei Gläser Kakao, isst ein Gelbwurstbrötchen und bekommt ein Leberwurstbrot mit in die Schule. Wessen Frühstück ist teurer? Das ist offensichtlich schwer zu beantworten, da kaum ein Preis eindeutig zu bestimmen ist. Es tauchen Abschätzungen auf und komplizierte Anteile. Dennoch sind die Fragen auf Zweitklassenniveau zu bearbeiten und zwar sogar unter Einbeziehung der schwächsten Schüler. Jedenfalls, wenn man konkret mit Geld und den Dingen arbeitet. Ich will das am Beispiel des Gemüsesafts und des Leberwurstbrotes exemplarisch darstellen.

Was kostet ein Glas Gemüsesaft?

Offensichtlich braucht man den Preis für eine Flasche und man muss wissen, wie viele Gläser sich damit füllen lassen. Dann muss man teilen und erhält das Ergebnis. Mit Kindern sollte man eine derartige Aufgabe gemeinsam in der Klasse lösen, damit sie die Strategie entwickeln und verstehen, die sie dann auf andere Fälle übertragen können.

(1)

(1) Am Anfang stehen da also eine Flasche Gemüsesaft, Gläser und der Einkaufszettel, der den Preis (1,88 Euro) ausweist.

(2)

(2) Dann lässt man ein Glas einschenken und fragt, wie viel dieses Glas wohl kostet. Schon in den möglichen Begründungen („10 Cent, weil man mehrere Gläser füllen kann." „Aber 10 Cent kann nicht sein, weil es keine 10 Gläser gibt und 10x10 wäre schon 100, also ein Euro. Ich schätze 30 Cent.") wird deutlich, dass es hier um ein Aufteilen des Gesamtpreises entsprechend der Anzahl der Gläser geht, beziehungsweise um die Frage, wie viel Gläser sich eigentlich füllen lassen.

(3)

(3) Dies lässt sich praktisch durchführen, und so erhalten wir schließlich eine leere Flasche und 8 gefüllte Gläser.

Gliederung des Rechenweges

Was kostet nun ein Glas Gemüsesaft? Gute Rechner können das abschätzen oder gar schrittweise im Kopf rechnen. („8 x 10 Cent sind 80 Cent, also zu wenig. 8 x 20 Cent sind 160 Cent, also nah dran. Da bleiben noch 28 Cent übrig. Das sind noch mal 3 Cent für jedes Glas. Und dann bleiben immer noch 4 Cent übrig.") Indem sie ihren Gedankengang darstellen, geben sie uns den Hinweis, wie die schwächeren Rechner das nachvollziehen und später einmal selbst entwickeln können. Sie müssen nämlich nur praktisch tun, was die anderen sagen.

(1) Zunächst nehmen sie die 1,88 Euro als richtiges Geld. (Zur Not auch Spielgeld.)

1)

(2) Um jeweils 10 Cent zu verteilen, müssen sie das in kleinere Münzen umtauschen. Schon dieser Schritt ist für sie bildend, denn sie können das nur, wenn sie im Vorgang anerkennen, dass die zehn 10-Cent-Münzen genauso viel wert sind wie die Euromünze.

2)

(3) Dann verteilen sie die Münzen, indem sie diese vor die acht Gläser legen, die dort in Reihe stehen. Jedes bekommt erst einen Zehner und dann noch einen (oder auch gleich 20 Cent). Jetzt sind noch 28 Cent übrig. Der Rest ist hier nichts Abstraktes, sondern etwas konkret Vorhandenes, mit dem sich weiter arbeiten lässt. Erneut stellt sich die Frage, warum wir nicht weiter verteilen können. Weil die 10-Cent-Münzen erst klein gemacht, das heißt, getauscht werden müssen. Wieder erfahren die Kinder, was dezimale Bündelung bedeutet, dass sich in dem Zehner nämlich zehn Einer verbergen.

3)

(4) Am Ende liegen vor jedem Glas 23 Cent und 4 Cent sind übrig.

4)

Was ist nun mit diesen? Eine spannende Frage! Wieso kann ich nicht weiter verteilen? Ich habe nur 4 Münzen und brauche 8. Ich müsste sie jetzt wieder kleiner machen. Sicher haben einzelne die Idee, diese in der Fantasie zu halbieren. („Das gibt noch einen halben Cent.") Aber gibt es halbe Cent? In der Erfahrung der Kinder und auch in Wirklichkeit nicht. Man sollte dies daher als richtige Überlegung akzeptieren aber nicht als endgültige Lösung im Raum stehen lassen. Auf den Hinweis: *‚Gibt es halbe Cent?'* Oder: *‚Wie würdest du das Glas jetzt gerecht bezahlen?'* bleibt das Problem als praktisches sichtbar.
Wie gehen wir damit um? Vielleicht werden einige die Idee haben, dass manche Gläser etwas voller sind, die dann 24 Cent kosten. So oder einfach mit der Erkenntnis, dass Preise oft nicht so exakt bestimmbar sind, kommt man zu dem Ergebnis, dass ein Glas ‚etwa 23 Cent' oder ‚knapp 24 Cent' oder ‚23 bis 24 Cent' kostet, was alles sinnvolle Antworten sind.
Dieses Vorgehen kann auf das Leberwurstbrot übertragen werden, nur dass dieses aus drei unbestimmten Teilen (Scheibe Brot, Butter, Leberwurst) besteht. Eine solche Aufgabe beschäftigt daher eine halbe Klasse. Man braucht ein Pfund Schnittbrot, ein Viertel Pfund Butter und 50 g Leberwurst. Der Preis für eine Scheibe Brot lässt sich analog zum Apfelsaft durch Aufteilen des Gesamtbetrages ermitteln. Die Frage, wie viel Leberwurst und wie viel Butter auf einer Scheibe Brot ist, kann unterschiedlich ermittelt werden.
Gute Rechner werden vielleicht eine Waage zu Hilfe nehmen. Sie wiegen das Brot, das Brot mit Butter und dann mit Leberwurst. So sehen sie, dass die Butter 9 Gramm und die Leberwurst 14 Gramm wiegt. Aber wie geht man mit diesem Wissen weiter um? Auf Zweitklassenniveau werden auch die meisten gute Rechner da ihre Schwierigkeiten haben, obwohl es natürlich (auch ohne Taschenrechner) halbschriftlich oder legend lösbar ist. Auf die Butter bezogen heißt ja die Frage: Wie viel mal kann ich 9 Gramm von 125 Gramm wegnehmen? Das kann ich mit 125 Würfeln nachspielen oder ich kann in Schritten rechnen. (10 x 9 sind 90, bleiben 35. 35 : 9 fast 4. Also insgesamt etwa 14 mal.)
Für alle Kinder praktikabel und auch für die guten Rechner nicht langweilig ist es, wenn man die Sache – so wie beim Gemüsesaft – gleich konkret am Material durchführt. Das Brot wird geschmiert, bis die Butter alle ist. Die Leberwurst ebenfalls. Jetzt weiß man, welchen Anteil des Preises für ein Viertel Pfund Butter und welchen Anteil des Preises für 50 g Leberwurst man für ein Brot berechnen muss. Dann kann jeweils eine Gruppe den als Geld gelegten Preis für Brot, Butter und Leberwurst wieder wie oben schrittweise auf die verschiedenen Brote, die Butterbrote und die Leberwurstbrote verteilen. Am Ende liegt vor jeder Scheibe Brot mit Leberwurst und Butter der gleiche Betrag, eben der Preis für ein Leberwurstbrot.
Was die Kinder hier lernen, das ist nicht nur, Lösungsstrategien zu suchen und anzuwenden, die ihrem Denken entsprechen, für sie nachvollziehbar bleiben und auf die daher zurückgegriffen werden kann. Sie erfahren auch die Grundideen des Abschätzens, des Aufteilens (mit der Umkehrung des Vervielfachens) sowie des Symbolwertes von Geld und seine dezimale Struktur. Sie vollziehen Rechnungen, die sie mit ihrer Kopfrechenkompetenz überprüfen können, weil die einzelnen Schritte handgreiflich und augenscheinlich sinnlich werden. Zumal dies in einem Tempo geschieht, das Mitdenken erlaubt. Wissen besteht hier nicht aus unterrichtlich vermittelter Information, sondern in Verbindung mit der Formation des Geistes.[12] Es wächst aus Erfahrung, aus der Reflektion dieser Erfahrung und aus der Reflektion dieser reflektierten Erfahrung. Es geht um Handeln und Selbstbeobachtung

in der Gruppe. Eigentlich steht die Aufgabe im Vordergrund und der Vorgang ihrer Bearbeitung. Diese Aufgabe in ihrem Wesen zu begreifen, ist der eigentliche Sinn des Geschehens. Es geht um das Finden der Lösung, nicht um das Ergebnis.

Solchermaßen noch vollkommen an die konkrete Wirklichkeit gebundenes Rechnen zeigt die unterste Abstraktionsstufe, auf der mathematische Probleme gelöst werden können. Sie liegt unterhalb der Arbeit mit den unstrukturierten Rechenmitteln, die die unmittelbare Wirklichkeit ja bereits abbilden, auch wenn dies durch eine konkrete, analoge Realität geschieht. Aber selbst auf dieser Stufe hilft derartig konkretes Rechnen, Einsichten in unser Zahlsystem und die damit zusammenhängenden Rechenverfahren zu gewinnen, die vielen Kindern beim reinen Zahlenrechnen verschlossen bleiben.
Es macht zum Beispiel einen Unterschied, ob wir hier von uns aus, weil es eben natürlich ist, beim Ausrechnen des Preises mit den Zehnern beginnen, um dann die restlichen Zehner umzuwandeln und zur Einerstelle überzugehen oder ob wir dies als halbschriftliches Verfahren rein an Zahlen gewinnen, um es im Anschluss mit entsprechenden Übungsaufgaben zu festigen. Den Alltag in den Rechenunterricht einzubeziehen, konkrete Probleme zum Ausgangspunkt von rechnerischen Überlegungen zu machen und dann konkret an den Sachen handelnd zu berechnen, bietet eine Chance, deren pädagogische und fachdidaktische Dimension von der Schule noch viel zu wenig gesehen wird und die es auch fachdidaktisch noch zu erschließen gilt.

2. Rechenmittel (Stufen der Abstraktion)

2.1 Was sind Rechenmittel?

Rechenmittel sind, wie das Wort sagt, *Mittel zum Rechnen*. Ich habe mich bewusst entschieden, nicht von Rechenhilfen zu sprechen. Das Wort Hilfe suggeriert, dass das Vermögen minderwertig ist, weil die Leistung nur unter Hilfe zu Stande gekommen ist. Eine Krücke ist eine Gehhilfe, weil sie mir zu gehen hilft, wenn ich meinen Fuß nicht richtig belasten kann. Eine Brille ist eine Sehhilfe, weil sie mir hilft, auch dann zu sehen, wenn ich eigentlich schlecht sehe.
Aber Geld ist zum Beispiel keine Zahlungshilfe, sondern eben ein Zahlungsmittel. Wir bezahlen mit Geld. Selbst wenn wir mit Karte bezahlen, denken wir in den Kategorien von Geld. Das Geld dokumentiert unsere innere Logik des Tausches nach *Geld*werten.

Rechnet ein Kind mit dem Rechenbrett oder dem Kugelrahmen, nimmt es Zählsteine oder auch nur seine Finger, dann verwendet es diese, weil sie seiner inneren Logik entsprechen. Genau so wie ein mittelalterlicher Händler seine Rechenpfennige benutzte, um auf den Linien auszurechnen, zu welchem Preis eine bestimmte Stoffmenge abzugeben war. Und wenn dabei gar noch (aufgrund der Kleinstaaterei) unterschiedliche Währungen und deren Verhältnisse zueinander berücksichtigt werden mussten, dann war das eine schwierige Aufgabe, die er aber mit dem ihm zur Verfügung stehenden Rechenmittel lösen konnte.
In gewisser Hinsicht kann man die mit dem Rechenmittel gelegten und ermittelten Anzahlen als Zahldarstellungen sehen. Es sind konkrete Zahlen, die es ermöglichen, das Rechnen konkret durchzuführen. Gerade indem das gewählte Material diese Doppelfunktion erfüllt, wird es zum Rechenmittel, da es die Ebene der abstrakten Zahlen entbehrlich macht.

Der Vorteil des Rechnens mit Rechenmitteln liegt darin, dass ich gar keinen abstrakten Zahlbegriff brauche, um komplexe und große Zahlräume betreffende Sachprobleme rechnerisch zu bewältigen. Mein Rechenmittel hilft mir, die abstrakte Situation in meiner inneren Logik analog abzubilden und in konkretes Handeln zu übertragen. Deshalb wurden solche Rechenmittel und Formen konkreter Zahldarstellung in den verschiedenen Kulturen über die gesamte Menschheitsgeschichte hindurch immer wieder entwickelt. Diese verschiedenen Entwicklungen ähneln sich im Kern, was die Vermutung nahe legt, dass sich in ihnen eine den Menschen eigene innere Struktur abbildet. Das wiederum lässt uns vermuten, dass wir die Verfahren benutzen können, um die Kinder auf einem für ihr Fassungsvermögen stimmigen Weg ins Reich der Zahlen und mathematischen Operationen zu führen.

Ich hatte oben geschrieben, dass man einige Anschauungsmittel auch als Rechenmittel benutzen kann. Statt die Tausenderwürfel, Hunderterplatten, Zehnerstangen und Einerwürfel in der 3. Klasse nur zur *Veranschaulichung* des Tausenderraumes zu verwenden, kann ich mit ihnen rechnen. Das Gleiche gilt für das Tausenderbuch, mit dem ich ja auch jede Ad-

dition oder Subtraktion durch Weiterblättern, Zeilenverschiebung und Spaltenverschiebung lösen kann. Aber diese Möglichkeit allein macht noch kein gutes Rechenmittel. Beim Tausenderbuch ist zum Beispiel offenkundig, dass es die dezimal geordneten Ziffernzahlen schon voraussetzt. Es hilft, sich in diesen zu orientieren. Es hilft möglicherweise, sie kennen zu lernen, weshalb es als ‚didaktisches Material' entwickelt wurde. Es bietet eine Unterstützung im stellenweisen Denken, aber es *erzeugt* unsere dezimal strukturierten Zahlen nicht. Wer diese noch nicht verinnerlicht hat, profitiert vom Rechnen mit dem Tausenderbuch wenig und lernt bestenfalls Zahlbilder; Handlungsroutinen und Größenordnungen zu unterscheiden.
Auch bei den von Montessori entwickelten Stangen, Platten und 1000er-Würfeln ist die dezimale Struktur schon im Vorhinein vorhanden. Sie zeigen die unterschiedlichen Dimensionen unserer Stellen konkret, weshalb sie als *Anschauungs*mittel bei der Entwicklung des Tausenderraumes und auch bei der *Veranschaulichung* der Rechenverfahren eine wichtige Rolle spielen. Als Rechenmittel für die Klasse taugen sie weniger, denn sie sind teuer und unhandlich.

Wenn ein Material als Rechenmittel eingesetzt werden soll, dann sollte es folgende Kriterien erfüllen:
a) Es sollte *natürlich* sein. Natürlichkeit bedeutet dabei zweierlei: Zunächst sollte es den Kindern entgegenkommen, indem es ihre Vorstellungen widerspiegelt. Dies merkt man am besten daran, dass die Kinder es verwenden und – ohne größere Erläuterungen – gut mit ihm arbeiten können. Das heißt nämlich, dass sie die Logik des Rechenmittels unmittelbar verstehen, bzw. es unmittelbar in ihrer Logik gebrauchen können. Zweitens sollte seine didaktische Funktion nicht so weit im Vordergrund stehen, dass die Kinder das Mittel als ein von der Schule geschaffenes Kunstprodukt empfinden und aus diesem Grund auf innerer Distanz zu ihm bleiben (Stichwort ‚verfremdende Apparatur').
Natürliche Rechenmittel finden wir vor allem bei einem Blick in die Rechenmittel der verschiedenen Kulturen. Es sind Zählmittel (Steine, Muscheln, Tonkugeln / verschriftet Striche, Kerben, Bildzeichen), die für gebündelte Mengen auch unterschiedlicher Größe oder Form sein können (verschriftet: unterschiedliche Symbole wie schräge Kerben, Kreuze, ägyptische Zahlzeichen). Es sind Kugelrahmen und Rechenbretter, mit denen die sich aus diesem zählenden Verständnis ergebenden konkreten Rechenverfahren in ein Gerät eingebaut wurden. Und es ist das Mehlbrett bis hin zum schriftlichen Rechnen auf dem Papier, mit dem die Vorteile der Ziffernschreibweise besser genutzt werden konnten.
Auch das schriftliche Rechnen kann also ein ‚natürliches' Verfahren sein, aber eben erst, wenn sich das Verständnis unserer Zahlen als stellenweise und dezimal strukturierte wirklich verfestigt hat. Und auch halbschriftliche Verfahren sind unter dieser Voraussetzung natürlich, vor allem wenn sie von den Kindern im Sinne persönlicher Notationen entwickelt werden.

b) Ein Rechenmittel, mit dem in einer Klasse 20 oder 30 Kinder gleichzeitig rechnen können, muss *handlich und verfügbar* sein. Es darf nicht überdimensioniert sein, muss also im Gebrauch auf einem halben Tisch Platz haben, damit es jedem, wann immer er es braucht, auch zur Verfügung steht. Es sollte in einen Schulranzen passen und sich transportieren lassen, damit die Kinder zu Hause genauso arbeiten können wie in der Schule.

Gleichzeitig muss es preiswert und leicht zu beschaffen sein, damit es wirklich im Klassensatz zur Verfügung steht. (Daneben ist es hilfreich, wenn zu dem Schülermaterial ein größeres Demonstrationsmaterial verfügbar oder leicht herstellbar ist, damit die Vorgänge auch gemeinsam besprochen werden können.)

c) Jedes Rechenmittel muss eine gewisse *Zahlvorstellung repräsentieren*. Zählsteine oder Würfel zeigen die Zahl als ungeordnete Menge, 5er und 10er-Stangen strukturieren diese. Der Zahlenstrahl bildet die Zahlen als Folge ab und das römische Rechenbrett setzt voraus, dass man das Prinzip der Bündelungen verinnerlicht hat. Eigene Notationen benutzen die bereits geläufigen Zeichen als Symbole für vertraute Zahlen und Operationen. Aus diesem Grund passt nicht jedes Rechenmittel zu jedem Kind, sondern man muss schauen, was seiner inneren Vorstellung, seiner Rechenkompetenz und seinen Handlungsbedürfnissen entspricht.

d) Andererseits soll das Kind nicht auf seinem Verständnisniveau verharren. Die Arbeit mit dem Rechenmittel soll Erfahrungen schaffen, die über dieses hinaustreiben, ein tieferes oder besser – im Blick auf unsere heute verwendeten Zahlen – moderneres Verständnis anbahnen. Im Laufe seiner Grundschulzeit soll das Kind ja die Grundlagen der uns heute gebräuchlichen Zahlen begreifen und diese aufgrund seiner Einsicht angemessen verwenden lernen. Ein gutes Rechenmittel muss daher nicht nur *für die unterschiedlichen Zahlräume geeignet* sein, darf also die Entwicklung des erfassten Zahlraumes nicht behindern. Es muss vor allem seine *Struktur verändern*, wenn sich die Zahlräume ändern, damit das Kind nicht durch die Arbeit mit dem Rechenmittel auf einem frühen Zahlkonzept fixiert bleibt. Ein gutes Rechenmittel steht also in einer inneren Folge mit voran gehenden und weiter führenden Rechenmitteln.

Was eignet sich als Rechenmittel, wenn man diese Kriterien anlegt?

2.2 Unstrukturiertes Zählmaterial (Zahlen als Anzahlen von Mengen, Zahlenfolge)

Die ältesten überlieferten Zahldarstellungen der Menschheit sind gekerbte Wolfsknochen. Auf ihnen finden sich unstrukturierte Reihen von Kerben, mit denen offensichtlich die Anzahl wichtiger Mengen (vielleicht einer Herde) festgehalten wurden. Dieser Zahldarstellung entspricht die Verwendung von Steinen, Muscheln oder ähnlichem als Zählmaterial. Im heutigen Irak fand man eine 3.500 Jahre alte Tonbörse. Außen war mit Keilinschrift der Bestand einer Herde (21 Mutterschafe, 6 weibliche Lämmer, 8 Hammel, 4 männliche Lämmer, 6 Mutterziegen, 1 Bock und 2 Jungziegen) eingeritzt. Im Innern fanden sich 48 gebrannte Lehmkugeln, wodurch die Anzahl auch für einen der Zahlen unkundigen Hirten nachprüfbar festgehalten war. In Äthiopien stellte man ganz ähnlich fest, wie viele Krieger in einer Schlacht gestorben oder gefangen genommen worden waren. Jeder Krieger legte beim Weggehen einen Stein auf einen Haufen. Bei der Rückkehr nahm er sich wieder einen Stein weg. Der Steinhaufen, der übrig blieb, zeigte die Anzahl der Verluste[13].

In der Klasse können wir uns für ein entsprechend taugliches Zählmittel entscheiden, das zunächst einmal nur die Eigenschaften ‚gut verfügbar', ‚klein' und ‚handlich' haben muss. Es darf nicht zu leicht sein, weswegen die Schulbüchern oft beigefügten Pappquadrate eher ungeeignet sind. Derartige Materialien lassen sich nicht gut schieben und haben nicht genug ‚Eigenwert', weshalb sie schnell verloren gehen. Besser sind schöne kleine Kiesel, kleine Schnecken (wenn man gerade in Urlaub war), 1-Cent-Münzen (wenn man mit der Tatsache, dass hier der Einer schon als Wert und als Symbol ins Spiel gebracht wird, keine Schwierigkeiten hat) oder Holzwürfel, die ich zum Anfang persönlich bevorzuge. Mit 1,5 cm bis 2,5 cm Kantenlänge erfüllen sie die geforderten Eigenschaften, wobei gilt: Je kleiner, umso handlicher, je größer, umso prägnanter. Außerdem sind größere Würfel auch zum Bauen zu gebrauchen und daher im Anfangsunterricht hilfreich. Später kann man zu massiven Plättchen übergehen, wenn die Routinen sicher sind.

Verbindung mit Zahlzeichen

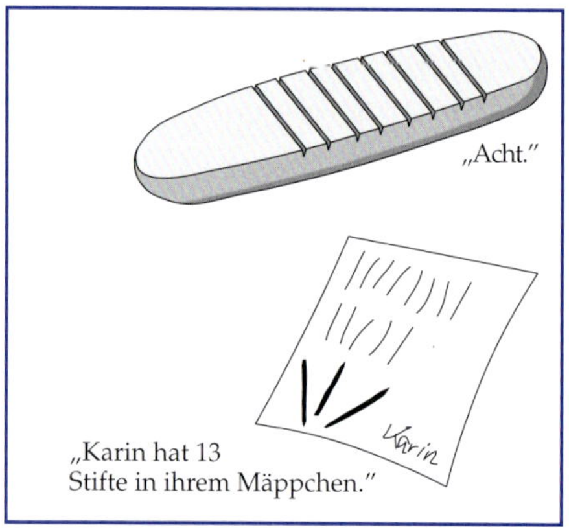

„Acht."

„Karin hat 13 Stifte in ihrem Mäppchen."

Zu dieser, an konkrete Dinge gekoppelten, Vorstellung von Zahlen passen (wie die Kerbhölzer zeigen) ungeordnete Strichlisten. Mit ihnen lassen sich Anzahlen dokumentieren.
In Verbindung mit einem Bild lässt sich zeigen, wie viele Kinder/Stifte/Tische in der Klasse sind und genauso haben über Jahrtausende die Menschen ihre Buchhaltung geführt.
Noch Anfang des 19. Jahrhunderts(!) wurden in England die Steuern auf Kerbhölzern verbucht, was Charles Dickens mit den Worten kommentiert: „Man führt dort Buch wie Robinson Crusoe auf seiner kleinen Insel, indem man Holzstöcke mit Kerben versieht. Eine Unzahl von Buchhaltern und Schreibern wurde geboren und starb, und die amtliche Routine hielt an den Kerbhölzern fest, als seien sie die Grundfesten der Verfassung."[14]

Da es uns von Anfang an auch um die Kenntnis unserer gebräuchlichen Zahlzeichen geht, bzw. um die innere Kopplung von Anzahl und Zahlzeichen, dürfen wir uns nicht auf die oben (A 1.1) dargestellte Ebene der Strichlisten beschränken. Um die Zahlzeichen frühzeitig ins Spiel zu bringen, kann eine Legetabelle als Arbeitshilfe eingeführt werden, auf der die Würfel aufgelegt und die Anzahl abgelesen werden kann. Ich schlage dabei vor, eine Tabelle zu nutzen, die über die 20 hinaus geht, damit hier nicht das Signal einer Grenze geschaffen wird. Die 0 kann man, wenn man will, als Schreibweise links neben der Tabelle aufführen. Sie zeigt, dass ‚nichts' da ist.

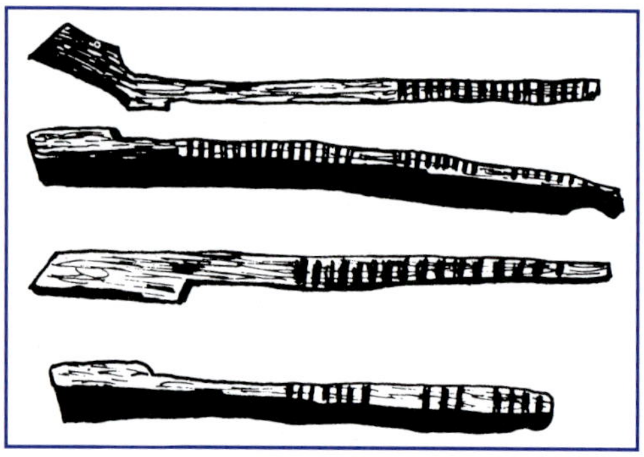

Englische Kerbhölzer aus dem 13. Jhd.

0	1	2	3	4	5	6	7	8	9	10	11	12	13	14	15	16	17	18	19	20	21	22

Ich spreche bei dieser Tabelle bewusst nicht von einem Rechenmittel! An ihr können Zahlen gelegt und Zahlzeichen abgeschrieben werden. Das Rechenmittel bleiben die Würfel! Sie repräsentieren die Menge und mit ihnen operiere ich durch Wegnehmen oder Hinzufügen. Die Tabelle hilft mir nur bei der normgerechten Verschriftlichung, und sie hilft mir, Zählfehler zu vermeiden.

Die Tabelle ist als Rechenmittel auch schon deshalb auf Dauer ungeeignet, weil sie nicht beliebig zu erweitern ist und dem Berechnen von Problemen des Alltags damit Grenzen setzt. Außerdem müssen die Würfel sehr sorgfältig aufgelegt werden, was Zeit kostet und manche Kinder auch einfach nervt. Sie hat ihren Wert für Kinder, denen die Zahlzeichen noch nicht vertraut sind. Für sie ist es in einer gewissen Phase eine Motivation, schon ‚große Aufgaben' lösen und ‚richtig aufschreiben' zu können. Dies kann genutzt werden, aber man sollte das Schwergewicht des Unterrichts nicht auf die Zahlenfolge legen. Wichtiger ist es, das Erfassen und Strukturieren von Mengen, das heißt, die Aspekte der Bündelung (besser: Zusammenfassung) und Zerlegung anzubahnen.

Aus dem gleichen Grund stellt der *Zahlenstrahl* im Anfangsunterricht *kein geeignetes Rechenmittel* dar. ‚14 + 6 =' oder ‚5 + 6 =' werden durch gleiche Operationen gelöst und die allermeisten, insbesondere die rechenschwachen, Kinder werden dies einfach zählend erledigen. ‚Zählen plus abschreiben' reicht zum Lösen der Aufgaben, ohne dass das Kind dabei etwas über unterschiedliche Größenordnungen oder Rechenstrategien wahrnehmen muss. Das Material wirkt also eher stagnierend als förderlich.

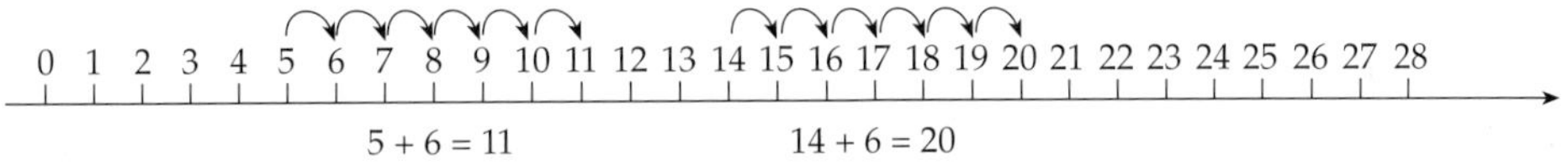

Arbeiten die Kinder mit einem unstrukturierten Material wie den Würfeln, so wird in der Arbeit der Mangel dieses Rechenmittels offenkundig. Bei ‚größeren Mengen' verzählt man sich leicht. Es kommen immer wieder andere Ergebnisse raus. Überhaupt können die Ergebnisse von Aufgaben nicht schnell erfasst werden. Schon die Frage, ob da jetzt wirklich 7 oder 8 Würfel liegen, lässt sich nicht auf einen Blick beantworten. Umso weniger die Frage, ob die Lösung 23 oder 26 ist.

Häufig wird aus dieser Eigenschaft des unstrukturierten Materials die Konsequenz gezogen, es sei *„für Aktivitäten im Zahlenraum bis 5 geeignet. Sobald dieser Zahlenraum überschritten wird, sollten Materialien eingesetzt werden, die geeignet sind, die Kinder von zählenden Rechenstrategien wegzuführen."*[15] Dies ist aber die falsche Konsequenz. Nur wenn man das ‚Arbeitsmittel' als ‚Didaktisches Material' sieht, an dem sich der Schüler bildet, indem er dessen ‚didaktischen Code' entschlüsselt, macht es keinen Sinn, größere Anzahlen mit unstrukturiertem Material zu bearbeiten. Ganz anders ist es aber, wenn man das unstrukturierte Material als Rechenmittel begreift. Als Rechenmittel unterliegt das Material grundsätzlich keiner Beschränkung durch den Zahlraum.

Allerdings merkt derjenige, der so arbeitet, dass das Rechnen langwierig und fehlerbehaftet ist. Es führt nicht zu eindeutigen Ergebnissen, und das ist ab einem gewissen Punkt ein

Bedürfnis beim Rechnen. Nicht das Material ist mangelhaft, sondern die Bedürfnisse werden diskrepant zu den Möglichkeiten. Und aus dem erfahrenen und erlebten Mangel entsteht die Technik der Optimierung. So kommt der Punkt, an dem ein gemischtes Material, das wie die von mir vorgeschlagenen ‚Würfel und Stangen' das unstrukturierte Material mit einer elementaren Bündelungsstruktur mischt, nicht erst „entschlüsselt" werden muss, sondern unmittelbar aus Einsicht heraus gern in Gebrauch genommen wird. Diese Tatsache, dass das neue Rechenmittel bevorzugt verwendet wird, zeigt, dass im Innern des Kindes eine Entwicklung stattgefunden hat, so dass es jetzt auf der Stufe des neuen Rechenmittels rechnet, weil dessen Struktur mit seiner inneren übereinstimmt.

Da der Mangel des unstrukturierten Materials nicht sichtbar wird, wenn man sich nur in kleinen und kleinsten Zahlräumen bewegt, ist es also didaktisch geboten, von Anfang an, auch solche ‚größeren' Anzahlen mit ins Spiel zu bringen. Der Mangel gebiert dann das Bedürfnis nach Entwicklung, beziehungsweise Verbesserung. Diese besteht darin, das Material systematisch zu strukturieren.

2.3 Strukturiertes Zählmaterial (konkrete Bündelung und Zerlegung)

Beim abzählenden Rechnen bilden die Kinder in zwei Richtungen Strukturen aus. Zum einen verfestigt sich die Vorstellung der Zahlen als einer immer weiter führenden Folge. Zum anderen werden aber auch kleine Mengen aufgrund der zunehmenden Handlungserfahrung spontan gesehen und dadurch nicht mehr abzählend erfasst. ‚7' wird vielleicht in der Form „Zwei, vier, sechs, sieben." hingelegt oder ‚5' als „Zwei, drei, fünf.", wodurch die Grundlage dafür entsteht, dass das Kind den Gedanken des Zusammenfassens und der Zerlegung aufgreifen kann.

Tobias Dantzig berichtet „von einem Schloßherrn, der einen Raben töten wollte, der sein Nest im Wachturm des Schlosses gebaut hatte. Der Schloßherr hatte mehrmals versucht, den Vogel zu überraschen, aber jedes Mal, wenn er sich näherte, floh der Rabe aus seinem Nest und ließ sich auf einem benachbarten Baume nieder, um zurückzukommen, sobald sein Verfolger den Turm wieder verlassen hatte. Der Schloßherr griff daraufhin zu einer List: Er ließ zwei seiner Begleiter in den Turm ein; nach wenigen Minuten zog sich der eine zurück, während der andere blieb. Der Rabe ließ sich aber nicht überlisten und wartete das Verschwinden des zweiten ab, bevor er an seinen alten Platz zurückkehrte. Das nächste Mal gingen drei Männer in den Turm, von denen sich zwei wieder entfernten; aber das listige Federvieh wartete mit noch größerer Geduld als sein verbliebener Kontrahent. Danach wiederholte man das Experiment mit vier Männern, aber ohne Erfolg. Es gelang schließlich mit fünf Personen, da der Rabe nicht mehr in der Lage war, vier von fünf Leuten zu unterscheiden."
(aus: Ifrah 1987, S. 21–22)

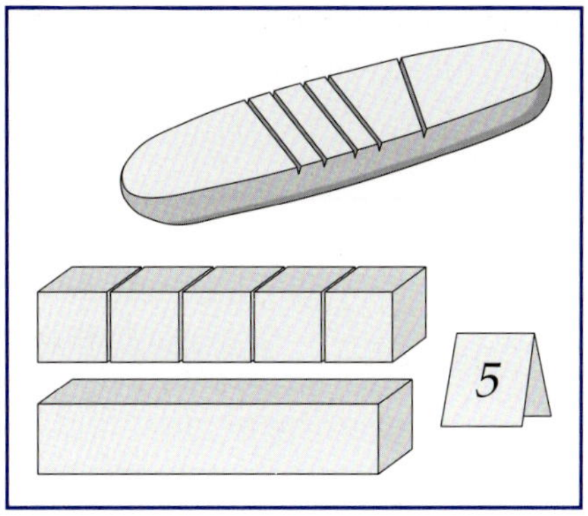

Wir können den Kindern an dieser Stelle die lehrreiche Geschichte vom klugen Raben erzählen, dem es scheinbar gelingt, bis 4 zu zählen.
Wir können kleine Experimente zum Erfassen von ungeordneten Mengen machen. Wir können den Kindern von Kerbhölzern erzählen, die schon seit frühester Menschheit bei jeder 5. Kerbe abweichend (zum Beispiel schräg) gekerbt wurden. Oder wir können einfach 5 Würfel zusammenkleben und die Kinder fragen, welche Zahl hier wohl dargestellt wurde.
Es wird den Kindern unmittelbar einleuchten, dass es nützlich ist, diese 5er-Stangen beim Rechnen zu verwenden, weil sie das Legen spürbar erleichtern. Alles geht schneller und wird übersichtlicher. So unterschiedlich kann ‚8 + 7 =' aussehen:

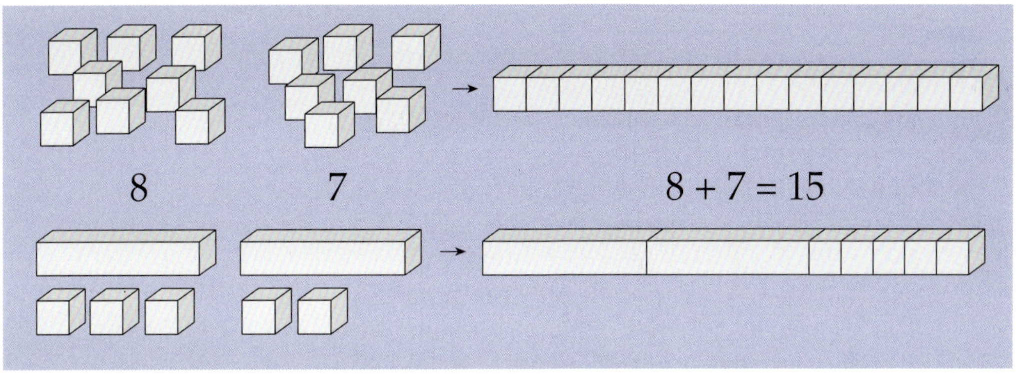

Die 5er-Stangen sind eine Verbesserung des Materials, das von den Kindern sofort eingesetzt werden kann. Dabei schulen sie ihre innere Vorstellung der Zahlen von 5 bis 10, denn sie erleben diese aus dem Fünfer und einer kleineren, leicht handhabbaren, Zahl zusammengesetzt. Auf diese Weise werden viele Rechnungen mit Zehnerübergang auf elegante Art einfach, weil sich die Zehn aus zwei sichtbaren Fünfern bildet, bzw. ein kompletter Fünfer weggenommen werden kann. (Wenn ein Kind die Fünferstangen noch nicht verwendet, sondern lieber mit Einzelwürfeln rechnet, dann zeigt es uns, dass es noch darauf angewiesen ist, die Anzahl vollkommen analog in Einzelelementen darzustellen.)

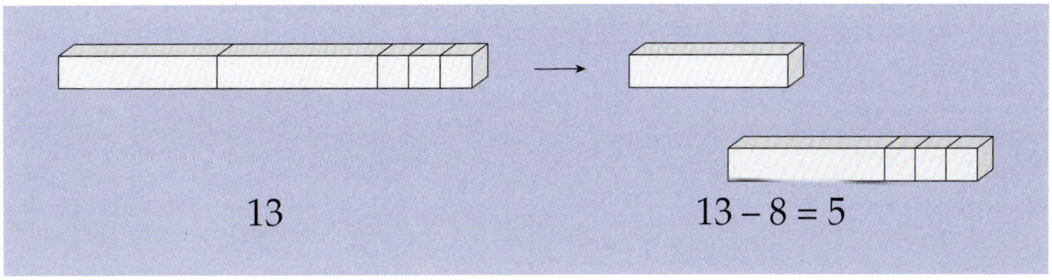

Auch Übergänge, bei denen der Zehner (oder besser: die Zehn) sich aus einem Fünfer und Einern bildet, können über den Zwischenschritt des zweiten Fünfers bearbeitet werden, wenn Kinder dieses Verfahren für sich entdecken.

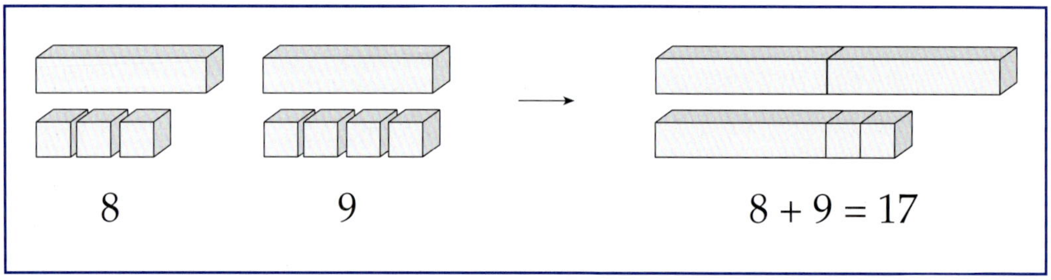

Da hier zum Fünfer ergänzt wird, werden indirekt die Zerlegungen der 5 geschult. Dies geschieht ebenfalls bei Subtraktionsaufgaben, bei denen ein Fünfer aufgelöst werden muss (siehe B 3.2). Dieser Prozess, Teilstrukturen von Mengen in den Blick zu nehmen, wird positiv unterstützt, wenn er mit Zerlegungsübungen (Schütteldosen, von kleinen Anzahlen Teile abdecken, Ergänzungsmengen bestimmen) sowie Übungen zum schnellen Erfassen von Anzahlen begleitet wird.
Mengen bis 25 lassen sich unter Einsatz der Fünferstangen spontan erkennen, was gemeinsam in der Klasse durch Übungen zum Blitzerfassen ebenso geübt werden kann wie in der Partner- und Kleingruppenarbeit. Auch dies stärkt den Aspekt der Zahl als einer Gesamtheit, was zur allmählichen Ablösung vom zählenden Rechnen wichtig ist.

Will man das strukturierte *20er-Feld* als Arbeitsmittel und Anschauungshilfe im Unterricht nutzen, dann ist jetzt der richtige Zeitpunkt, es einzuführen. Die Arbeit mit Stangen und Würfel hat seine Struktur bereits vorbereitet. An ihm lassen sich jetzt Legevorgänge notieren, und es kann selbst für Übungen zum Blitzerfassen verwendet werden.

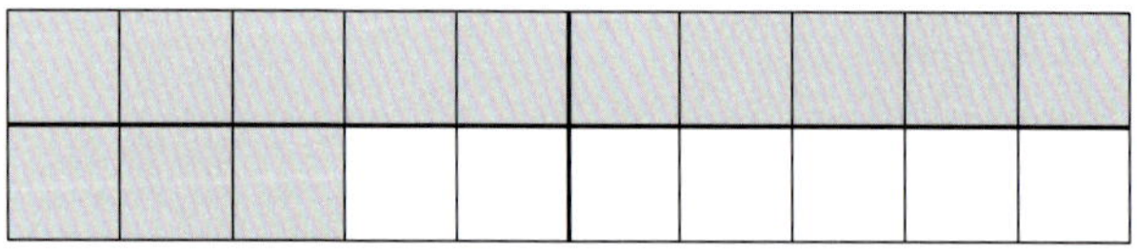

Als Rechenmittel bringt das 20er-Feld jedoch mehr Nach- als Vorteile. Abgesehen davon, dass die Thematisierung des Zehners für die rechenschwachen Kinder noch nicht von tragender Bedeutung ist und das Legen auf dem Feld den Vorgang erheblich erschwert und verlangsamt, liegen die Nachteile vor allem darin, dass es eher strukturerhaltend als strukturverändernd ist, was beim nachfolgenden Hunderterfeld negativ zum Tragen kommt. Es ordnet die Einzelelemente, aber es gibt ihnen keine neue Gestalt. Würfel und Fünferstangen sind wesentlich besser geeignet, um die gewünschten (die Idee der Bündelung anbahnenden) inneren Strukturen anzubahnen. Anders als das 20er-Feld sind sie, wie wir noch sehen werden, produktiv (weil struktur*verändernd*) bis in den Tausenderbereich weiter zu entwickeln.

Arbeitet man in der Klasse mit *Strichlisten,* dann lässt sich auch bei diesen die Fünferstruktur einführen und üben. Zählvorgänge sollten dann ab einem gewissen Punkt unbedingt

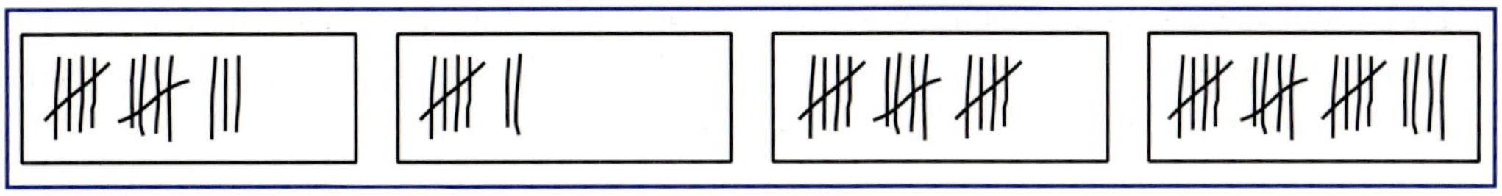

in dieser Form (eventuell in Verbindung mit dem Zahlzeichen) notiert werden. Das ermöglicht auch eher schwachen Kindern, Arbeiten in einer Form zu dokumentieren, die für alle anderen unmittelbar verständlich ist und genutzt werden kann. Daneben lassen sich mit solchen Strichlisten der Zahlen bis 20 ebenfalls Übungen zum schnellen Erfassen durchführen. Als Rechenmittel aber taugen auch die Strichlisten nicht. Zwar kann man einfache Additionsaufgaben anschaulich durch Zusammenfassen lösen, aber es fällt schwer, bei der Subtraktion, vorhandene Striche in geeigneter Weise zu entfernen.

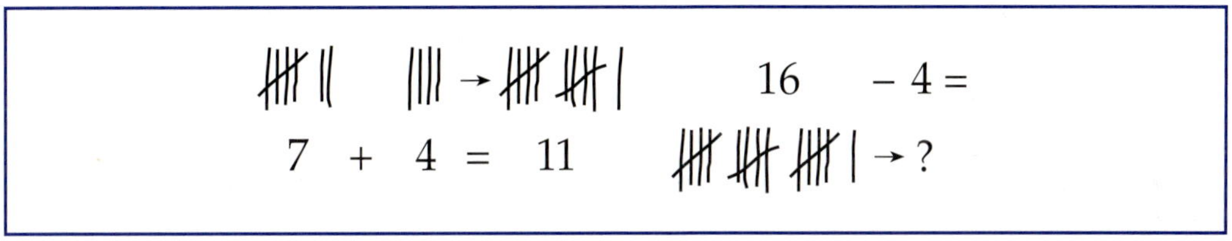

Für Kinder, die nicht mehr gefährdet sind, in zählendes Rechnen zurück zu fallen, lässt sich der *strukturierte Zahlenstrahl zur* Darstellung von Zahlen, Vorgängen und auch begrenzt als Rechenmittel im Sinne der Notation beim Kopfrechnen nutzen. Dabei ist wichtig, dass an ihm nur die Fünfer notiert sind, so dass die für die jeweilige Aufgabe notwendigen Zahlen platziert werden müssen, wodurch implizit wieder die Zerlegungen zur und von der ‚5' geübt werden.

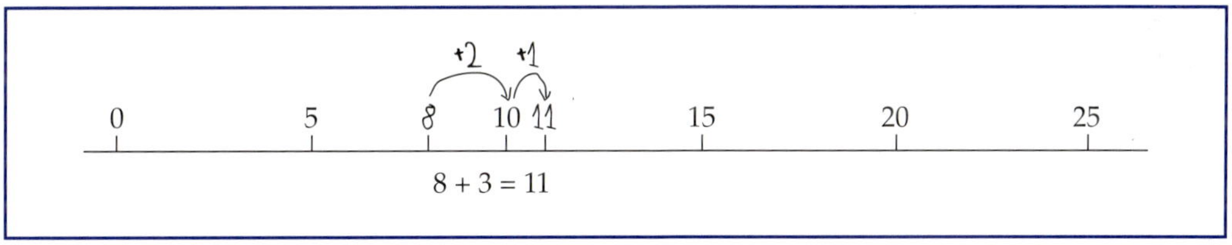

Der *20er-Kugelrahmen* stellt einerseits die Zahl als eine aus Einzelelementen zusammengesetzte Menge dar und strukturiert diese zugleich nach zwei Zehnern und durch Färbung oft zusätzlich nach Fünfern.

Er ermöglicht es daher, sowohl zählend wie auch strategisch zu rechnen, weshalb er in der ersten Klasse als Rechenmittel breite Verwendung findet. Die Vorteile des Kugelrahmens sind bekannt und wiederholt dargestellt.[16]

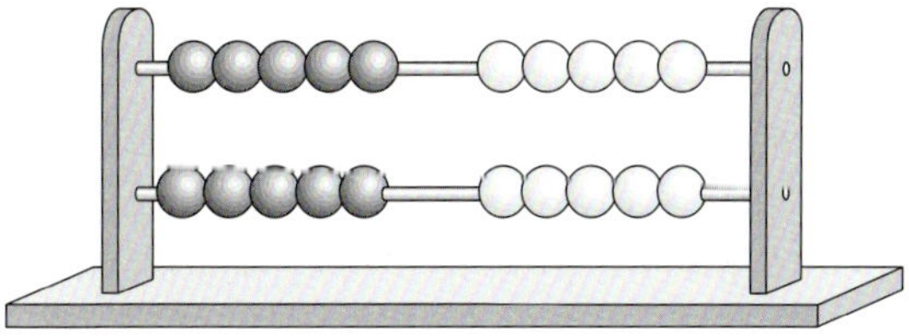

Ich ziehe persönlich die Fünferstangen und Würfel entschieden vor, weil der Kugelrahmen auch deutliche Nachteile hat.

Der wichtigste besteht darin, dass der Kugelrahmen eigentlich nicht nach Fünfern, bzw. Zehnern bündelt, sondern eben nur ordnet. Es entstehen keine qualitativ neuen Objekte. Dadurch wird strategisches Rechnen (z. B. Fünfer und Zehner/Verdopplungen nutzen) zwar ermöglicht, aber nicht erzwungen. Ein Kind kann problemlos auf der Ebene eines rein abzählenden Rechnens bleiben, ohne Fünfer und Zehner auch nur zur Kenntnis zu nehmen. Die Fünferstangen lassen diesen dagegen materiell werden. An diesem Fünfer kommt es nicht vorbei.
Der zweite Vorteil der Würfel und Stangen liegt darin, dass bei diesen *nur* diejenigen Dinge im Blick sind, mit denen man wirklich rechnet, während beim Kugelrahmen immer alle 20 Kugeln mitgesehen und mitgedacht werden. Bei der Subtraktion hat man ferner das Problem, dass man den Subtrahenden am Kugelrahmen nur als Operator verwenden kann. Man sieht die Ausgangszahl, schiebt weg und erhält das Ergebnis. Aber die weggeschobene Anzahl ist nicht mehr sichtbar, weil sie sich mit den Kugeln an der Seite vermischt. Bei der Verwendung von Würfeln und Stangen bleibt die weggenommene Anzahl seitlich oder unterhalb liegen, wodurch auch die Gegenoperation unmittelbar im Anschluss durchführbar ist.
Das bringt den dritten Vorteil ins Spiel, nämlich dass die Handlung keine zwingende Links-Rechts-Orientierung hat, also für Kinder mit Raum-Lage-Problemen keine zusätzliche Schwierigkeit ins Spiel bringt.

Die Tatsache, dass hier eine bestimmte Struktur (besser: Ordnung) eingeführt wird, die sich mit der Dimension nicht verändert, führt auch dazu, dass dieses Arbeitsmittel umso unpraktikabler wird, je größer die Zahlräume sind, was sich schon beim 100er-Kugelrahmen andeutet (siehe B 2.4) und beim 1000er-Kugelrahmen offensichtlich wird. Wir würden also ein Rechenmittel einführen, das letztlich nicht praktikabel fortgeführt werden kann.

Diese Nachteile gelten in gleichem Maße für die *Perlenketten*, die allerdings als Anschauungsmittel im *100er- und 1000er-Bereich* ausgesprochen geeignet sind, da sie die Dimension des Hunderters und Tausenders als lange Kette gut zum Ausdruck bringen. Die Faszination der großen Menge wird insbesondere bei der Tausenderkette eindrucksvoll. Da die vielen Perlen auch offenbar nicht mehr abzählbar sind, wird es natürlich, die Zehnerstruktur zu nutzen, die diesen Ketten durch größere Abstände eingeprägt ist. Sie machen den Nutzen von Strukturen augenscheinlich. Als Rechenmittel taugen die Perlenketten aber aus den benannten Gründen eben nicht. Bei den großen Ketten kommt hinzu, dass sie nicht nur unhandlich, sondern auch teuer sind, also nicht allen Kindern gleichzeitig zur Verfügung stehen.

2.4 Konkrete Bündelungen und Zerlegungen im Zahlenraum bis 100

Arbeitet man mit Zahlen im Bereich bis 100, so ist es sinnvoll, Würfel und 5er-Stangen um 10er-Stangen zu ergänzen, bzw. aus Gründen der Handlichkeit auf quadratische Plättchen und Stäbe überzugehen. Um den Zehner zu akzentuieren, kann man die Fünferstäbe nun sogar weglassen, weil man sonst eventuell doppelte Umtauschvorgänge hat.

Stäbe und Einerplättchen (oder Würfel und Stangen) eignen sich deshalb so gut, weil die Anzahl in der Dimension sichtbar bleibt und der Zehner, bzw. Fünfer doch als Ganzes konkret vor Augen liegen. Sie sind durch ihre konkrete Gestalt gleichzeitig als Bündelung und als Anzahl zu interpretieren und erhalten gerade aus diesem Doppelcharakter ihren Wert. Mit ihnen lassen sich alle Additionen und Subtraktionen schnell legen und die Lösungen auf unterschiedlichen Wegen bestimmen (siehe S. •• ff.), wodurch dieses Material gleichermaßen die Entwicklung von Rechenstrategien wie die Entwicklung eines dezimalen Zahlbegriffs fördert.

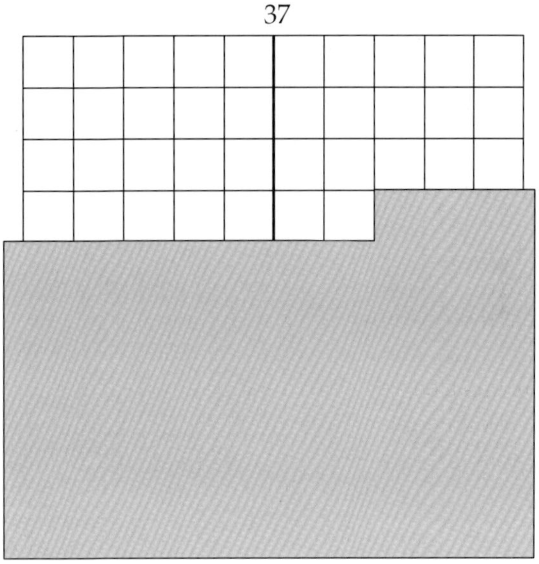

Ähnlich konkret ist das *Hunderterfeld*, wenn man es *mit Winkel* benutzt. Auch hier sind die Einzelelemente (Quadrate) ebenso sichtbar wie die Zehnerstruktur, die sich in den Reihen darstellt. Benutzt man einen Winkel, so zeigen sich die Zahlen als Anzahl der sichtbaren Quadrate. Dieses Rechenmittel knüpft also unmittelbar an die kardinale Interpretation der Zahlen an.

Additionen und Subtraktionen werden am Hunderterfeld durchgeführt, indem man den Winkel waagerecht, bzw. senkrecht verschiebt. Aufgaben ohne Zehnerübergang lassen sich auf diese Weise unmittelbar einsichtig und weitgehend fehlerfrei lösen. Probleme entstehen allerdings, wenn Zehnerübergänge ins Spiel kommen, weil der Winkel bei der Addition nun von rechts nach links in die nächste Reihe und bei der Subtraktion von links nach rechts in die vorige springen muss. Dieser Vorgang ist jedoch fehlerbehaftet, weshalb die Nutzung des Hunderterfeldes allenfalls phasenweise Sinn macht. Als allgemeines Rechenmittel ist es nicht zu empfehlen.

Hinzu kommt, dass bei der Addition die Summanden nicht gleichzeitig sichtbar gemacht werden können. Der erste ist als Menge sichtbar, während der zweite als Operation schrittweise ins Spiel kommt. Dadurch geht das Gefühl für die Kommutativität verloren. Bei der Subtraktion zeigt das Hunderterfeld mit Winkel die gleiche Schwäche, weil hier der Subtrahend ebenfalls als Operator wirkt, wodurch am Ende zwar ein Ergebnis heraus kommt, dieses aber die Zerlegung des Minuenden im wahrsten Sinne des Wortes verdeckt.

Diese Problematik kann zwar verbessert werden, wenn man statt mit dem Winkel bei der Addition mit Färbung der Felder und bei der Subtraktion mit Streichung arbeitet, aber dann wird das Hundertfeld zu einem Verbrauchsmaterial, was seine Verwendung als Rechenmittel wiederum ausschließt.

Seine eigentliche Stärke liegt bei der Darstellung der Multiplikation, weil sich die Rechteckmuster der Aufgaben mit einem entsprechenden Winkel an ihm unkompliziert erzeugen lassen und auch der Zusammenhang zwischen Tauschaufgaben oder Nachbaraufgaben unmittelbar einsichtig wird.

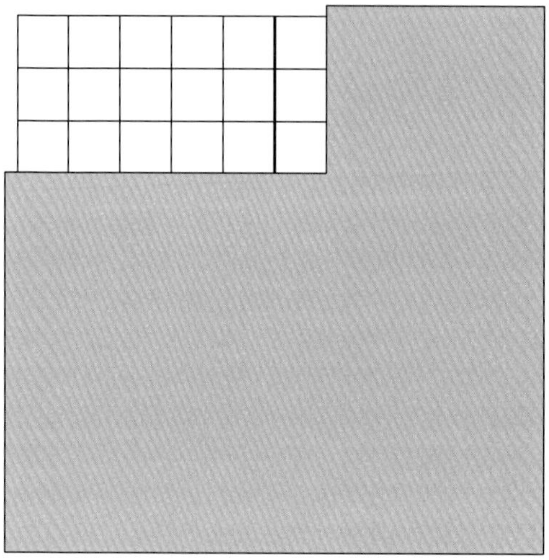

3 x 6 = 6 x 3

Der *100er-Kugelrahmen* ermöglicht es zwar, bei der Addition die beiden Summanden gleichzeitig darzustellen und dann umzuschieben, ansonsten hat er aber – außer den bereits am 20er-Rahmen erwähnten – erhebliche weitere Nachteile: Solange man eine einstellige Zahl addiert oder subtrahiert, zwingt er so wenig zum strukturierten Rechnen wie der 20er-Rahmen. Rechenschwache Kinder bleiben abzählend, so dass sie hier lediglich den Vorteil der Anschauung haben. Außerdem besteht, wie schon beim Hunderterfeld, der Nachteil, dass die Zerlegung des Minuenden in Subtrahend und Ergebnis nicht sichtbar ist, die Umkehroperation also nicht unmittelbar nahe gelegt wird. Schaut man sich bei Schipper/Raddatz die Musterrechnungen in Band 2 (S. 48 ff.) an, mit denen die unterschiedlichen Rechenwege am Kugelrahmen demonstriert werden, dann findet sich kein einziger Vorgang ohne Tücken.
Der nach Zehnern strukturierte *Zahlenstrahl* und die *Rechenlinie,* auf der Kinder die für sie wichtigen Werte markieren, eignen sich für jene Kinder, die bereits in der Lage sind, eine Aufgabe in für sie sinnvolle Zwischenschritte aufzulösen.[17] Sie finden hier eine elegante Form, Überlegungen zu notieren. In diesem Sinne sind diese beiden Arbeitsmittel aber eher Notationsformen als Rechenmittel.
Kinder, welche noch kein klar strukturiertes Zahlkonzept besitzen, können mit diesen Hilfsmitteln aus eigener Kraft wenig anfangen. Im Rahmen von Kleingruppen und individueller Förderung können sie hilfreich sein, weil sie das Kind zwingen, seine Vorstellung zu ordnen. Im Allgemeinen wird das rechenschwache Kind dabei aber auf den Dialog mit einem Erwachsenen angewiesen sein, weshalb im Klassenunterricht die genannten Plättchen und Stäbe hilfreicher sind.
Alle konkreten Bündelungen, das heißt solche, die die Menge in ihrer Dimension erhalten, haben den Nachteil, dass sie sich nur für kleinere Anzahlen bis maximal den Hunderterbereich eignen. Geht man darüber hinaus, werden sie einfach unhandlich und eignen sich nicht mehr als Rechenmittel. Das wird bei der von dem Montessorimaterial abgeschauten Erweiterung der *Würfel und Zehnerstangen* um *Hunderterplatten und Tausenderwürfel*, die wir als Material in den meisten Lehrmittelsammlungen finden, ganz deutlich. Dieses Material eignet sich zur Veranschaulichung – aber nicht zum Rechnen. Die Einerwürfel sind zu klein, die Tausenderwürfel zu groß. Vor allem aber hat man gar nicht genug Material zur Verfügung, um auch nur mehrere Kinder, geschweige denn die ganze Klasse damit rechnen zu lassen. Deshalb haben solche Materialien als Rechenmittel auch kulturhistorisch keine Rolle gespielt. Sie sind rein unter didaktischem Blick entwickelt worden.

Einige Nachteile des Kugelrahmens

Addiert man zweistellige Zahlen, so entsteht eine Lücke oder der Einer in der Mitte, was jeweils die Sicht auf die Gesamtheit der Zehner stört.

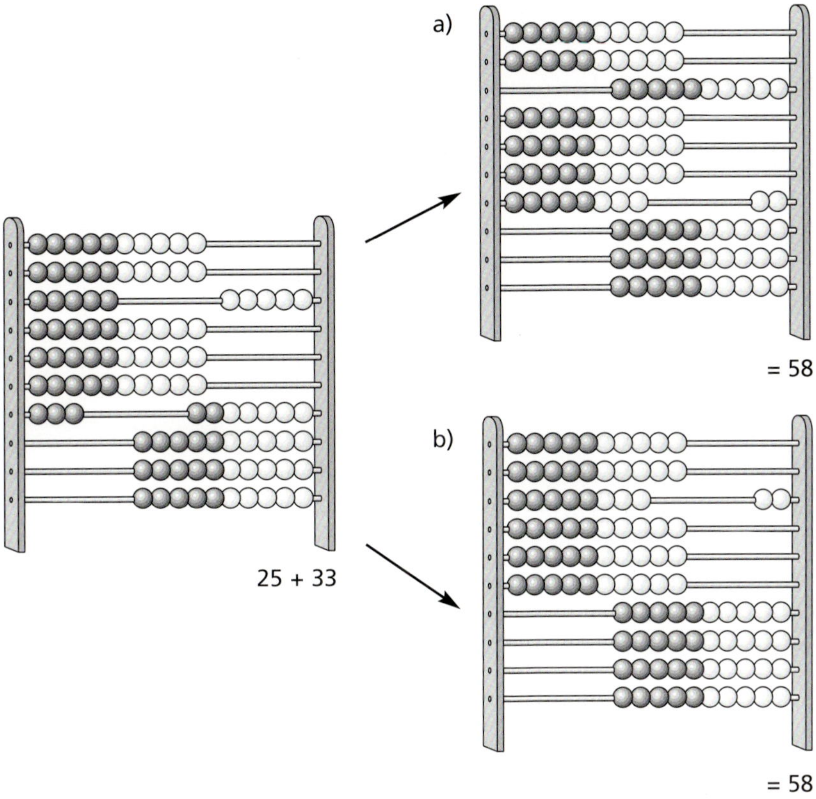

Subtrahiert man zweistellige Zahlen, so muss man von oben und unten arbeiten, was gleichfalls unnatürlich ist.

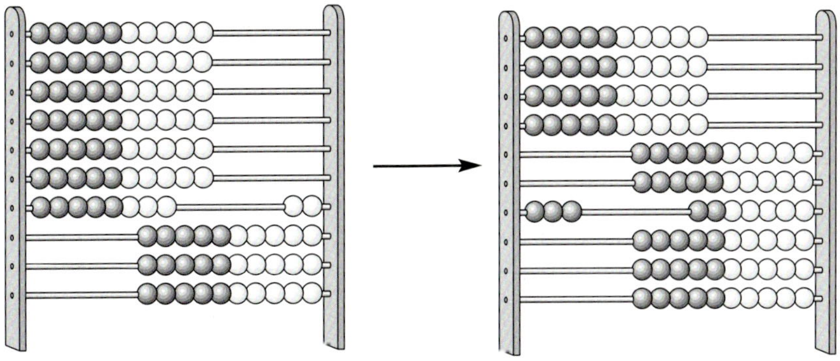

68

– 25 = 43

Weil man mit den Hunderterplatten und Tausenderwürfeln nicht sinnvoll zum Rechnen kommt, wird an dieser Stelle häufig direkt zur Stellenwerttafel übergegangen. Das führt dazu, dass die Grundidee des Bündelns in den Übungen an der Stellenwerttafel untergeht und diese von den Kindern bestenfalls als Sortierkasten gesehen wird.

2.5 Symbolische Bündelungen

Kulturhistorisch hat an dieser Stelle ein fundamentaler Sprung stattgefunden, der sich für den Unterricht sinnvoll nutzen lässt, weil er strukturbildend ist: Um sich bei größeren Mengen Übersicht zu verschaffen, führten die Menschen neue Zählmaterialien ein, die nicht für Einzelelemente, sondern für größere Einheiten standen.
Oft beginnen diese symbolischen Bündelungen aus dem benannten Grund mit dem Fünfer, nur dass man für die Fünfer (statt sie in Haufen zu ordnen und so übersichtlicher zu gestalten) jetzt ein neues Objekt nahm: Eine große Muschel oder ein großer Stein waren so viel Wert wie fünf kleine und ein spitzer Tonkegel war so viel wert wie 5 Tonkugeln. Andere Kulturen bündelten ausschließlich im Zehnersystem. So knoteten die Indios in Peru unterschiedlich viele Schnüre zusammen. War eine Schnur mit vier Knoten verknotet, bedeutete das ‚4'. Hatte man die vier Knoten mit zwei Schnüren geknotet, bedeutete es ‚40' und bei drei Schnüren ‚400'. Um größere Anzahlen festhalten oder gar rechnend bewältigen zu können, müssen wir auf eine symbolische Ebene übergehen, – auch und gerade, wenn unser Rechnen konkret bleiben soll!
Dieser Übergang auf eine symbolische Ebene ist ein Fortschritt, der Schwierigkeiten mit sich bringt, weshalb er in einer 1. Klasse als Gesamtkonzept vermutlich untauglich ist. Legt man auf diese Weise zum Beispiel ‚18', so ist diese Zahl nun als Gesamtmenge gar nicht mehr greifbar vorhanden. Sie ist aus 3 Fünfern und 3 Einern zusammengesetzt. Aber während die 3 Einer die realen Einheiten repräsentieren, also konkret verstanden werden können, bedeuten die 3 Fünfer nun (da sie keine aus 5 Würfeln zusammengesetzten Stangen mehr sind) etwas ganz anderes. Sie stehen jeweils für 5 Würfel, ohne dass man es ihnen ansieht. Das eine konkrete Material zählt also wirklich konkret, während das andere, obwohl konkret vorhanden, doch symbolisch interpretiert werden muss. Das wird noch problematischer, wenn man zum Beispiel einen größeren Würfel als ‚Fünfer' nimmt, obwohl der reell gar keine 5 Einzelwürfel enthält. Oder man nimmt gar eine Pyramide, die faktisch sogar ein geringeres Volumen hat als ein einzelner Würfel.
Solange die Kinder mengen- und anzahlorientiert denken, also am Anfang des Rechnenlernens sind, sollte daher auf diese Durchmischung von konkreten und symbolischen Interpretationen verzichtet werden. Ihnen sollte man Rechenmittel anbieten, die auch in der Bündelung konkret bleiben. Nützlich ist dieser Schritt allerdings im 3. Schuljahr, wenn den Kindern (nicht zuletzt aufgrund des zur Gewohnheit gewordenen Gebrauchs von Zahlzeichen) die symbolische Interpretation von Zahlen vertrauter ist. (Wie man das praktisch durchführt, wird in Kapitel C 3.2 dargestellt.) Dann kann mit Fünfern, Zehnern, Hundertern, ja Tausendern, hantierend gerechnet werden, so wie es über Jahrtausende praktiziert wurde. Und dann zeigt sich solches Material als ausgesprochen praktikabel und strukturbildend, weil es den rein abstrakten Zahlen und Rechnungen plötzlich eine konkrete Gestalt gibt.

Strukturierung lässt sich nicht vom Zaun brechen, sondern muss wachsen. Viele Kinder bleiben lange abzählend und beachten unsere Zehnerübergangshinweise, die wir ab der 1. Klasse trainieren, nicht oder nur als vom Lehrer gewünschte ‚Tricks' ohne echtes Verständnis. Umso wichtiger ist es, dass gerade diese Kinder Materialien an der Hand haben, die ihnen erlauben, die für sie wichtigen Strukturen handelnd selbst zu entwickeln.
Geldmünzen sind ein Beispiel für symbolische Wertigkeiten, das den Kindern aus dem Alltag vertraut ist und dadurch eine Sonderrolle spielt. Der Alltagscharakter gibt den Geldmünzen eine gewisse konkrete Dimension. Sie sind daher bereits zu einem vergleichsweise frühen Zeitpunkt als Rechenmittel einsetzbar. Voraussetzung ist lediglich, dass die Kinder die Unterscheidung der Münzen verinnerlicht haben. Sind sie beim Kopfrechnen bis ‚10' nicht mehr auf die konkrete Gestalt der ‚5' oder der ‚10' angewiesen, so stellen Geldmünzen schon in der ersten Klasse sogar ein ausgesprochen gutes Rechenmittel dar (siehe B 3.3). Eine 5-Cent-Münze ist für ein Kind der 1. Klasse viel leichter als ‚Fünfer' zu akzeptieren, als ein Tonkegel, den man gemeinsam als solchen definiert hat. Als Geldmünze gehört sie zu seiner ‚natürlichen' Umwelt. Sie ist ihm so sehr Natur wie ein Baum oder ein Vogel. Aus der Erfahrung weiß es, wenn es die Tatsache unterschiedlicher Wertigkeit aufgenommen hat, dass man Münzen umtauschen kann. Ist das wirklich der Fall, sieht ein Kind in der 2-/5-/10-Cent-Münze wirklich die darin versteckte Anzahl von 1-Cent-Münzen, so kann es Münzen als Rechenmittel verwenden. Dann löst es die Aufgaben durch Legen, Umtauschen und Abzählen.
Auf einfachstem Niveau rechnet ein Kind mit 1-Cent-Münzen und tauscht größere Einheiten bei Bedarf um. Auf mittlerem Niveau kann es den Vorteil nutzen, der darin liegt, sich durch Legen möglichst großer Münzwerte leicht und schnell Überblick zu verschaffen. Gleichzeitig vollzieht es das Rechnen noch als analoges Handeln, das heißt, es zieht die Summanden vollständig zusammen oder nimmt den Subtrahenden wirklich weg. Hat das Kind aber bereits ein inneres Bild von Anzahlen und Zerlegungen im Zahlenraum bis 10, so kann es ausgesprochen rationell mit den Münzen rechnen, da es diese nur benutzt, um den Vorgang so weit wie möglich zu visualisieren, um ihn dann innerlich, das heißt gedanklich und nur in der Vorstellung zu beenden (vgl. B 3.3).

2.6 Konkretes Stellenwertsystem (dezimal)

Hinter unseren Zahlen verstecken sich dezimale Bündelungen. Wir denken in Einern, Zehnern, Hundertern und Tausendern, die aber keine konkrete Gestalt mehr haben. Einer ‚3' in 3.333,33 sehe ich nicht mehr an, welchen Wert sie repräsentiert. Er wird ihr durch die Stelle zugewiesen, an der sie steht. Ein Rechenmittel, das die Logik unserer Zahlen nutzt, muss diese abbilden. Es muss nach der Stellenwertlogik aufgebaut sein.
Ein Beispiel dafür ist der Montessori-Rahmen, bei dem die Perlen auf den Reihen keine Einheiten mehr repräsentieren, sondern Dezimalwerte.

Die grünen Perlen auf der ersten Reihe stehen für Einer, die blauen auf der zweiten Reihe für Zehner, die roten Perlen auf der dritten Reihe für Hunderter und auf der vierten Reihe finden wir für die Tausender wieder grüne Perlen, was deutlich macht, dass es nach den *Ein*tausendern noch weiter geht.
Am Montessori-Rahmen kann man Addition, Subtraktion und Multiplikation in der Logik unseres Dezimalsystems konkret handelnd lösen. Er eignet sich daher im Rahmen des Unterrichts als Rechenmittel für Begabte, denen man zu einem frühen Zeitpunkt ‚Futter' geben will. Im übrigen teilt aber der Montessori-Rahmen den beim 100er-Kugelrahmen erwähnten Nachteil, dass der zweite Summand und der Subtrahend als Operatoren ins Spiel kommen, wodurch bei der Addition die Ausgangsaufgabe und bei der Subtraktion die Zerlegung nicht sichtbar gemacht werden können. Hinzu kommt noch, dass der Montessori-Rahmen teuer und daher nicht für alle verfügbar ist.

Wesentlich geeigneter ist daher an dieser Stelle des Lernprozesses das *Rechenbrett*, da es nicht nur an den Würfeln als Zählmaterial und den Vorerfahrungen der symbolischen Zeh-

Das Rechenbrett

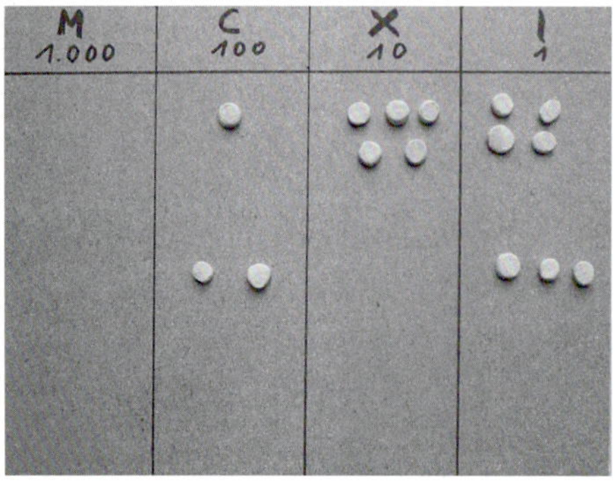

154 + 203

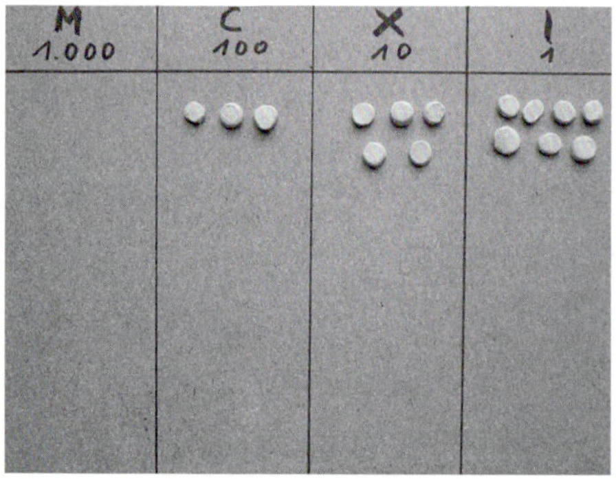

= 357

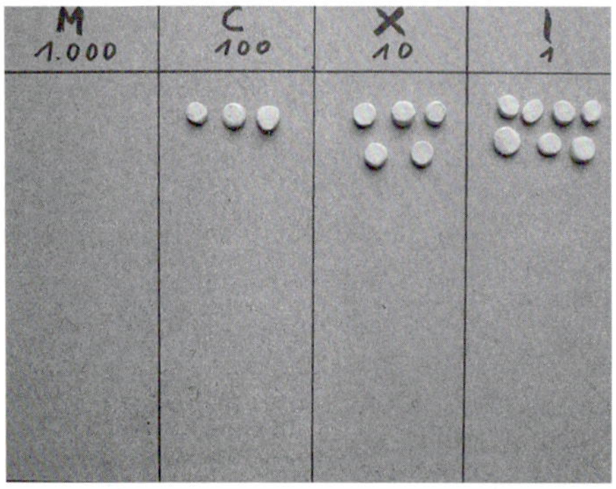

357

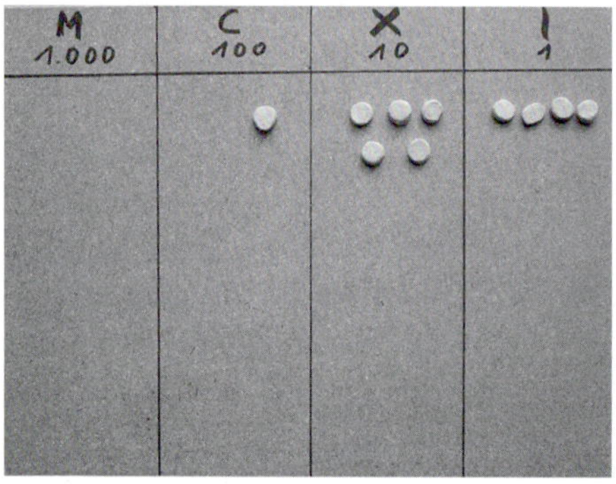

– 203 =154

ner und Hunderter anknüpft, sondern vor allem die Stellenwertlogik mit jenen elementaren Rechenhandlungen verbindet, die die Kinder schon aus der ersten Klasse kennen. Es schlägt eine Brücke zwischen elementaren, ganz konkreten Handlungen mit Einzelobjekten und den hochabstrakten Zahlen unseres Stellenwertsystems. Dadurch bietet es die Möglichkeit, diese Grundstruktur, die sich unsere schriftlichen Verfahren zu Nutze machen, noch einmal von Grund auf zu erfahren und auf diesem Wege die schriftlichen Verfahren selbst handelnd zu entwickeln.
Der entscheidende Vorteil des Rechenbrett liegt (wie in Abschnitt B 3.5 ausgeführt) darin, dass die Operationen in allen Phasen im vertrauten Sinne konkret bleiben. Beim Addieren, werden die Summanden gelegt und zusammengeschoben, was unmittelbar zum Ergebnis führt. Allenfalls muss, wenn sich an einer Stelle mehr als 10 Einheiten befinden, diese zwecks Lesbarkeit des Ergebnis zuvor in einen Stein der nächsthöheren Stelle umgetauscht werden.
Entsprechend knüpft die Subtraktion an die elementare Vorstellung des Wegnehmens an. Der Abschluss der Rechnung ‚357 – 203 =' zeigt dabei deutlich die Überlegenheit des Bretts gegenüber dem Kugelrahmen.
Hier erhält man nämlich nicht nur die Lösung, sondern man sieht die Zerlegung des Minuenden, die bei der Subtraktion stattgefunden hat, die sich mit der Umkehraufgabe aber wieder rückgängig machen lässt, und die ich brauche, wenn ich die schriftliche Subtraktion als Ergänzung berechnen will. Sogar Multiplikations- und Divisionsaufgaben lassen sich am Rechenbrett lösen und bereiten in ihrer Logik die schriftlichen Verfahren angemessen vor.

2.7 Stellenwertsystem mit Zahlzeichen (dezimal)

Die uns vertrauten Zahlen entwickelten sich im Mittelalter, vor etwa 1000 Jahren, aus der Zusammenführung der in Europa bekannt gewordenen indisch-arabischen Zahlen mit dem Rechnen am *Rechenbrett*.[18] Es war die Idee eines späteren Papstes, Gerbert von Aurrilac, die Arbeit am Rechenbrett dadurch entscheidend zu verbessern, dass man statt der bis dahin verwendeten Rechenscheiben (Calculi) nun Plättchen nahm, auf denen Ziffern notiert waren (Apices). Das Plättchen mit der ‚9' repräsentierte nun neun Calculi, wodurch die Rechnungen viel übersichtlicher wurden. Die Rechenlogik musste dabei dahingehend modifiziert werden, dass das Zusammenschieben und Wegnehmen nur noch gedanklich vollzogen wurde. Wer aber das Rechnen mit den Calculi verinnerlicht hat, der hat auch keine Schwierigkeit, die dort noch konkreten Rechen- und Umtauschvorgänge auf die Handhabung der Apices zu übertragen.
Dieses Beispiel einer schriftlichen Addition dreier Summanden mit Übergang zeigt, wie analog sich unser schriftliches Verfahren aus dieser kulturellen Vorerfahrung heraus entwickelt hat. Im Abschnitt zum Übergang zu den schriftlichen Verfahren (siehe B 3.6) wird gezeigt, in welch engem Zusammenhang auch die Verfahren der schriftlichen Multiplikation und Division mit den am Rechenbrett natürlichen Lösungsverfahren stehen. Dies macht das Rechenbrett zu einem zentralen Rechenmittel des 3. Schuljahrs sowie des Förderunterrichts in der 4. Klasse.

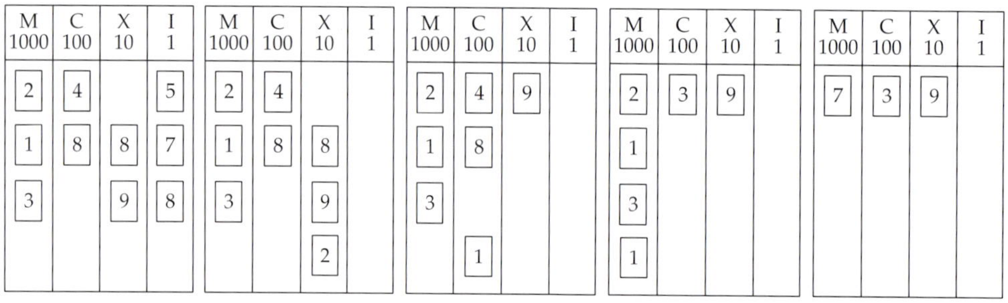

2.405 + 1.887 + 3.098 = 7.390

Die *halbschriftlichen und schriftlichen Verfahren* sind auf diesem Niveau offenkundig brauchbare Rechenmittel, die allein aus dem Grund hier nicht weiter behandelt werden, da sie allseitig bekannt und in ihren Variationen hinreichend diskutiert sind.

Der *Taschenrechner* dagegen ist kein Rechenmittel, ja nicht einmal eine Rechenhilfe. Er hilft nicht beim Rechnen, sondern erspart es. Jedenfalls täuscht er uns diese Möglichkeit vor. Eigentlich ist der Taschenrechner eine Ausrechenhilfe. Er hilft uns, bei komplizierten Aufgaben die Lösung zu finden. Und selbst da fordert er uns, durch Überschlag und Mitdenken, zur Kontrolle heraus, da alleine das Tastendrücken fehlerbehaftet ist. Ein Rechenmittel ist er schon deshalb nicht, weil der Benutzer seine innere Logik, die in seinen Schaltkreisen verankerten digitalen Strukturen, zwar durch Tastendruck nutzt, aber sich nicht zu eigen macht.[19]

3. Rechnen mit Rechenmitteln

‚Rechenmittel' und ‚didaktisches Material' – eine Begriffsklärung
Nach Schipper/Raddatz soll das Arbeiten mit dem ‚didaktischen Material' dazu beitragen, *„dass im Kind Prototypen für Zahlen und Operationen mit ihnen entstehen, also schematische Vorstellungen und Rechenoperationen allgemeiner Art, die wiederum für eine große Anzahl von Konkretisierungen stehen können"*. Meine Konzeption der Rechenmittel wendet diese vertraute Blickrichtung.
Hier geht es nicht darum, dass durch die Arbeit mit ‚didaktischem Material' „Prototypen für Zahlen und Operationen ... entstehen", sondern die Vorstellung ist, dass diese Prototypen im Kind bereits angebahnt vorhanden sind. Über die verwendeten Rechenmittel und die hantierenden Vorgänge bilden sich diese Prototypen nach außen ab. Die vom Kind gelegten Würfel **sind** bereits Prototypen für Zahlen und die Rechenhandlungen sind Prototypen für Rechnen.
Auch wenn wir die Rechenmittel in der Schule natürlich in didaktischer Absicht einsetzen, weil wir ja wollen, dass das Kind Rechnen lernt, so sind sie doch kein im zitierten herkömmlichen Sinne didaktisches Material.

Rechenmittel haben nicht die Aufgabe, den Rechenvorgang anschaulich zu machen. Sie sollen dem Kind vielmehr helfen, seiner inneren Logik entsprechend handelnd zu rechnen. Gleichzeitig sollen sie – nicht zuletzt im Blick auf die Lernziele der Grundschule – dem Kind helfen, beim handelnden Rechnen eine strukturorientierte Sicht auf die Rechenvorgänge zu entwickeln. Das Kind soll zunehmend in die Lage versetzt werden, durch flexible Interpretation der Aufgabe, geschickt zu rechnen. Die Orientierung am Fünfer, der Aspekt der Verdopplung, das Zerlegen von Zahlen und das Ergänzen zum Zehner sind solche Rechenaspekte, die das Kind zunehmend mit berücksichtigen soll. Und vor allem soll es ein vertieftes Verständnis für den dezimalen Aufbau unserer Zahlen sowie die Stellenschreibweise erhalten. Dieser Abschnitt zeigt, wie mit den Rechenmitteln zu arbeiten ist, damit sie diese Funktion erfüllen.
Dabei wurden aus der Vielfalt der möglichen Rechenmittel jene herausgegriffen, die im hier vorgestellten Konzept eine besondere Bedeutung haben. Insbesondere die Arbeit mit dem Rechenbrett wird detailliert beschrieben, da dieses erstens das unbekannteste Rechenmittel ist und zweitens den Weg zurück zur Stellenlogik und zu den Ziffern weist, also das Bindeglied zwischen dem rein konkreten Rechnen und unseren abstrakten Zahlen sowie den schriftlichen Verfahren darstellt.

3.1 Würfel/Plättchen/Wendeplättchen

Die Würfel oder Plättchen dienen zunächst einmal als Zählmaterial. Gerade, weil sie keine wesentlichen eigenen Eigenschaften ins Spiel bringen, weil sie für nichts stehen, kön-

nen sie für alles genommen werden. Sie können die Stifte im Glas ebenso abbilden wie die Kinder der Klasse oder einfach die Zahl 7.
Unstrukturierte Rechenmittel, wie Würfel oder Plättchen, geben den abstrakten Zahlen und Rechenvorgängen eine dingliche Form. Aus ‚3' werden 3 Würfel. Aus ‚3 + 4 =' werden 3 Würfel und 4 Würfel, die zusammengeschoben und gezählt werden. Auch Subtraktionsaufgaben werden zu Handlungsvorgängen. ‚7 – 4 =' heißt: Nimm dir 7 Würfel, nimm 4 Würfel weg und bestimme den Rest.
Beim Mathematisieren von Sachproblemen helfen sie, indem sie zwischen die konkrete Sachsituation und die abstrakte Zahlenebene eine weitere Ebene schieben, deren Abstraktionsniveau zwischen beiden liegt. 7 Würfel stehen für die 7 blonden Kinder in der Klasse oder die 7 Filzstifte im Mäppchen. Sie abstrahieren von der konkreten Realität – aber diese wird eben noch nicht auf reine Zahlnamen oder Zahlzeichen hin reduziert. Wie schwer das ist, zeigt der Versuch, einmal selbst in einem unvertrauten Zahlnamensystem (zum Beispiel den Buchstaben) eine einfache Aufgabe (zum Beispiel f + g) zu rechnen.[20]

3.1.1 Der Zerlegungsaspekt – zur Arbeit mit zwei Farben

Geht man vom Zählen zum Rechnen über, so lohnt es sich, insbesondere bei Additionsaufgaben mit zwei unterschiedlichen Farben zu arbeiten. Man kann rote und blaue Plättchen nehmen oder Wendeplättchen, die auf einer Seite rot und auf der anderen blau sind. Arbeitet man mit Holzwürfeln, so können die Kinder ihre Würfel auf einer Seite rot und auf der gegenüberliegenden blau anmalen, so dass man den gleichen Effekt beim Rechnen hat.

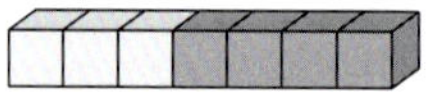

Die oben beschriebene Aufgabe ‚3 + 4 =' heißt nämlich nun: Nimm *3 rote* Würfel und *4 blaue* Würfel, schiebe diese zusammen und bestimme die Summe. Zwar ändert diese Variante nichts daran, dass das Ergebnis ‚7' heißt, aber die ‚7' zeigt sich den Kindern nun optisch zerlegt. Die einzelnen Summanden verschwinden nicht, sondern bleiben sichtbar. Dies hat zwei entscheidende Vorteile.
Statt 5 Stifte einzeln abzuzählen, können sie dies in den Teilschritten tun, die sie bereits spontan erfassen können, zum Beispiel in Zweierschritten: „Zwei, vier, fünf." Oder sie nehmen 2 Stifte in die eine Hand, sehen die 3 in der anderen und erkennen unmittelbar die vertraute Zerlegung der ‚5'. Nicht umsonst wird auf die Bedeutung des Zerlegens von Didaktikern ebenso hingewiesen wie von Schulbuchautoren. Wem die elementaren Zerlegungen der Mengen bis 10 vertraut sind, dem fällt es leichter, sich aus dem zählenden Rechnen zu befreien. Benutzt man bei den Additionsaufgaben von Anfang an Plättchen oder Würfel mit unterschiedlichen Farben, so schafft man also neben den gezielten Übungen indirekt eine Erweiterung der Erfahrungen mit Zerlegungen.

So lässt sich der Zusammenhang zwischen Aufgabe, Tauschaufgabe und Gegenoperation thematisieren. Indem das Kind aus der so sichtbaren ‚7' die roten bzw. die blauen Würfel herauslöst, erhält es die verwandten Subtraktionsaufgaben ‚7 – 3 =' und ‚7 – 4 ='. Und indem es zuerst die *4 blauen* Würfel und dann die *3 roten* Würfel nimmt, sieht es unmittelbar, dass sich das Ergebnis bei Additionsaufgaben nicht ändert, wenn man die Reihenfolge der Summanden vertauscht. Der Einsatz unterschiedlicher Farben vermittelt also unaufwendig zentrale mathematische Einsichten.
Mindestens genauso wichtig ist aber der zweite Vorteil, der darin liegt, dass die Kinder auf diese Weise Anzahlen nicht nur als Summe von Einzelelementen, sondern auch als Summe von Teilmengen kennen lernen. Die ‚7' erscheint ihnen strukturiert nach ‚3' und ‚4'. Dies ermutigt sie, auch selbständig Anzahlen über eigenständige Strukturierungen zu bestimmen.

3.2 5er- und 10er-Stangen/5er- und 10er-Stäbe

Rechenaufgaben im Zahlenraum bis 10 haben den Vorteil, dass sie schnell erfasst werden können. Das stärkt die Kopfrechenroutinen bei jenen Kindern, die in der Lage sind, Strukturierungen zu entwickeln und zu benutzen. Der Nachteil der ‚einfachen' Aufgaben besteht darin, dass sie auch abzählend relativ schnell gelöst werden können. Sie erzwingen also kein strukturierendes Herangehen. Konfrontiert man die Kinder dagegen schon in diesem frühen Stadium des Rechnenlernens auch mit ‚größeren' Aufgaben, dann merken sie, dass die Logik des Abzählens unpraktisch wird. Selbst die vertrauten Zerlegungen reichen nun nicht mehr aus, eine Zahl oder gar eine Rechnung ‚auf einen Blick' zu erfassen. Um nicht immer wieder von vorn zu beginnen, machen sich die Kinder oft Zehnerhaufen, wenn sie etwa 27 ungeordnete Würfel oder Plättchen abzählen sollen. Diese Strategie wird durch die Einführung von 5er- und 10er-Stangen, bzw. 5er-und 10er-Stäben verbessert.
Indem Fünfer und Zehner nun eine zwar noch der wirklichen Menge der Würfel/Plättchen entsprechende Form haben, aber doch zu etwas eigenem geworden sind, kann auf dieser Erfahrungsgrundlage vielfältig gearbeitet werden.

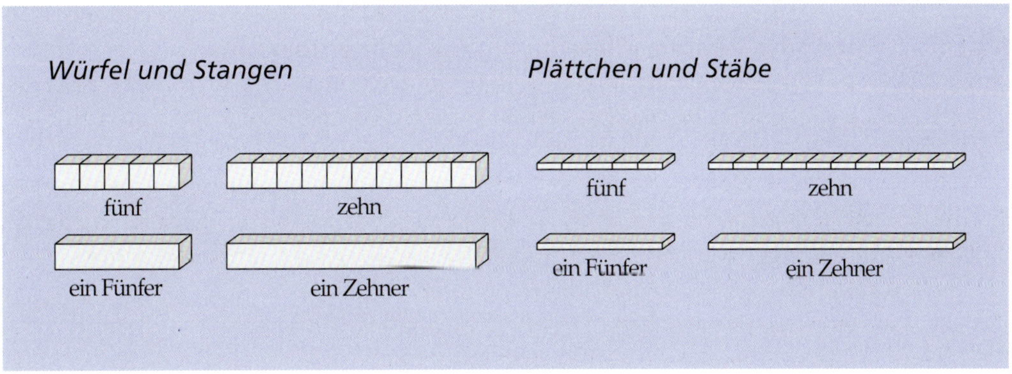

Mit Hilfe der Stangen und Stäbe lassen sich nicht nur größere Mengen schnell erfassen. Vor allem können diese auch wesentlich rationeller gelegt werden. Die Aufgabe ‚8 + 6 =' braucht nun statt vierzehn nur noch sechs Objekte

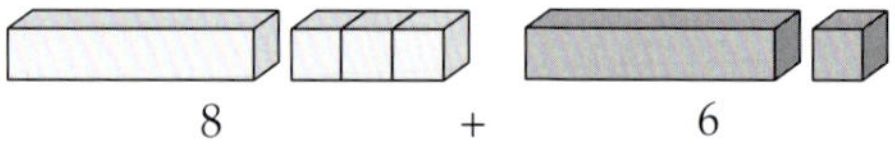

Gleichzeitig legt es die neue Form nahe, die Aufgabe nicht mehr abzählend zu lösen, wobei mehrere Strategien möglich sind.

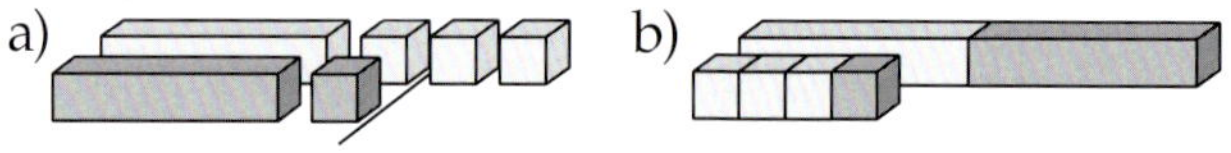

a) Die Aufgabe kann in der Logik des Verdoppelns gelegt werden.
b) Es kann gesehen werden, dass die beiden Fünfer einen neuen Zehner bilden.

In a) kann nun als Erstes die ‚6' verdoppelt werden (2 x 6 + 2 =). Es ist aber auch möglich, dass die Kraft der beiden Fünfer dazu führt, dass das Kind hiervon ausgeht und zunächst den Zehner bildet ((2 x 5) + (3+1)). Diese Logik hätte ein Kind mit b) auf andere Weise unmittelbar zum Ausdruck gebracht. Will man den Zehner betonen, so ist es für manche Kinder hilfreich, diesen durch Umtauschen konkret zu machen. Sie können dann die Lösung (‚14', das ist ‚4 + 10' oder ‚10 + 4') besser ablesen.

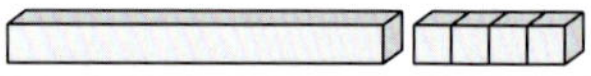

Allerdings hat diese ‚Hilfe' den Nachteil, dass sie die ursprünglich sichtbaren Summanden verschwinden lässt und für ein Kind, das wie in a) die Fünfer nutzt, dessen visuelle Logik zerstört. Man sollte also vorsichtig damit sein und diesen Umtausch nur dann einsetzen, wenn das vorrangige Ziel die Klärung der Zahlnamen ist.

3.2.1 Der Vorteil des Fünfers – Rechnen ohne Zehnerübergang

Auf solche ‚Hilfen' zu verzichten, fällt umso leichter, wenn man sich klar macht, dass der Zehner in diesem Stadium des Rechnenlernens noch keine zentrale Rolle spielen muss.

Wichtigere Ziele als die Vorbereitung der dezimalen Struktur sind zu diesem Zeitpunkt das Wegführen vom Abzählen durch Stukturierung und konkrete Bündelung sowie die Erhöhung der Kopfrechenkompetenz auf dieser Grundlage im Zahlenraum bis 10 durch Kenntnis der Zerlegungen.

Um dies zu fördern, bietet es sich an, in dieser Phase ausschließlich 5er-Stangen, bzw. 5er-Stäbe zu verwenden und den Zehner als aus zwei Fünfern gebildet zu vermitteln, ohne ihm zwingend eine eigene Gestalt zu geben.

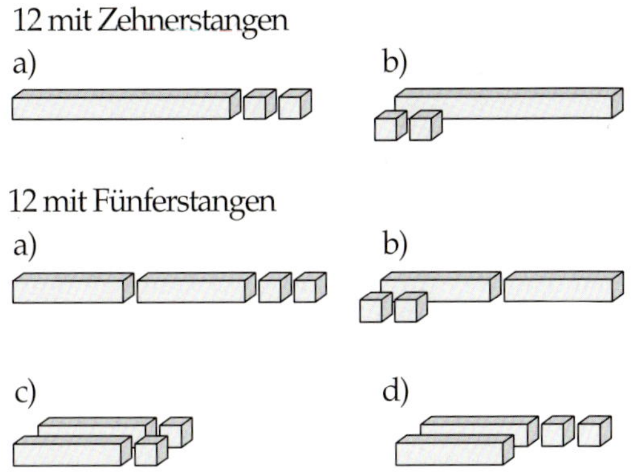

Die Effizienz dieses Vorgehens wird sichtbar, wenn man sich einige möglichen Vorgänge vorstellt und Resultate ansieht, die jeweils beim Legen von ‚12' entstehen.

Auf den ersten Blick sieht man, dass es beim Einsatz der Fünfer mehr Varianten gibt, dass also ein kreativer Umgang ermutigt bleibt und das Material die Rechen- und Handlungslogiken weniger einschränkt. Aber selbst wenn man sich die beiden den Zehnern analog gebildeten Lösungen a) und b) ansieht, dann zeigen diese, dass sie nicht nur den Zwischenschritt ‚5/10' konditionieren, sondern auch die ‚12' vielfältiger visualisieren. Diese zeigt sich nämlich nicht nur als ‚10+2', sondern zugleich als ‚5+7' und als ‚7 + 5'. Ferner erkennt man die ‚7' als eine aus ‚5+2' gebildete Zahl.

Obwohl wir hier eine Zahl aus dem Zahlenraum über 10 legen, wird beim Legen dieser Zahl eine Zerlegung des Zahlenraumes bis 10 mit geschult!

Dieser Effekt wirkt um ein Vielfaches, wenn nicht nur gelegt, sondern gerechnet wird. Arbeitet man dabei ausschließlich mit 5er- Stangen (bzw. 5er-Stäben), so entstehen beim Legen, Zusammenfügen und Wegnehmen permanent Situationen, in denen die elementaren Zahlen bis 10 und insbesondere die ‚5' in ihren Zerlegungen erfahren werden. Da *dies* im Anfangsunterricht im Vordergrund steht, sollten die Zehner zu diesem Zeitpunkt im Unterricht nur eine untergeordnete Rolle spielen.

Doch zurück zu unserer Aufgabe ‚8 + 6 =' und den möglichen Lösungsansätzen: Die Aufgabe kann nämlich auch weiterhin als abzählbare Reihe verstanden werden. In diesem Fall werden die beiden Summanden hintereinander gelegt, ohne auf Fünfer und Einer zu achten.

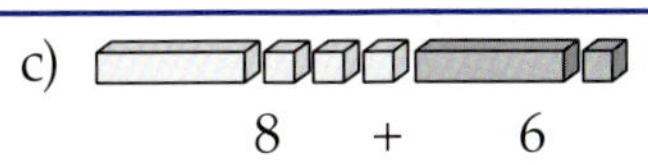

Es ist unwahrscheinlich, dass ein Kind dies tut, ohne dann auf die Idee zu kommen, die Reihenfolge zweckmäßig zu verändern, also zu einer der Varianten a) oder b) zu kommen. Dies ist eigentlich nur denkbar, wenn ein Kind noch in extremem Maße darauf angewiesen ist, sich der Konstanz zu versichern und daher absolut abzählend arbeitet.
Solch ein Kind kann die Fünfer in Würfel rücktauschen, bevor es rechnet.

Man könnte einem Kind, das in dieser Form arbeitet, auch die Zehnerstange unmittelbar als Hilfe geben. Es ‚sieht' dann, dass die ‚8' zum Zehner ergänzt und dass dazu der Fünfer aufgelöst werden muss. So kann es eine entsprechende Reihe unmittelbar daneben legen. Es kann sogar den Zehner durch Einerwürfel verlängern, bis es eine gleich lange Reihe hat, an der es die Lösung ablesen kann.

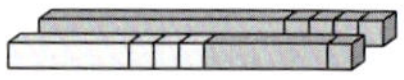

Allerdings wäre diese Hilfestellung fragwürdig. Sie setzt nämlich eigentlich voraus, dass das Kind den Zehner als aus 10 Einern gebildet schon verstanden hat. Wäre das aber der Fall, dann wäre das Kind auch in der Lage, die Fünfer und Einer umzusortieren. Indem es das nicht tut, zeigt es ja gerade, dass es sich diese Realität noch nicht zu eigen gemacht hat.

Eine entsprechende didaktische ‚Hilfe' läuft daher Gefahr, vom Kind unverstanden als ‚Trick' genommen zu werden.
Es legt dann brav seine Stange und ergänzt mit Würfeln. Es schreibt vielleicht auch wie gewünscht seine ‚14' . Nur ob ihm die ‚14' wirklich eine ‚Vierzehn' ist, bleibt zumindest offen. Vielleicht schreibt es ja gar keine ‚Vierzehn, sondern eine ‚1' vorn und eine ‚4' hinten hin („Weil da vorn kommt immer eine ‚1' und hinten sind 4 Würfel." Oder: „Weil da 1 Stange und 4 Würfel sind.") Wenn ihm die Stange kein Zehner ist, wenn seine innere Logik linear und abzählend ist, dann sollte man dies an dieser Stelle akzeptieren und auf keinen Fall ein didaktisches Setting entwerfen, das vom Kind als ‚Trick' eingesetzt wird. Gerade weil dieser erfolgreich funktioniert, das Kind also auf diesem Wege zu ‚richtigen' Lösungen kommt, verhindert er, dass es einen eigenen Zugang zum Stukturieren und Bündeln findet. Der Erfolg verstellt ihm den Weg zum eigenen Rechnen!

Bei der Addition unterscheiden sich die Strategien in den anfänglichen Legemustern sowie an dem Punkt, wann es für ein Kind hilfreich oder gar notwendig ist, Stangen oder Würfel umzutauschen. Bei der Subtraktion stellt sich diese Frage des Übergangs bei vorhandenen Fünfern oder Zehnern ebenfalls. Gerade an diesem Punkt erweist sich die bildende Kraft dieses einfachen Materials.

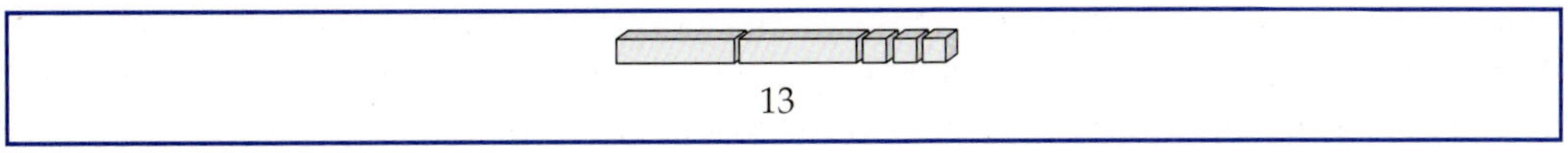

Will ich etwa ‚13 – 4 =' lösen, so kann ich dies auf mehrere Weisen durchführen. In jedem Fall habe ich aber das Problem, dass meine vorhandenen Einerwürfel nicht ausreichen.

Ein zählendes Kind wird in diesem Fall erst die drei vorhandenen Würfel wegnehmen. Dann muss es sich überlegen, woher es den einen bekommt, der noch weg muss. Es ist offensichtlich, dass dazu ein Fünfer aufgelöst werden muss. Dies kann konkret geschehen, indem man einen Fünfer in 5 Einer zerlegt, um dann den vierten Würfel wegzunehmen.

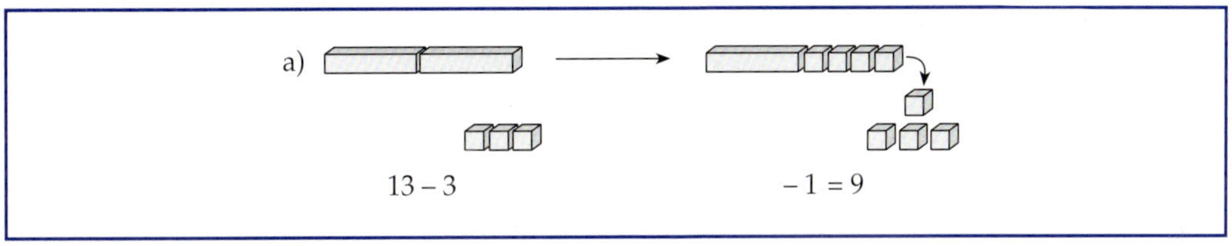

Vorausgesetzt, es kann vom Fünfer weiterzählen, bestimmt es nun die Lösung durch Weiterzählen („5, 6, 7, 8, 9").

Hat ein Kind begonnen, in Zerlegungen zu denken, so kann es die Aufgabe auch dadurch lösen, dass es ebenfalls erst die drei vorhandenen Würfel zur Seite schiebt, dann aber den vierten nur virtuell, durch Abdecken vom Fünfer wegnimmt.

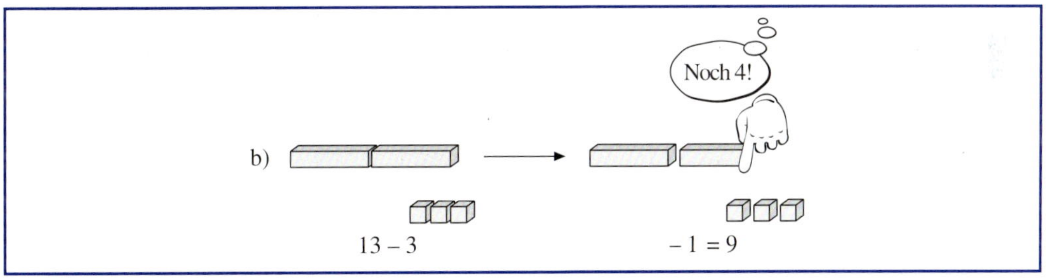

Dann kann es das Ergebnis wieder wie oben abzählend („5, 6, 7, 8, 9") oder als Summe („5 + 4 = 9") bestimmen.

Möglich ist auch, gleich einen Fünfer aufzulösen und die 4 Würfel dort wegzunehmen, so dass sich das Ergebnis als ‚1 + 8' darstellt.

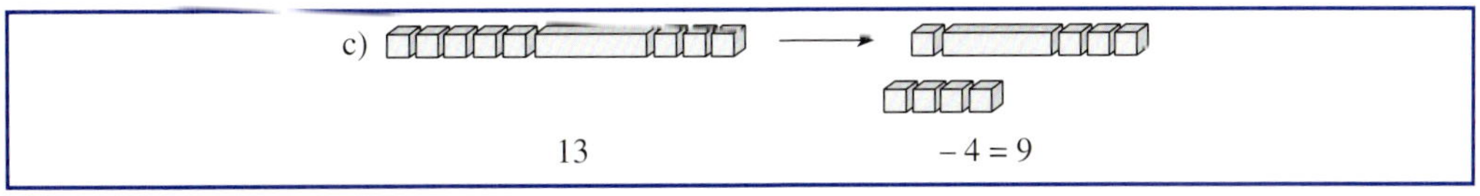

Es wird deutlich, dass *handelndes Rechnen im Zahlenraum bis 20* bei der Verwendung dieser Rechenmittel nicht nur zu richtigen Lösungen führt, sondern vor allem *Anzahlbilder, Zerlegungen und Rechenkompetenz im Zahlenraum bis 10* fördert.
In gewissem Sinne kommt der Zehnerübergang gar nicht vor! Er stellt sich nicht als eigenes Problem. Die Problematik des Entbündelns geschieht am Fünfer, wo sie aufgrund der geringeren Anzahl möglicher Zerlegungen und des kleineren Zahlenraumes wesentlich leichter zu bewältigen ist. Deshalb finden auch rechenschwächere Kinder bei diesem Vorgehen leichter den Übergang zum Rechnen in Zerlegungen und Schritten.

Wer aber diese Kompetenz erworben hat, der wird zu einem *späteren* Zeitpunkt keine Probleme haben, seine hier erworbene Erfahrung auf den Übergang am Zehner zu übertragen. Dieser Punkt ist unausweichlich gekommen, wenn mit größeren Zahlen oberhalb der ‚25' gerechnet wird, wodurch die Beschränkung auf Fünfer unübersichtliche Handlungsvorgänge und Ergebnisbilder schafft (siehe unten, S. 58–59).

3.2.2 Zehnerstangen und Zehnerübergang

Schließt man sich dieser Argumentation aber nicht an und besteht darauf, den Zehnerübergang bereits an dieser frühen Stelle ins Zentrum der Aufmerksamkeit zu stellen, so kann man das durch den Einsatz der Zehnerstangen anstatt der Fünferstangen unkompliziert tun. Auf diese Weise entsteht ein Handlungsvorgang, der vollkommen dem Rechnen in Schritten entspricht, wie es in vielen Schulbüchern vorgeschlagen wird, wobei wieder beide Varianten (konkretes Auflösen und Wegnehmen oder virtuelles Wegnehmen) möglich sind.

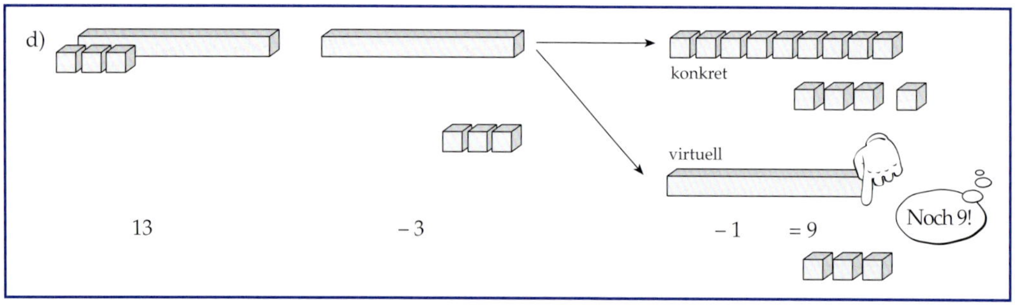

Will man die Zehnerpartner trainieren, dann bietet sich das virtuelle Wegnehmen an der Zehnerstange als Verfahren an, weil es bei jedem Übergang die Zehnerzerlegung fordert. Bevorzugt ein Kind es aber, den Zehner konkret aufzulösen, so empfiehlt es sich, wie dargestellt, keine Fünferstangen zu verwenden, sondern diesen vollständig in Einer zu tauschen, damit wiederum die Zehnerzerlegung im Vordergrund steht. Anderenfalls sieht das Ergebnisbild im zweiten Schritt nämlich so aus:

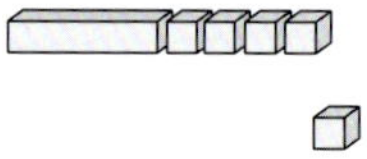

Die ‚9' erscheint hier nicht unmittelbar als Partner der ‚1', sondern als ‚5 + 4'. Sie muss also erst über einen Rechenschritt gebildet werden, was bei einem konkret rechnenden, also noch rechenschwachen Kind ein eigenständiger Vorgang ist und den Zusammenhang zwischen ‚1' und ‚9' zerreißt.
Ebenso fällt es manchen Kindern schwer, im Einzelfall zu entscheiden, wann der Fünfer aufgelöst und wann er gelegt werden soll. Die beiden Bündelungsebenen schaffen Verwirrung. Daher empfiehlt es sich, wenn man den Zehnerübergang klassisch behandeln und in den Mittelpunkt stellen möchte, die Fünfer konsequenterweise ganz weg zu lassen und nur mit Einern und Zehnern zu arbeiten.

Doch zurück zum hier bevorzugten Einstieg über die Arbeit mit Einerwürfeln und Fünferstangen.

3.2.3 Plättchen und Zehnerstäbe im Zahlenraum bis 100

Würfel und Würfelstangen eignen sich als Rechenmittel, ebenso wie die vorrangige Arbeit mit dem Fünfer, für das Rechnen im Zahlenraum bis etwa 25. Bei größeren Aufgaben benötigen die Würfel zu viel Platz und die vielen Fünfer machen die Anzahlen unübersichtlich. Spätestens mit der Öffnung des Zahlenraumes bis 100 sollte man daher auf die Arbeit mit quadratischen Plättchen und 10er-Stäben übergehen. Dieser Schritt kann auch benutzt werden, um von einer horizontalen (dem Schreiben) angelehnten Anordnung zu einer vertikalen überzugehen, welche die stellenweise Schreibweise der Ziffern in der Zahl aufgreift.

Beispiel: 76 – 29 = 47

Die möglichen Lösungsbilder der Aufgabe ‚76 – 29 =' sehen nun also so aus:

a) ‚47' *konkret* mit Umtauschen

b) ‚47' *virtuell* durch Verdecken

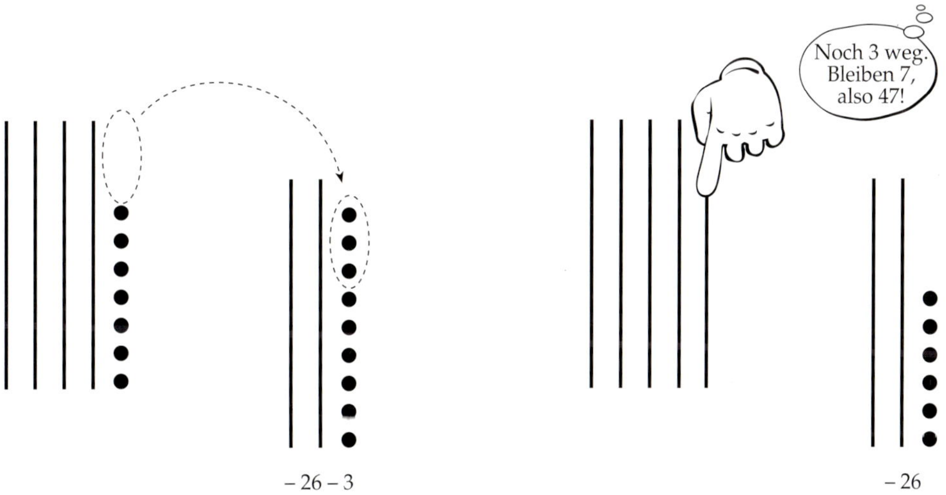

Arbeitet man mit Stäben und Plättchen, so sollten bald Additions- und Subtraktionsaufgaben mit Zehnerübergang im Vordergrund stehen.
Aufgaben ohne Übergang machen es für Kinder, die noch in einer abzählenden Logik rechnen, nicht zwingend, dieses innere Konzept zu überwinden. Auch scheinbar schwierige Aufgaben wie ‚87 – 65 =' werden von ihnen nämlich abzählend gelöst. Und es ist nicht einmal sicher, ob sich das Kind dabei des Zusammenhangs von Einern und Zehnern überhaupt bewusst ist. Unter Umständen nimmt es Stäbe und Plättchen – trotz aller Anschaulichkeit – einfach als unterschiedliche Objekte und nimmt dann von den 8 Stäben 6 und von den 7 Plättchen 5 weg. Es rechnet mit ‚Äpfeln und Birnen', wodurch aus der scheinbar zweistelligen Subtraktion im Hunderterraum eine doppelte Subtraktion im Zahlenraum bis 10 wird, die auch im Anfangsunterricht praktiziert werden könnte.

Aufgaben mit Zehnerübergang dagegen erzwingen es, dass sich das Kind mit der Dimension der Stäbe als Zehner auseinander setzt. Indem es bei der Addition neue Zehner bildet oder bei der Subtraktion vorhandene auflöst, verfestigt sich die Einsicht, dass hinter den Zehnern eine Bündelung von 10 Einern steht, die mitgedacht *werden muss* und genutzt werden kann. Die Tatsache, dass hier mit den Stäben neue Objekte entstehen, rückt den Vorgang des Bündelns und Entbündelns dabei ins Zentrum der Aufmerksamkeit. (Diese Verwandlung lässt sich viel weniger ignorieren als die volle oder angebrochene Reihe am Kugelrahmen.) Um die Entstehung des Zehners augenscheinlich zu machen, ist es sinnvoll, den neuen Zehner zumindest am Anfang und in Fördergruppen erst in einen Stab umzutauschen, bevor das Ergebnis abgelesen wird.

Beispiel: 65 + 28 = 93

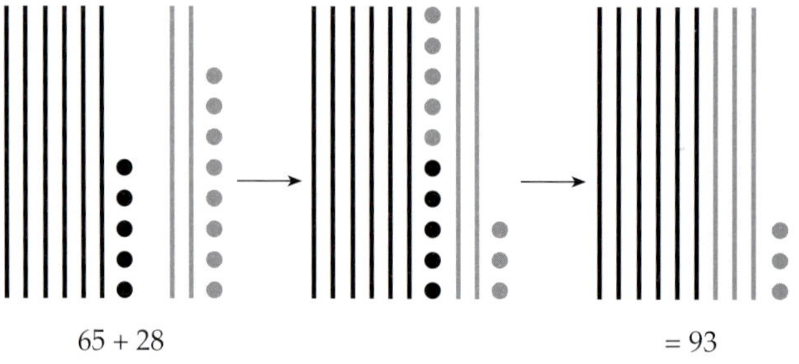

Die Abbildung zeigt, dass es bei diesem Schritt störend ist, wenn die beiden Summanden in zwei verschiedenen Farben gelegt wurden, da man nun verschiedenfarbige Einer und Zehner erhält, die aber mit den ursprünglichen Summanden nichts mehr zu tun haben. Daher empfiehlt es sich, bei der Öffnung des Zahlenraumes bis 100 mit einfarbigen Plättchen und Stäben zu arbeiten. Die Gründe, die für die Benutzung zweier Farben sprachen, gelten an diesem Punkt nicht in gleichem Maße. Der Zerlegungsaspekt, der bei den Zahlen bis 10 das Hauptargument war, spielt hier überhaupt keine Rolle mehr, denn für das Kopfrechnen ist es unwichtig, dass ‚93' aus ‚65' und ‚28' zusammengesetzt werden kann. Auch steht der Zusammenhang von Operation, Gegenoperation und Tauschaufgabe bei diesem Schritt nicht im Vordergrund. Dieser sollte, wie dargestellt, viel früher und an einfacheren Aufgaben erfahren und gesichert werden. Besser ist also das Rechnen mit einfarbigem Material:

Beispiel: 65 + 28 = 93

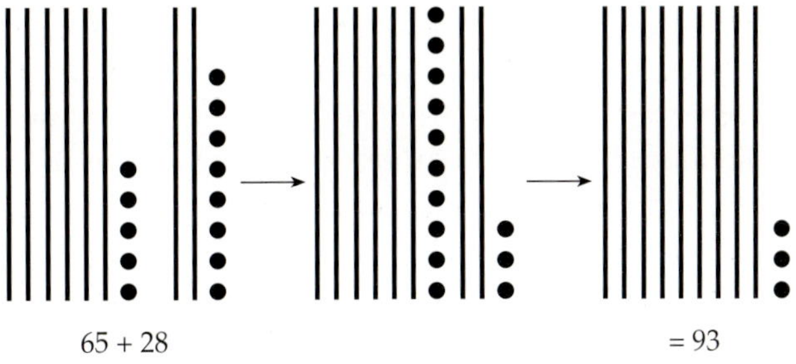

Für die Entwicklung von Rechenkompetenz ist es nicht nötig, dass schwerpunktmäßig eine zweistellige Zahl addiert oder subtrahiert wird. Mit diesen Beispielen wurde nur eingestiegen, um die Eingängigkeit und das Potenzial des hier empfohlenen Rechenmittels deutlich zu machen. Die Unterscheidung nach Zehnern und Einern muss nämlich auch bei Aufgaben wie ‚48 + 3 =' oder ‚63 – 6 =' beachtet werden. Sie steht bei derartigen Aufgaben sogar akzentuiert im Vordergrund, da neue Zehner entstehen oder vorhandene aufgelöst werden müssen. Einer und Zehner gehen ineinander über, was deren inneren Zusammenhang klärt. Daneben helfen Aufgaben dieses Typus, eigene Routinen zum Zehnerübergang zu entwickeln und zu verbessern oder die in der Klasse gewünschten zu festigen.
Gerade wenn man, wie oben (siehe B 3.2.1) vorgeschlagen, im Anfangsunterricht auf der Basis des Fünfers gearbeitet hat, ist jetzt der Zeitpunkt gekommen, diese Erfahrungen auf den Zehner zu übertragen. Die Vorgänge sind dabei völlig analog, nur dass jetzt die Zehnerzerlegungen im Mittelpunkt stehen. Auch hier kann das Kind bei der Addition entscheiden, ob es zum Ablesen des Ergebnis 10 Plättchen zu einem Zehnerstab umtauscht (a) oder ob es darauf verzichten kann (b), weil es den Zehner in der vollständig gefüllten Reihe erkennt.

Beispiel: 64 + 9 = 73

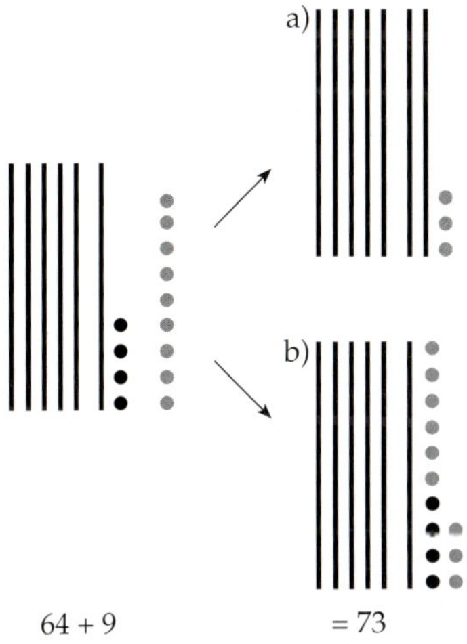

Im Rahmen einer Fördermaßnahme empfiehlt es sich, den zweiten Summanden bei der Addition einstelliger Zahlen weiterhin andersfarbig darzustellen, weil dadurch dessen Zerlegung wie auch die des die Zehners optisch präsent ist und so indirekt mit geübt wird. Arbeitet man, wie vorgeschlagen, schwerpunktmäßig auch im Klassenunterricht mit der Addition oder Subtraktion einer einstelligen Zahl, so kann man auch dort bei den zwei unterschiedlichen Farben bleiben. Allerdings sollte dann der neu gebildete Zehner nicht in einen Zehnerstab getauscht werden, damit dieser Effekt nicht verloren geht.
Der unterschiedliche Umgang begründet sich darin, dass es in diesem Fall weniger um den Bündelungsaspekt geht, als um ein Kopfrechnen mit Zerlegungen. Statt ‚64 + 9 =' rechnet man eigentlich ‚60 + (4 + 9) ='. Erst in einem zweiten Schritt schließt man dann aus ‚4 + 9 = 13', dass hier aus ‚60' jetzt ‚70' werden.

Bei der Subtraktion gibt es auch hier die bereits behandelten Varianten des konkreten (a) oder virtuellen (b) Auflösens.

Beispiel: 73 – 8 = 65

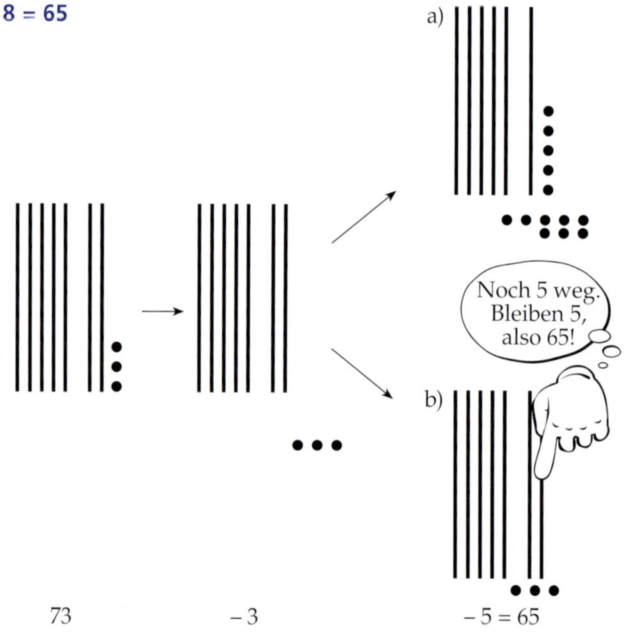

Bei allen Rechnungen dieser Art steht das Problem des Zehnerübergangs völlig im Mittelpunkt. Im Kern werden die Zerlegungen des Zehners und das Rechnen im Zehnerraum, bzw. bis 20 geübt. Gleichzeitig verbindet sich aber die Dimension der Zahlen bis 100 mit inneren Bildern und der Zehner wird nicht nur in seiner Dimension (10 Einer), sondern auch in seinem Verhältnis zu den Einern vertraut. Schließlich werden die Nachbarzehner konditioniert (nach ‚60' kommt ‚70', vor ‚70' kommt ‚60'), was das Rechnen im Hunderterraum beschleunigt.
Rechnen die Kinder im beschriebenen Sinne nicht nur im Kopf, sondern mit dem Material, dann verbinden sich die Handlungen mit den Rechenoperationen. Die Kompetenz

im schnellen Erfassen von Zahlen, im Unterscheiden von Zehnern und Einern, im Verständnis der Dimension des Zahlenraumes bis 100 sowie im Zerlegen von Zahlen bis 10 wird ebenso gestärkt wie die im Kopfrechnen und schließlich im Umgang mit Zehnerübergängen. Diese Handlungen sind also strukturorientiert. Das heißt, sie benutzen mathematische Aspekte wie Zerlegung, Bündelung, Entbündelung und bereiten mit den Zehnerstäben das Verständnis für unser dezimales Stellenwertsystem vor. Daher bildet die Arbeit mit Plättchen und Stäben, beziehungsweise Würfeln und Stangen, beim Erwerb einer einsichtig fundierten Kopfrechenkompetenz einen zentralen Baustein im Unterricht der ersten und zweiten Klasse, sowie im Förderbereich.
Sind die Lege- und Handlungsvorgänge im Prinzip bekannt, so kann an dieser Stelle die Rechenkompetenz dadurch gefördert werden, dass man diese konkreten Erfahrungen rein vorstellungsmäßig verankert. Auf einer ersten Stufe lässt sich das Rechnen in der Form variieren, dass das Kind einem anderen die notwendigen Rechenhandlungen anweist. Dies wird dadurch in einem zweiten Schritt verschärft, dass diese Anweisung ohne Blickkontakt auf das Material geschieht. (Diese Idee habe ich bei Schipper/Raddatz gefunden.) Ferner ist es bei Kindern, die die Verfahren offensichtlich sicher beherrschen, sinnvoll, die Vorgänge ikonisch oder auch mit Zahlen in Form eigener Notationen darstellen zu lassen. Dieses durch Notationen gestützte Kopfrechnen klärt einerseits beim Kind den inneren Rechenweg und stärkt andererseits seine Kopfrechenkompetenz, die ja das angestrebte Ziel des Rechenunterrichts bleibt.

3.3 Rechnen mit Geld

Immer wenn im Rahmen von Sachaufgaben Geld als Preis, als Wert, als Taschengeld oder in einer anderen Funktion des Alltags auftaucht, ist es sinnvoll, dieses *Geld als Teil der Wirklichkeit* durch das konkrete Rechnen in die Klasse zu holen. Dabei werden nicht nur die in den Aufgaben behandelten Vorgänge verständlich. Der im Blick auf das Rechnen bildende Wert liegt dabei vor allem darin, dass Geld als Zahlungsmittel eine Zwischenstufe zwischen den konkreten Zählmaterialien und den abstrakten Zahlen einnimmt.

Einerseits sind die Münzen den Kindern konkret fassbare und vertraute Dinge. Sie kennen sie aus ihrem Alltag. Rechnet man etwa Preisaufgaben mit Geld nach, so sind die Münzen weniger ein didaktisches Material als vielmehr die Realität selbst, die kennen gelernt werden soll. Gleichzeitig repräsentiert die 1-Cent-Münze einen Einer, ohne dass man das erläutern müsste. Auf ihm baut die Wertigkeit der anderen Münzen auf. Zumindest für jene Kinder, die die Tatsache unterschiedlicher Wertigkeit bereits erkannt haben. Durch Umtausch größerer Werte in kleinere können damit alle Aufgaben – zur Not sogar als reine Abzählaufgaben – gelöst werden, warum Geld in dieser Form bereits ab der ersten Klasse bei der Lösung von Sachaufgaben einsetzbar ist (siehe A 1.3).
Andererseits ist etwa eine 5-Cent-Münze ein hoch abstrakter Gegenstand, denn sie trägt ihren Wert nur symbolisch. Die fünf 1-Cent-Münzen sind in ihr nicht in gleicher Weise enthalten wie die 5 Würfel in der Fünferstange oder die 5 Plättchen in dem Fünferstab. Es ist eine Verabredung, dass die Münze dem Wert von 5 Einern entspricht, eine Verabredung,

die durch die aufgeprägte ‚5' signalisiert wird. Genau genommen ist die Münze genauso abstrakt wie jenes Zahlzeichen.
Die Münze hat aber den Vorteil, dass sie gehandhabt werden kann. Man kann sie in die Hände nehmen, legen, schieben und sogar umtauschen. Dadurch werden die Vorgänge beim Rechnen sichtbar und verlangsamt. Dadurch sinken auch die Voraussetzungen, die das reine Kopfrechnen an das Vorstellungsvermögen, die Konzentrationsfähigkeit und das Gedächtnis stellen würde.

Was bisher gesagt wurde, gilt in gleicher Weise, wenn man das *Geld als Rechenmittel* einsetzt, was bei den geschilderten Sachaufgaben, die sich inhaltlich um Geldwerte drehen, noch nicht der Fall ist. Hier wird die Realität ja gar nicht übersetzt, sondern nur nachgespielt. Ein Beispiel soll diesen Unterschied verdeutlichen:

Angenommen, die Aufgabe wäre, herauszufinden, wie viele Kinder noch in der Klasse sind, wenn alle Kinder von A bis K beim Schulzahnarzt sind, so wäre diese Aufgabe lösbar, indem die Kinder von A bis K aufstehen, so dass gezählt werden kann, wie viele noch sitzen. Dieses Vorgehen ist sinnvoll, aber es macht die Kinder nicht zum Rechenmittel. Nimmt dagegen jedes Kind von A–K einen Würfel aus der Schale mit den Klassenwürfeln (vergl. S. 40), so entspricht die Anzahl der restlichen Würfel der Lösung. Diese Würfel sind ein Rechenmittel, denn sie übersetzen eine in Anzahlen gegebene Realität auf eine allgemeinere Ebene, mit der praktisch gehandelt werden kann.

Ebenso wenig wie die Kinder selbst ist Geld ein Rechenmittel, wenn etwa das Wechselgeld nachspielend bestimmt wird. Um zum Rechenmittel zu werden, muss es auf einen Rechenvorgang bezogen und es muss *in der Logik des eigenen denkenden Rechnens* verwendet werden. Dass dies beim üblichen Münzgebrauch nur beschränkt der Fall ist, soll diese Aufgabe zeigen:
Wenn wir die Aufgabe ‚73 – 48 =' in der Logik des Alltags lösen wollen, wenn wir sie also als Bezahlvorgang interpretieren, so heißt das, dass jemand zum Beispiel 73 Euro hat, von denen er 48 Euro bezahlen soll. Üblicherweise wird er das mit dem 50 Euro-Schein tun, so dass sich aus dieser Handlung folgende Rechnung ergibt.

$50 - 48 = 2 \qquad 23 + 2 = 25$

Dies wäre auch eine geschickte Art, die Rechenaufgabe zu lösen, und kompetente Rechner werden vielleicht sogar in dieser Form rechnen. Ein durchschnittlicher Rechner oder gar ein Kind im Prozess des Rechnenlernens würde die Aufgabe ‚73 – 48 =' jedoch sicher in anderer Weise, nämlich im Blick auf die Einer und Zehner, angehen.

Auch wenn wir den Sachzusammenhang nicht unterlegen, sondern z. B. die Cent-Münzen in voller Sortierung als ‚Rechenmittel' zur Lösung einer abstrakten Aufgabe zur Verfügung stellen, so nötigt uns dieses Material geradezu dazu, es wie gewohnt rationell, das heißt, aus möglichst wenigen Elementen bestehend, zu verwenden (73 = 50 + 20 + 2 + 1).

Es zwingt uns damit seine Logik auf, denn die Sortierung bildet sich zwangsläufig in die Rechenschritte ab. Mit diesen Münzen wird man vielleicht wie folgt rechnen:

Beispiel: 73 – 48 = 25

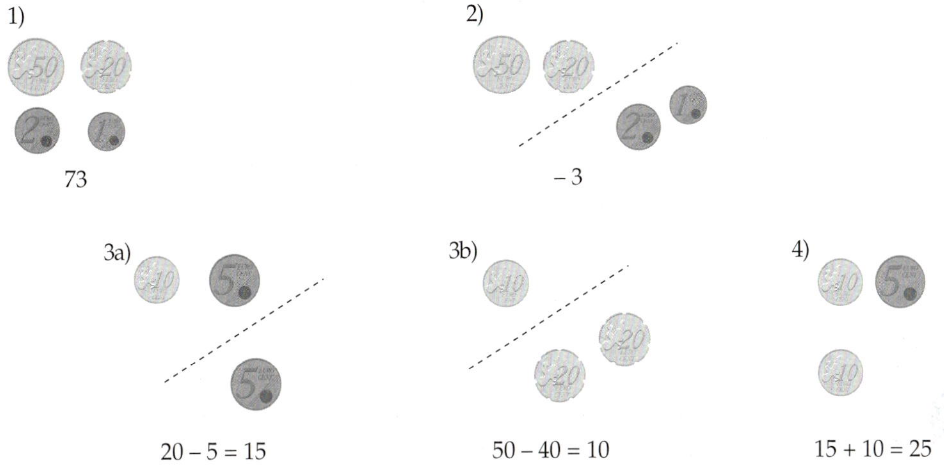

Man sieht, dass die Logik des Rechnens aus dem Material folgt und andere mögliche Vorgehensweisen, die auf weniger differenzierte Bündelungen aufgebaut sind, dominiert. Dies geschieht, weil hier das Geld realistisch, das heißt, unter Einbeziehung aller Münzwerte eingesetzt wird. Dann müssen plötzlich Zwanziger und Fünfziger aufgelöst werden. Aus diesem Grund ist Geld in dieser Form als Rechenmittel – wenn überhaupt – nur tauglich, wenn die Kinder bereits entsprechend kompetent rechnen.
Rechnet man mit Preisen und will die Kinder mit dem sachkundlichen Aspekt des Geldes vertraut machen, so ist es zwingend, auch schon zu einem frühen Zeitpunkt alle Münzwerte zum Einsatz zu bringen. Nimmt man das Geld aber *als Rechenmittel*, so muss es der inneren Logik der Kinder zu diesem Zeitpunkt entsprechen. Es muss die Logik unseres dezimalen Stellenwertsystems nutzen.

In gewisser Hinsicht muss das Geld erst zur Zahl werden. Die Zahl ‚73' lässt sich mit Münzwerten zwar in ‚50/20/2/1' zerlegen, ist in unserer inneren Vorstellung aber nicht in dieser Form strukturiert. Als strukturierte Zahl erscheint sie uns in der Form 70/3, weshalb das Rechenmittel diese Form darstellen sollte.

Das heißt aber ganz wie bei Würfeln und Stangen oder Plättchen und Stäben: Der Aspekt des Einers muss sichtbar sein und um die Bündelung nach Fünfern und Zehnern (später auch nach Hundertern) ergänzt werden. In diesen Grundstrukturen bewegt sich das Rechnen, und daher benutzt man beim Einsatz von Geld als Rechenmittel ausschließlich 1-Cent, 5-Cent und 10-Cent-Münzen.

Auch für das Rechnen mit Geld gilt, dass man unterschiedliche Effekte erzielt, je nachdem, ob man nur mit Einern und Fünfern, Einern und Zehnern oder gemischt mit allen drei Einheiten rechnet. Dies ist beim Einsatz mit zu bedenken, denn im Grundsatz gelten die gleichen Argumente, die oben bei den Würfeln und Stangen (B 3.2) vorgebracht wurden.
Allerdings wird man bei rechenschwachen Kindern und absoluten Anfängern Geld ohnehin nicht als zentrales Rechenmittel einsetzen. Wenn die Aufgaben letztlich doch ‚nur' über das Auflösen der größeren Einheiten und anschließendes Abzählen gelöst werden, so fördert der Umgang mit Geld nur begrenzt. Dann vermögen die Würfel und Fünferstangen die Brücke hin zum Annehmen von Teilstrukturen eher zu bauen.
Sind aber die Grundlagen sicher, das heißt, benutzt ein Kind die Fünfer- und Zehnerstrukturen beim Rechnen und arbeitet es verständig und sicher im Zahlenraum bis 20, dann verwirrt auch das Nebeneinander von 5-Cent und 10-Cent-Münzen nicht mehr, da das Kind diese Münzwerte entsprechend seinen Bedürfnissen einsetzen kann.

Die Rechenvorgänge selbst sind beim Rechnen mit Geld völlig analog zu denen im vorangegangenen Abschnitt. Der Unterschied – und damit auch der bildende Wert – liegt ausschließlich in der höheren Abstraktionsleistung, die hier von den Kindern gefordert ist, weil sie nun nicht mehr mit Fünfern und Zehnern rechnen, die in ihrer Dimension sichtbar, sondern solchen, die nur noch symbolisch vorhanden sind. Insbesondere das virtuelle, nur vorstellungsmäßige Wegnehmen von der 5-Cent oder 10-Cent-Münze erfordert eine bereits vorhandene Sicherheit im Umgang mit den jeweiligen Zerlegungen.

Einige Beispiele mit jeweils unterschiedlichen Lösungsmustern sollen die Lösung von Aufgaben mit dem Rechenmittel Geld einmal in der Sortierung mit Zehnern, Fünfern und Einern, einmal beschränkt auf Fünfer und Einer verdeutlichen.

5 + 8 = 13 Addition mit 5-Cent und 1-Cent Münzen:

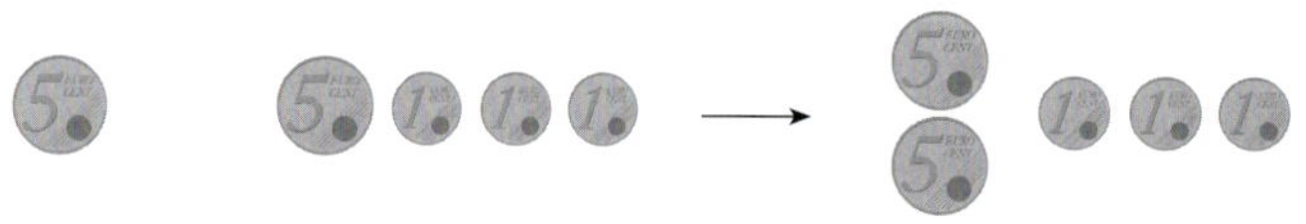

5 + 8 = 13

Der Zehner bildet sich durch Zusammenschieben der Fünfer.

5 + 8 = 13 Addition mit 10-Cent, 5-Cent und 1-Cent Münzen:

5 + 8 = 13

Der Zehner wird durch Umtausch konkret gelegt.

5 + 8 = 13 Addition durch Auflösen der großen Münzwerte:

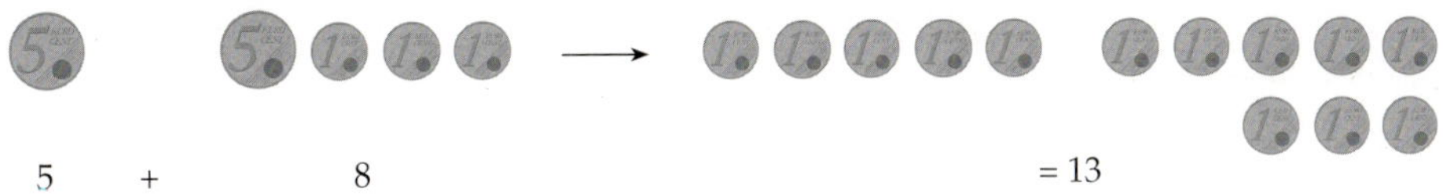

5 + 8 = 13

18 – 9 = 9 Substraktion mit 10-Cent, 5-Cent- und 1-Cent-Münzen:

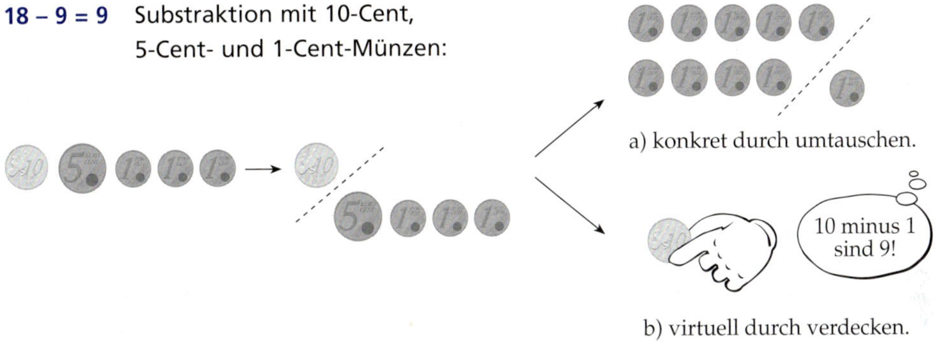

18 – 8 – 1 = 9

18 – 9 = 9 Substraktion mit 5-Cent- und 1-Cent-Münzen:

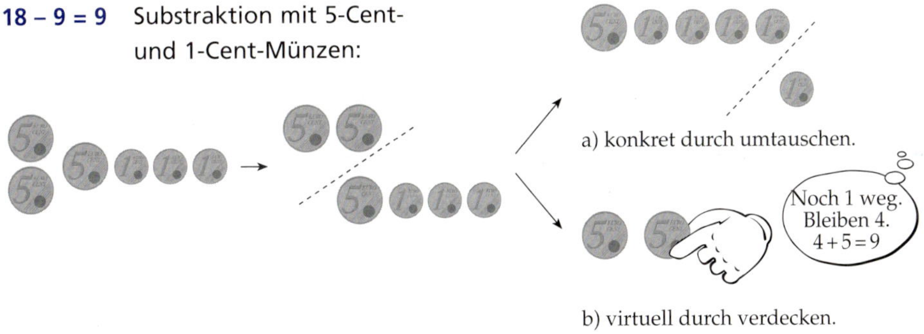

18 – 8 – 1 = 9

18 – 9 = 9 Substraktion mit 1-Cent-Münzen:

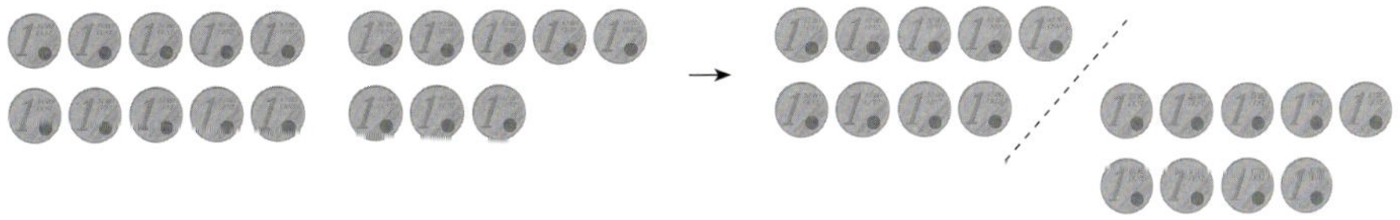

18 – 9 = 9

65 + 27 = 92
Zweistellige Addition mit 10-Cent-, 5-Cent- und 1-Cent-Münzen

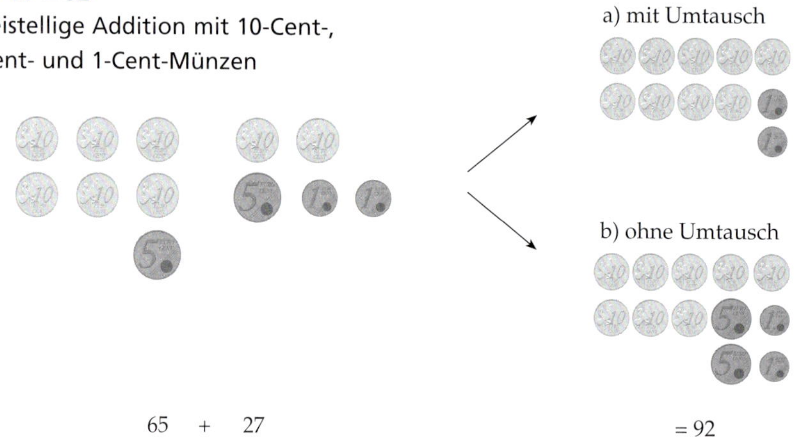

83 – 36 = 13
Zweistellige Substraktion …

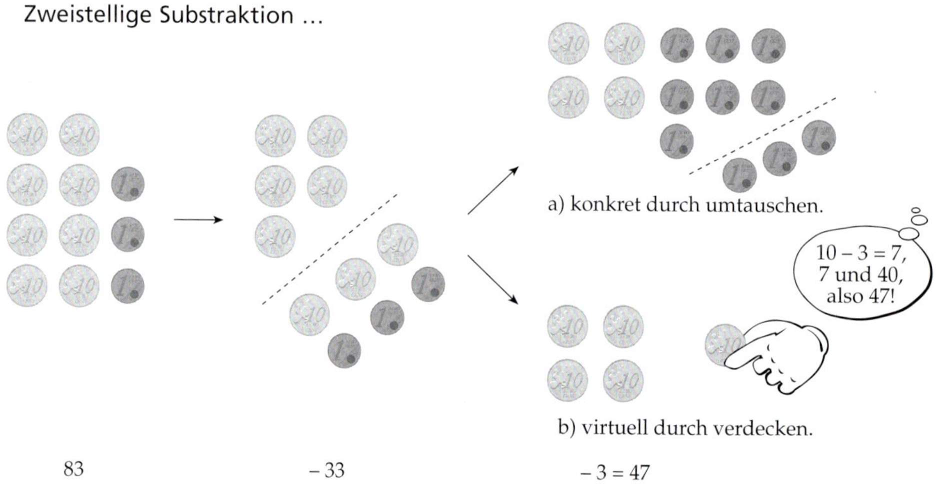

Geld hat als Rechenmittel seinen besonderen Reiz. Es ist extrem handlich und so eine Streichholzschachtel mit Rechengeld hat einen wirklichen Wert. Dieses Material ist durch seine kulturelle Bedeutung auf andere Weise Besitz als die Würfel und Stangen. Da man es aufgrund seiner runden Form nicht so gut in Reihen legen kann, und da ohne 5er- und 10er-Stäbe die Reihe auch gar keinen Sinn ergibt, bietet es sich an, zur Übersicht Muster zu legen, was neue Zahlbilder und Zerlegungsdarstellungen der elementaren Zahlen bis 10 verankert. Daher sollte Geld als Rechenmittel im 1. und 2. Schuljahr sowie im Förderunterricht eine wichtige Rolle spielen.

3.4 Erbsen, Bohnen und Holzstäbchen

Beim Geld sind die verabredeten Werte der Münzen durch entsprechende Aufprägungen sichtbar gemacht. Dass sich hinter der ‚5' oder der ‚10' wirklich nichts anderes als eine Konvention, eine Verabredung, verbirgt, das wird deutlich, wenn wir in der Klasse selbst solche Verabredungen treffen. Verabreden wir Erbsen als Zählmittel, und verabreden wir weiter, dass 1 Bohne gegen 10 Erbsen und 1 Holzstäbchen (Streichholz ohne Kopf) gegen 10 Bohnen getauscht werden kann, so erhalten wir ein Material, mit dem wir nicht nur große Anzahlen darstellen, sondern mit dem wir ebenso selbstverständlich rechnen können. Dabei haftet der Wert den Dingen offensichtlich in keiner Weise an. Er entstand aus einer Konvention, die nun aber in der Klasse genutzt werden kann und für alle verständlich ist (siehe C 3.1).
Der Schritt, in der hier vorgeschlagenen Form mit symbolischen Werten zu rechnen, ist auch deshalb von Bedeutung, weil er sich mit der Zahlraumerweiterung über die 100 hinaus verbindet. Solange man sich noch im Zahlenraum bis 100 bewegt, reicht die gegenständliche Vorstellung von Zehnern und Einern für das jeweilige Rechenkonzept aus. Deshalb können auch rechenschwache Kinder auf dieser Ebene die Zahlen gut interpretieren, weil sie diese eben noch ganz praktisch nehmen können. Erst indem die Zehner selbst wieder gebündelt und zu Hundertern zusammengefasst werden, wird zum ersten Mal die Bündelung als grundsätzliche Idee und weiter anzuwendende Strategie wirklich sichtbar. Es überrascht daher nicht, dass nach der Erarbeitung dieser Tatsache der weitergehende Übergang zu Zehntausendern, Hunderttausendern und Millionen kein kognitives Problem mehr macht.

Damit Erbsen, Bohnen und Holzstäbchen (oder andere in der Klasse verwendete Gegenstände) als Rechenmittel verwendet werden können, müssen sie zuvor als Zählmittel zur Darstellung von Anzahlen, das heißt als Zahlen, erfahren worden sein. (Erbsen, Bohnen, Holzstäbchen und Hörnchennudeln waren das erste Material, mit dem ich arbeitete. Man kann auch Linsen, Sonnenblumenkerne, weiße Bohnen, rote Bohnen, kleine Steine und jedes andere Material nehmen, das gut erkennbar und gleichförmig ist. Natürlich lassen sich auch aus Ton Zählgegenstände mit markanter Form fertigen.

Das setzt seinerseits voraus, dass man sich mit dem Zählen großer Mengen beschäftigt hat:
Aus dem Abzählen sehr großer Mengen und dem Sichtbarmachen der Anzahl durch entsprechende Haufen (s. Foto rechts) entsteht die Idee, große Mengen, die nicht in die Klasse geholt werden können, durch solch ein Zählmittel abzubilden. Hier wird zunächst auf der Ebene einer großen Anzahl nichts anderes gemacht, als im Anfangsunterricht auf der Ebene kleiner Anzahlen. Doch dieses Vorgehen ist bei großen Anzahlen offenkundig unpraktisch, da man unübersichtlich viele Elemente braucht.

So viele Fliesen sind im 1. Stock

Diese Erfahrung ist wichtig. Gerade weil sich das Zählmittel **nicht** eignet, entsteht aus der Erfahrung heraus das Bedürfnis nach Verbesserung. Ohne dieses Bedürfnis aber wird die Genialität, die in der Veränderung der Struktur hin zu symbolischen Bündelungen besteht, nicht erfasst und bleibt der Umgang mit den so verabredeten Gegenständen oberflächlich.

Ist das Problem aber erfahren, so leuchtet die oben beschriebene Verabredung unmittelbar ein: 2 Holzstäbchen, 3 Bohnen und 5 Erbsen stehen damit für die gezählten 235 Fließen im 1. Stock. Wie dieser Zählvorgang direkt in der Logik des Bündelns durchgeführt wird, wird weiter unten (C 3.2) beschrieben.

Finden wir Zählsituationen, bei denen es Sinn macht, die Ergebnisse einzelner Gruppen zusammenzuzählen, so ergibt sich der Übergang des Materials vom Zählmittel zum Rechenmittel von selbst.

Vielleicht kam die eine Gruppe aus dem 2. Stock mit 2 Holzstäbchen, 2 Bohnen und 8 Erbsen zurück und die Gruppe aus dem Eingangsbereich der Schule mit 1 Holzstäbchen und 8 Bohnen. Es ist klar, dass man die Gesamtzahl der Fliesen darüber bestimmt, dass die Einzelergebnisse nun neben- oder untereinander gelegt und dann konkret zusammengeschoben werden.

Addition mit mehreren Summanden: 235 + 228 + 180 = 643

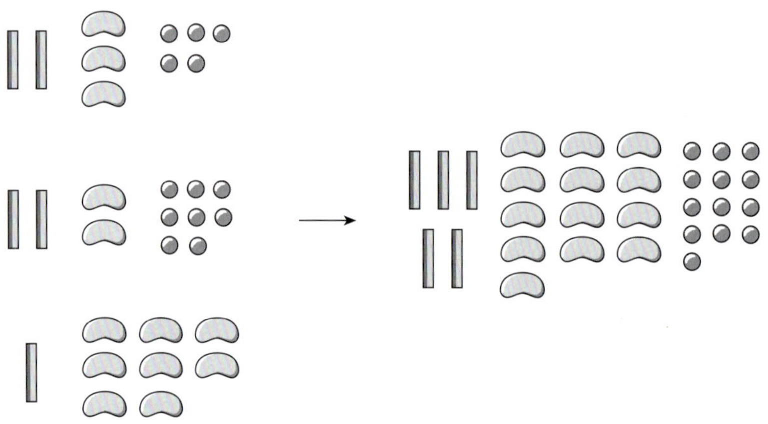

So kann aber das Ergebnis nicht abgelesen werden, weil auf der Einer- und der Zehnerstelle mehr als 9 Elemente liegen. Wie schon beim Zählen müssen also jeweils 10 gegen einen Gegenstand des nächsthöheren Wertes getauscht werden.

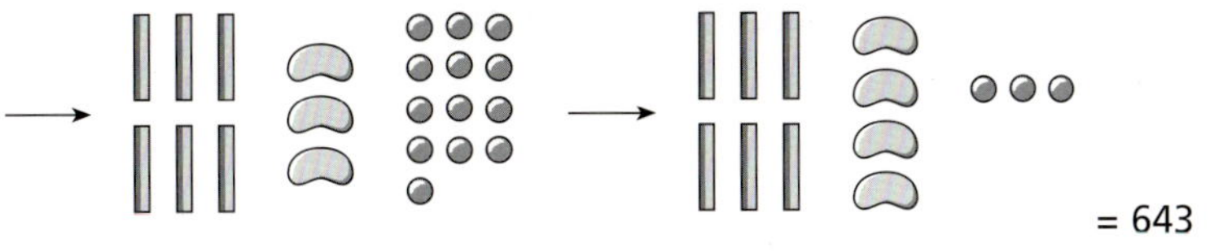

Sind die Gegenstände in ihren unterschiedlichen Wertigkeiten klar, so können auf diese Weise auch Subtraktionen, ja sogar Multiplikationen und Divisionen durchgeführt werden. Dabei sind die Vorgänge vollkommen in der Logik, die die Kinder schon bei den Plättchen und Stäben und beim Rechnen mit Geld kennen gelernt haben. Allein das virtuelle Auflösen verbietet sich hier, da man aufgrund der dritten Stelle zu leicht in Fehler gerät.

Subtraktion mit Übergang: 807 – 385 = 422

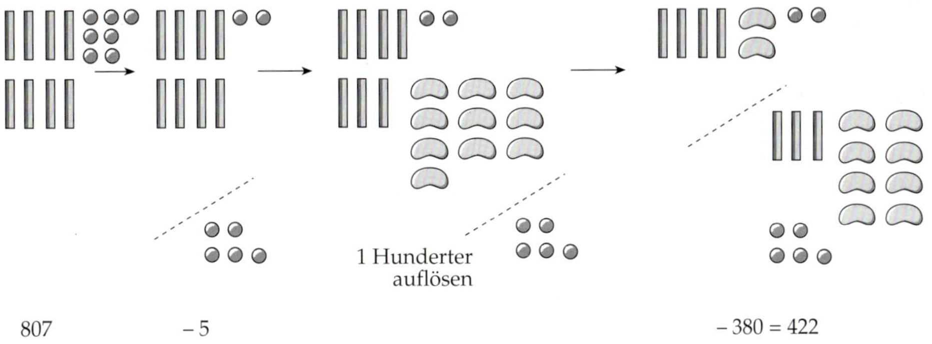

Multiplikation (als fortgesetzte Addition): 5 x 207 = 1.035

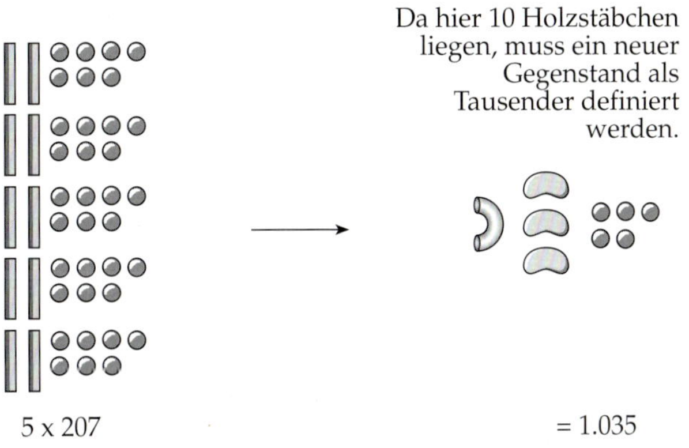

Division als Umkehrung der Multiplikation: 8.412 : 4 = 2.103

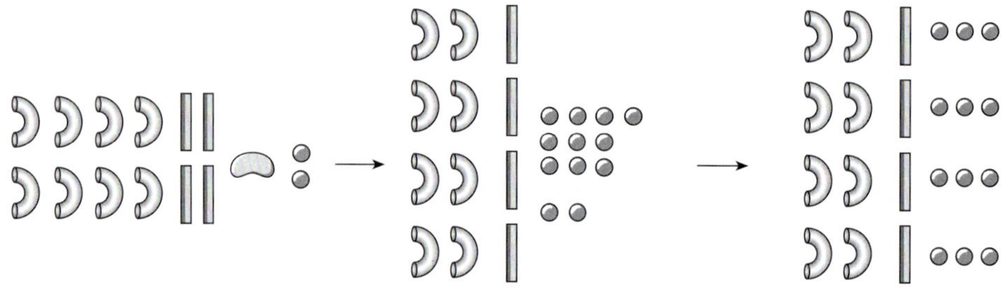

8.412

Da sich die 2 Erbsen und die eine Bohne nicht aufteilen lassen, muss die Bohne erst in 10 Erbsen zurückgewechselt werden.

: 4 = 2.103

Die Erfahrung, dass Zahldarstellungen und auch deren Strukturierung letztlich Konventionen, das heißt, von Menschen geschaffene Sachen, sind, hilft den Kindern, wirklich frei, eigenständig, einsichtig und kreativ mit Anzahlen zu operieren. Diese Ebene fördert die Entwicklung, wenn das Fundament sicher steht. Sie ist aber noch nicht erforderlich, wenn es darum geht, in den Umgang mit Zahlen und in das Grundrechnen einzusteigen. Vielmehr setzt es eine gewisse Erfahrung im Rechnen und innere Sicherheit voraus, den Zahlen durch die eigene Schöpfung endgültig ihren Eigenwert zu nehmen. Dieser Schritt sollte daher nicht geschehen, bevor nicht die Grundfertigkeiten des Rechnens und die Grundeinsichten in den Umgang mit unseren konventionell gebräuchlichen Zahlen gesichert sind. Im Allgemeinen wird das erst in der 3. Klasse der Fall sein. Dies auch, weil erst in diesem Alter die konkreten Operationen (Piaget) als Grundlage des Denkens für die Kinder wirklich gefestigt zur Verfügung stehen.

Zum Umgang mit Erbsen, Bohnen und Holzstäbchen als Rechenmittel passen Regentropfen, Wolken, Monde und ähnliche klare Symbole, die als eigene Zahlzeichen in der gleichen Logik stehend, ebenfalls als Rechenmittel gebraucht werden können. Ausgehend von den ägyptischen Zahlzeichen lassen sich als Notationsform eigene Zahlzeichen entwerfen und in der Klasse verwenden. Gerade die ägyptischen Zahlzeichen mit ihren geordneten Mustern geben ein gutes Beispiel dafür, dass Zahlzeichen nichts anderes sind als schriftliche Darstellungen unserer unterschiedlich wertigen Gegenstände. Schon wenn ich meine Gegenstände nicht mehr handhabe, sondern die Vorgänge aufzeichne, erhalte ich Zahlzeichen. Die gemalte Erbse steht für die wirkliche und wird zur Verdeutlichung ein Kreis, während die Bohne zum Oval wird und der Stab zum Strich. Nicht anders sind die ägyptischen Zahlzeichen aus konkreten Vorstellungen (Seil, Kaulquappe, Lotusblume) entstanden.

Der besondere Vorteil solcher dezimal strukturierter, aber noch nicht in der Stellenwertlogik stehender, Zahlzeichen ist, dass sie an die natürlichen Vorstellungen von Menge, Zufügen und Wegnehmen besser anknüpfen. Es sind tatsächlich viele Zeichen und es werden mehr, wenn man welche dazu tut und weniger, wenn man sie wegnimmt. Nur damit es nicht zu viele werden, schafft man sich höherwertige, welche aus den niederen hervorgehen. So steht ein Strich für ein Holzstäbchen und damit für 100 Erbsen. Diese Erfahrung gibt den eigenen Zahlzeichen ihren sinnlichen Wert. Diesen können die Kinder auf ihre aus der Fantasie geschöpften Zahlzeichen wie Regentropfen, Wolke und Mond übertragen, was dann so aussehen kann:

Beispiel Addition: 387 + 225 = 612

1. Zeichnen der Summanden

(Im Blick auf die einfachere Zusammenfassung durch Umkreisen werden die Summanden untereinander geschrieben. Diese Notation entspricht dem anschließenden Legen auf dem Rechenbrett und bereitet die schriftlichen Verfahren vor.)

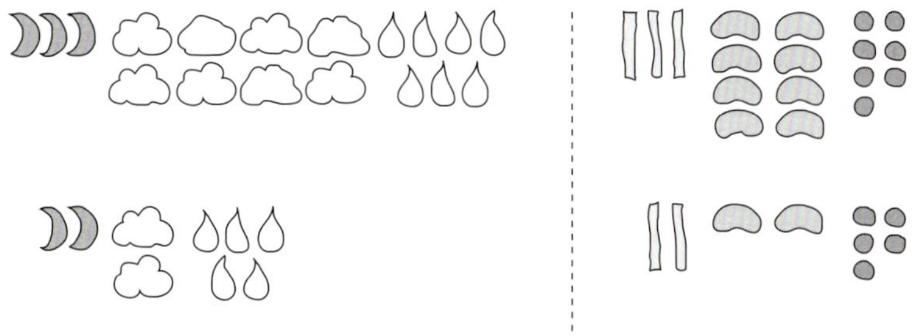

2. Zusammenfassen:

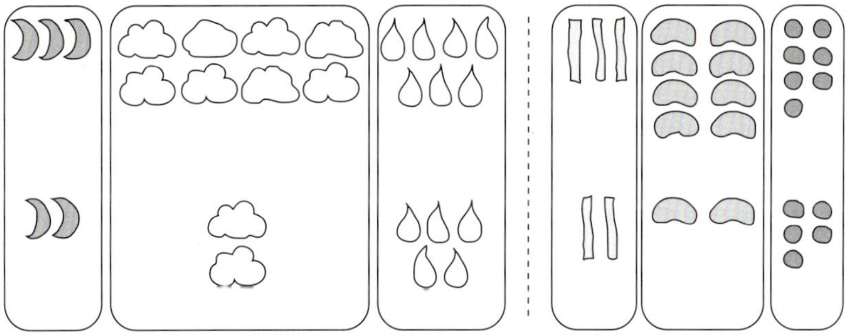

3. Wo möglich, 10 Elemente zu einem der nächsten Einheit tauschen:

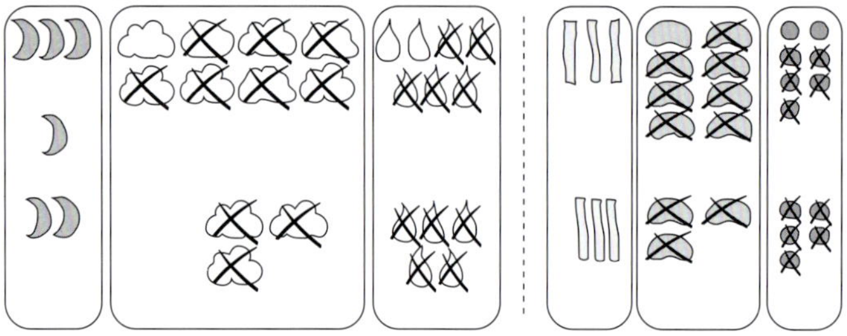

4. Ergebnis ablesen: 612

Beispiel Subtraktion: 807 – 385 = 422

1. Minuend legen:

2. 5 Einer wegnehmen:

3. 1 Hunderter gegen 10 Zehner tauschen:

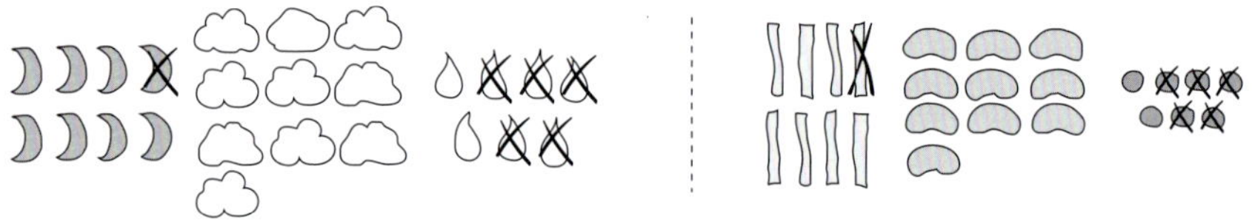

4. 3 Hunderter und 8 Zehner wegnehmen.

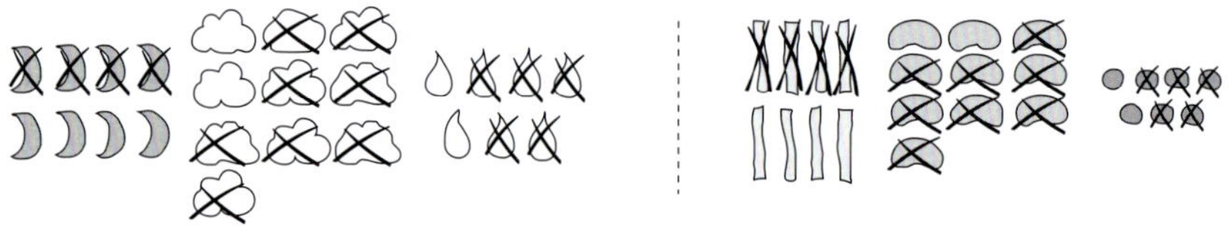

5. Ergebnis ablesen: 422

Diese eigenen Notationen sind – gemessen an den inzwischen beherrschten Rechenverfahren – wenig rationell. Sie geben keinen praktischen Zugewinn, weshalb man die Arbeit mit ihnen nicht über das Maß hinaus ausbauen muss, das den Kindern wirklich Spaß macht.

Die Erfahrung, eigene Zahlzeichen und Rechenverfahren auf der Basis dezimal strukturierter Zeichen entwickelt zu haben, sollte aber nicht übergangen werden, denn sie ist bildend.
Zum einen erfahren die Kinder eindrücklich, dass alle Mathematik eine menschliche Schöpfung ist. Sie ist ein Handwerkszeug, das sich durch die Ideen der Menschen im Laufe der Jahrtausende entwickelt hat, um Probleme des Alltags zu bewältigen. Zum anderen erfahren sie gerade dadurch, dass hier an Hand der eigenen Geschöpfe zwar *mit unterschiedlichen Wertigkeiten, aber noch nicht in Stellenwerten* gerechnet wird, diese Besonderheit der uns gebräuchlichen Zahlen. In der Abweichung wird die Bedeutung dieser fundamentalen Eigenschaft erkannt, die unter anderem darin zum Ausdruck kommt, dass man bei dieser Form der Notation noch keine ‚0' braucht.

3.5 Rechnen am römischen Rechenbrett

Voraussetzung für die Arbeit mit dem Rechenbrett ist ein echtes Verständnis für die dezimale Bündelung von Mengen. Die Kinder müssen verstanden haben, wie Zehner aus Einern und Hunderter aus Zehnern durch Bündelung hervorgehen, bzw. Einer aus Zehnern und Zehner aus Hundertern durch Auflösen erhalten werden können. Das sollte nicht nur als Wechseln von Geldmünzen, sondern mit echten Mengen eingängig erfahren sein. Deshalb ist die im vorangegangenen Abschnitt und im Kapitel zum 3. Schuljahr dargestellte Arbeit so wichtig. Ist das der Fall, so können die Kinder die geniale Idee nachvollziehen, die bei den Römern darin bestand, den unterschiedlichen Werten unterschiedliche Positionen auf dem Brett zuzuweisen, wodurch eine äußerliche Unterscheidung der Werte nach Größe oder Form nicht mehr notwendig war. Nun konnte mit einheitlichen Plättchen (Calculi) gerechnet werden.[21]

Vorbereitung

Jedes Kind sollte ein eigenes Rechenbrett und 50 eigene Calculi haben. Man kann dafür eine Pappe in DIN-A4-Format und kleine Plastikplättchen nehmen, aber diese einfachste Form hat Nachteile. Die Pappe verknickt und ist etwas zu klein, wodurch die Plättchen leicht in die Nachbarspalte rutschen. Besser ist ein 36 cm breites Holzbrett, was gerade noch in den Ranzen passt und nicht verknickt. Schließlich sollen die Kinder ja auch zu Hause mit dem Brett arbeiten und die Arbeit mit dem Rechenbrett kann sich sinnvoll über mehrere Wochen hinziehen. Man kann sogar später, bei der Einführung der schriftlichen Multiplikation und Division, wieder darauf zurückkommen.
Nicht notwendig aber stilvoller als Plastikplättchen sind richtige Tonscheiben, die als Arbeitsmittel eine andere Wertschätzung erfahren und daher nicht so schnell verloren ge-

hen. Dazu muss man zwei Wochen vor dem geplanten Arbeitsbeginn mit den Kindern etwa 1 cm dicke Tonwürste rollen und diese in Scheiben schneiden. Auf einer Seite können die Kinder ein Zeichen eingravieren, so dass sie nach dem Brennen persönliche Calculi haben, die in einer kleinen Dose oder einem Beutel aufbewahrt werden. Da wir auch ,Fünfer' brauchen, sollten neben den kleinen Scheibchen als ,Einer' auch 15 deutlich größere oder quadratische angefertigt werden.

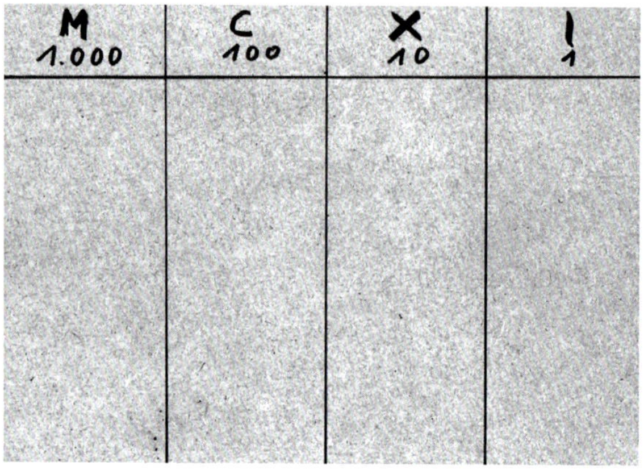

„Römisches" Rechenbrett

Auf dem Brett werden vier 9 cm breite Spalten gezogen. Oben wird eine 5 cm breite Kopfzeile abgetragen, in der man die Stellenwerte markiert und die römischen Zeichen (M, C, X, I) einträgt. Der historische Bezug sollte nicht nur angesprochen, sondern auch sichtbar werden.

Die Zeichen für 500 (D), 50 (L) und 5 (V) lässt man erst mal weg. Sie kommen nur ins Spiel, wenn man in römischen Zeichen notieren will und sie als Merkhilfe dafür nutzt. Ansonsten verwirren sie. Die zweite Spalte ist ja eine ,Hunderter'-Spalte und keine ,Fünfhunderter'-Spalte.

Schließlich malt man sich ein solches Rechenbrett auf Folie, damit man mit dem Overheadprojektor für alle sichtbar gemeinsam arbeiten kann.

Einführung des Bretts und seiner Logik

Um wirklich aufzunehmen, wie natürlich die Rechenverfahren am römischen Rechenbrett sind und wie sich auch die Handlungsschema von Aufgaben mit Übergängen sowie von Multiplikations- und Divisionsaufgaben quasi von selbst ergeben, ist es sinnvoll, diese Vorgänge nicht nur in der Vorstellung mit zu vollziehen, sondern beim Lesen an einem eigenen Brett durchzuführen. Ist nichts anderes zur Hand reicht dafür ein DIN-A4-Blatt mit entsprechenden Linien und eine Handvoll 1-Cent Münzen.

Legt man am Overheadprojektor 2 Calculi auf die Folie in die Hunderterspalte und fragt die Kinder, welche Zahl das darstellt, so ist keine Frage, dass nahezu alle Kinder dies aufgrund des Vorwissens als 200 benennen können und dass es den anderen unmittelbar einleuchtet. Verschiebt man die Calculi in die Tausender- und Zehnerspalte, so erkennen die Kinder auch hier die 2000, bzw. 20. Gerade weil es immer die gleichen Steine sind, die nur verschoben werden, erfahren die Kinder, dass der unterschiedliche Wert nicht mehr den Steinen selbst zukommt, die jeweils immer für Eins stehen, sondern dass die Position des Steines seinen Wert bestimmt. Sie erfahren damit die zentrale Eigenschaft eines Stellenwertsystems.

Nun kann man ihnen Zahlen nennen, welche sie auf ihren eigenen Rechenbrettern selbst legen und die zur Kontrolle am OHP nachgelegt werden. Bei der Auswahl der Werte achtet man darauf, dass die Veränderung zunächst immer nur durch Veränderung der Anzahl auf einer Stelle *oder* durch Verschiebung stattfindet. (Also zum Beispiel: 300, 30, 50, 5000, 5, 1, 1000.) Funktioniert das sicher, lässt sich zu Zahlen übergehen, bei denen mehrere Stellen gelegt werden und die in der gleichen Weise (immer nur eine Stelle ändern, einen Stein verschieben oder zwei miteinander tauschen) variiert werden: 430, 730, 7030, 3070, 3007, 3002, 32, 23, 123, 1230, usw.
Wichtig ist, dabei auch die erstaunliche Tatsache anzusprechen und sichtbar werden zu lassen, dass am Rechenbrett keine ‚0' vorkommt. ‚0' ist ‚nichts' auf einer Spalte! 0 ist auf dem Rechenbrett also kein ‚nichts'. Sie ist vielmehr eine vorhandene, aber leere Spalte, die bei unseren Zahlen gekennzeichnet sein muss, um die höheren Stellen in ihrem Wert zu erhalten. Die Sicherheit im Zahlen legen und Zahlen erkennen, sollte in der Folge durch entsprechende Aufgaben und Partnerübungen (Einer legt, der andere liest. Oder: Einer sagt, der andere legt.) im Rahmen des Wochenplans, der Hausaufgaben oder der Werkstatt weiter geübt werden; auch dann noch, wenn schon gerechnet wird.

Insbesondere sehr schwache Schüler auf unterem Lernhilfeniveau und Schüler mit extremen Problemen im Bereich der Merkfähigkeit oder der visuellen Wahrnehmung sollten dieses Legen und Erkennen von Zahlen immer wieder üben. Wird beim Rechnen dieser Kinder deutlich, dass sie dabei mechanisch arbeiten und die Dimension der Stellenwerte noch nicht wirklich verinnerlicht haben, kann man parallel zu dieser Arbeit auf die Stufe davor, also die des Rechnens mit unterschiedlichen Gegenständen, zurückgehen. Ist die Schwäche nicht so gravierend, empfehlen sich Zählübungen am Brett. (Zählen mit gleichzeitigem Legen von 0–120, von 37 bis 86, von 285 bis 304 oder rückwärts von 120 bis 0, von 255 bis 238, von 74 – 36, usw.) *Auf gar keinen Fall* sollten diese Kinder vom Rechnen mit dem Brett abgekoppelt werden. Gerade das Rechnen mit Übergängen stellt ja – wie oben (B 3.2) erläutert wurde – die Verbindung zwischen den unterschiedlichen Dimensionen sichtbar her. Allenfalls sollte darauf geachtet werden, dass schwerpunktmäßig Aufgaben mit *einem Übergang* an *jeweils einer anderen Stelle* berechnet werden. Denn einerseits soll die Sache nicht zu kompliziert werden. Andererseits muss aber gerade bei diesen Kindern verhindert werden, dass schematisch gearbeitet wird. Dies wird aber sowohl durch Aufgaben ohne Übergang wie auch solche mit Übergängen auf allen Stellen nahegelegt wird.

Addition und Subtraktion ohne Übergang

Sehr schnell kann man auch Additions- und Subtraktionsaufgaben ohne Übergang einführen, da deren Lösung am Brett in ihrer Logik und Durchführung an einem Zahlenbegriff anknüpft, der dem eines Schulanfängers entspricht. Die Vorgänge bewegen sich im Zahlenraum bis 9, bleiben handelnd und sinnlich und interpretieren die Aufgabe als Zufügen und Wegnehmen.
Oben auf der folgenden Seite sind Beispiele zur Addition und Substraktion abgebildet.
Bei der *Addition* werden die beiden Summanden zuerst vollständig und getrennt zeilenweise untereinander gelegt. (1)
Dann wird zusammengeschoben (2) und das Ergebnis kann abgelesen werden.

Beispiel: 325 + 403 = 728

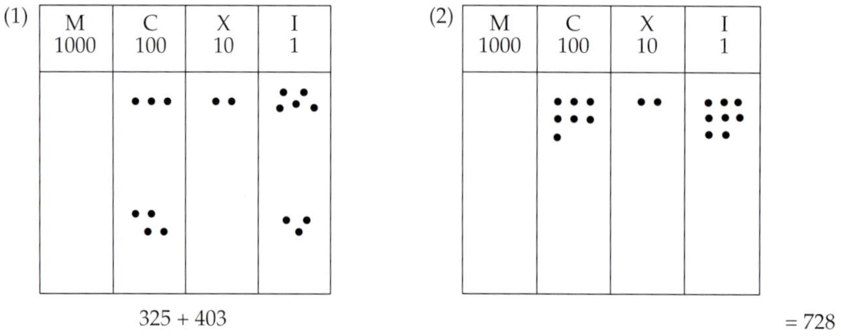

Bei der *Subtraktion* wird zuerst die Ausgangszahl, der Minuend, gelegt. (1) Dann nimmt man die abzuziehende Zahl, den Subtrahenden, nach unten weg vom Brett. (2) Dabei werden die Spalten in Gedanken fortgesetzt. Das Resultat bleibt als Rest *auf* dem Brett liegen.

Beispiel: 876 – 250 = 626

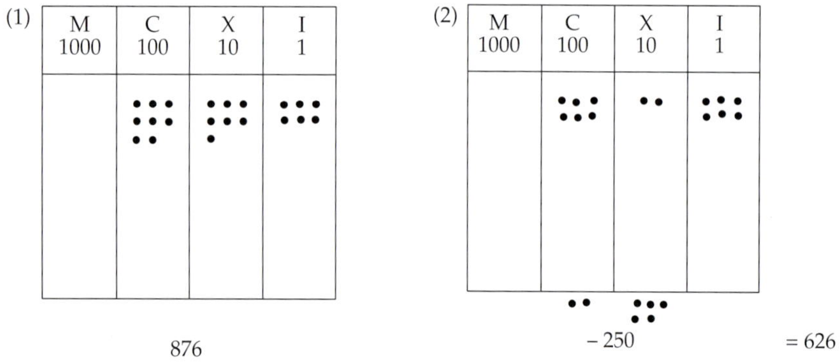

Dadurch, dass der Subtrahend nicht verschwindet, sondern spaltenweise nach unten vom Brett geschoben wird, wird sichtbar, dass eine Zerlegung der Ausgangszahl stattgefunden hat und dass man als Probe die Gegenoperation ausführen kann, indem man die Plättchen unter dem Brett wieder hoch legt und so addiert.

Addition mit Übergang

Ist die Bündelung zu einer höheren Einheit den Kindern aufgrund handelnder Vorarbeiten wirklich vertraut, so erschließt sich die Addition am Rechenbrett mit Übergang aus den zuerst dargestellten Handlungen der Addition und Subtraktion sofort. Sie sollte auch unmittelbar nach dem Grundprinzip des Rechnens am Brett (zusammenschieben, vom Brett

Beispiel: 1.360 + 684 = 2.044

Das Legen der Aufgabe (1) bringt noch keine neue Schwierigkeit.

(1)

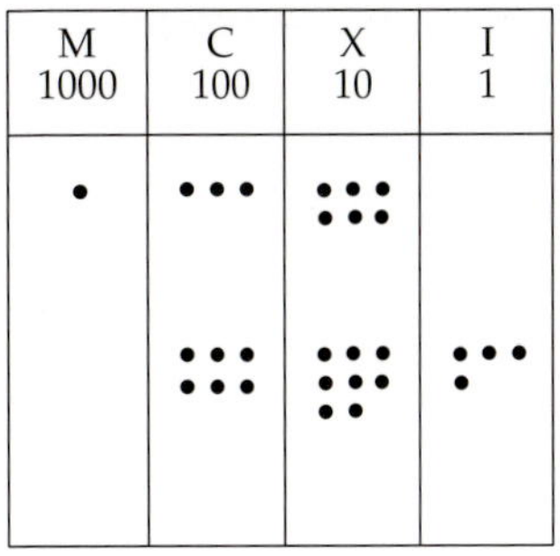

1.360 + 684

Auch die Durchführung der Addition bleibt zunächst unverändert, das heißt, es werden alle Spalten zusammengeschoben. (2)
Das Problem taucht erst jetzt auf, wenn das Ergebnis abgelesen werden soll. Da liegen 14 Zehner und es gibt keine ‚Vierzehnzig'. Hier muss also umgetauscht werden.

(2)

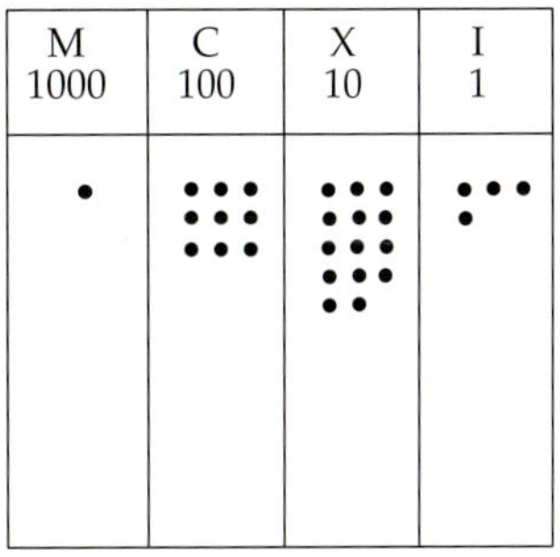

Für 10 Plättchen, die in der Zehnerspalte, die weggenommen werden, wird ein Plättchen in die Hunderterspalte gelegt. (3)

(3)

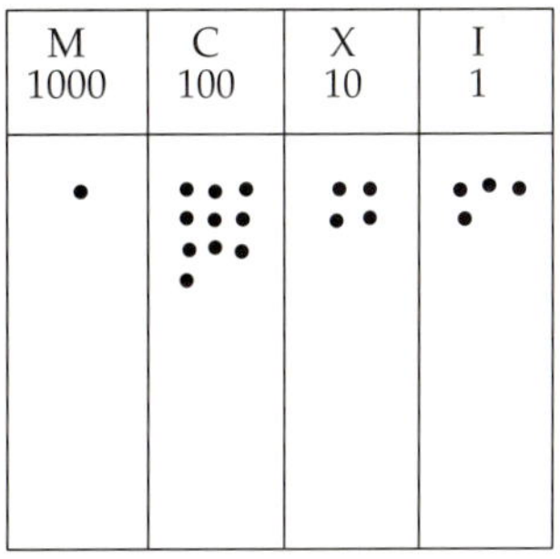

Jetzt haben wir aber plötzlich 10 Plättchen in der Hunderterspalte und wieder das Problem, dass es ‚Zehnhundert' nicht gibt. Also müssen diese 10 Hunderter weggenommen und gegen einen Tausender eingetauscht werden. (4)

(4)

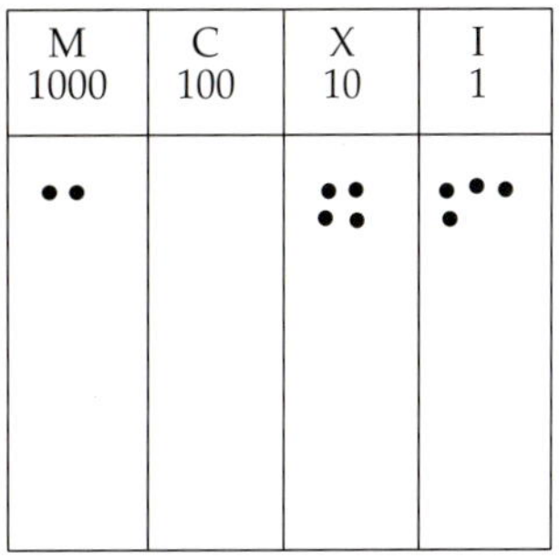

Nun ist das Ergebnis lesbar.

= 2.044

Ganz wichtig bei dieser Einführung und am Anfang der Arbeit mit dem Rechenbrett ist, dass hier wirklich 10 Plättchen weggenommen und zurück in den Vorrat gelegt werden, während von dort ein neues Plättchen genommen und in die nächsthöhere Spalte gelegt wird. Die Qualität des Stellenwertsprunges soll prägnant bleiben!
Nehmen die Kinder die 10 Plättchen vom Brett und legen *eines davon* in die höhere Spalte und 9 weg in den Vorrat, so entsteht sinnlich ja etwas ganz anderes, nämlich eine Zerlegung der 10. Dies soll vermieden werden. Das Signal ‚10 gegen 1' soll beim Tauschvorgang klar und eindeutig bleiben und muss im Unterricht entsprechend thematisiert werden.

nehmen) eingeführt werden. Man läuft sonst Gefahr, dass schwache Rechner den am Stellenwertsystem wichtigeren Aspekt des Bündelns und Auflösens vergessen und stattdessen vor allem den ‚Trick' des stellenweisen Rechnens sehen. Ist die Handhabung von Addition und Subtraktion unmittelbar einsichtig, wird man *noch in der gleichen Stunde* den Übergang am Beispiel der Addition thematisieren. Dabei kann die Lösung von den Kindern selbst gefunden werden, wenn man ihnen eine entsprechende Additionsaufgabe stellt.
Bei der gewählten Einführungsaufgabe finden an zwei Stellen Übergänge statt. Dies ist bei dieser Aufgabe als Einführung möglich, weil der eine Übergang erst nach dem zweiten notwendig wird. Es macht gerade den Reiz dieser Aufgabe aus, dass sie das Neue gleich zweimal ins Spiel bringt. In beiden Fällen hat man das Problem aber jeweils nur an einer Stelle. Aufgaben mit gleichzeitigen Übergangsproblemen an mehreren Stellen (z. B. ‚3.786 + 1.549 =') eignen sich dagegen für die Einführung nicht.

Subtraktion mit Übergang

Die Subtraktion mit Übergang wird wie die Addition eingeführt, indem man eine entsprechende Aufgabe an die Tafel schreibt und diese gemeinsam am Overheadprojektor legt, bespricht und löst. Dabei vollzieht sich auch dieser Vorgang zunächst ganz genauso wie bei der Subtraktion ohne Übergang. Es geschieht also eigentlich nichts Neues. Allerdings sollte man darauf achten, dass der Übergang bei Lösung der Aufgabe durch Umtausch mit der Nachbarspalte möglich ist. Ein Beispiel ist auf der folgenden Seite dargestellt.

Beispiel: 2.408 – 395 = 2.013

Als erstes legen die Kinder, wie gewohnt, den Minuenden. (1)

(1)

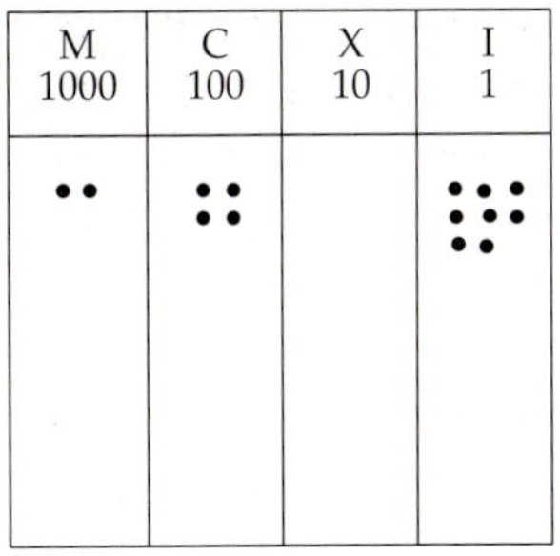

2.408

Dann nehmen sie spaltenweise weg, indem sie die jeweiligen Werte nach unten vom Brett nehmen. Das geht hier aber nicht in allen Spalten. In der Zehnerspalte stehen gar keine Calculi zur Verfügung. (2)

(2)

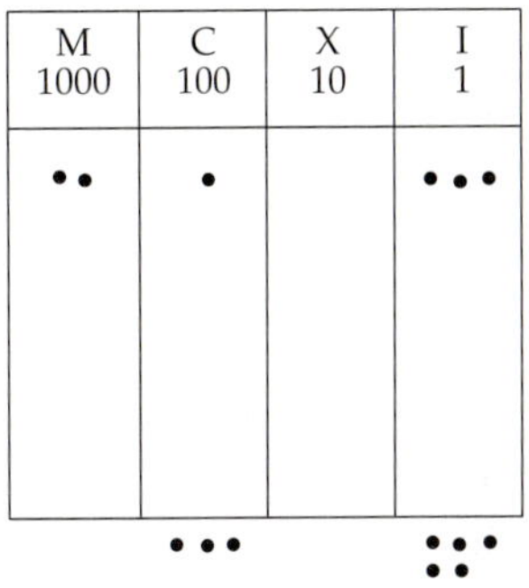

– 305

Es stellt sich also die Frage: Wo bekommen wir Zehner her, wenn da keine sind? Natürlich muss dafür eine Hunderterstelle aufgelöst und in 10 Zehner umgetauscht werden. Man nimmt also ein Plättchen aus der Hunderterspalte weg (wirklich weg in den Vorrat!) und darf dafür 10 neue Plättchen aus dem Vorrat nehmen und in die Zehnerspalte legen. (3)

(3)

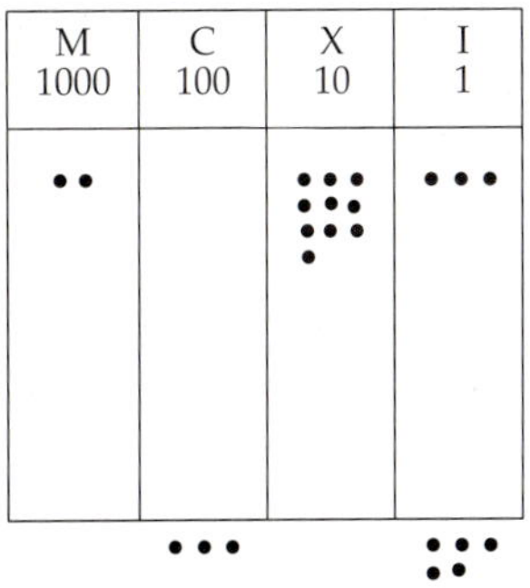

Jetzt kann man die 9 Zehner abziehen und das Endergebnis ablesen. (4)

(4)

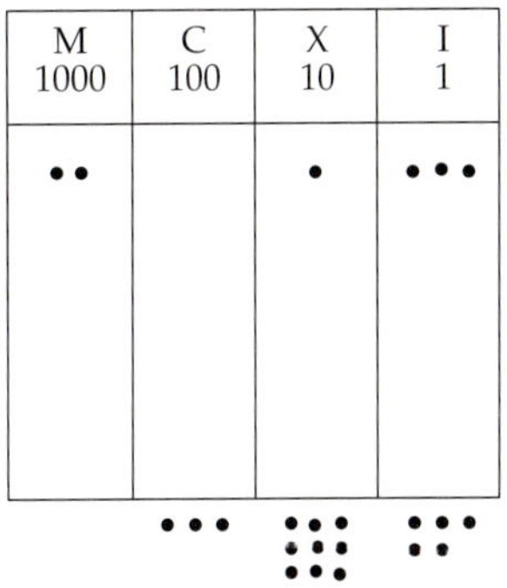

– 90 = 2.013

Auch hier macht es die Tatsache, dass das Ergebnis als Rest und der Subtrahend unter dem Brett gleichzeitig als Zerlegung der Ausgangszahl sichtbar sind, möglich, sofort die Probe zu rechnen. Das ist an dieser Stelle doppelt sinnvoll! Denn einerseits wird die Tatsache verankert, dass Addition und Subtraktion Gegenoperationen sind und daher im Zusammenhang gesehen werden können, was manchmal das Rechnen erleichtert. (Die Aufgabe ‚383 – 379 =‚ interpretiert und rechnet man zum Beispiel besser als Ergänzungsaufgabe ‚379 + ____ = 383')

Und andererseits wird die für manche Kinder schwierigere Auflösung des Hunderters noch einmal plausibel gemacht. Indem man den Hunderter bei der Gegenoperation wieder entstehen lässt, beweist sich, dass man beim Rechnen wirklich in beide Richtungen (auflösen und bündeln) je nach Bedarf denken und handeln kann.

Die hier als Einführung genommene Aufgabe greift bewusst die Erfahrung der ‚0', das heißt der leeren Spalte, auf. Dies sollte aber durch gemeinsam gerechnete Aufgaben ergänzt werden, bei denen die Ausgangssituation keine leere Spalte, sondern eine mit zu wenigen Plättchen ist.

Beispiel: 2.365 – 1.452 = 913

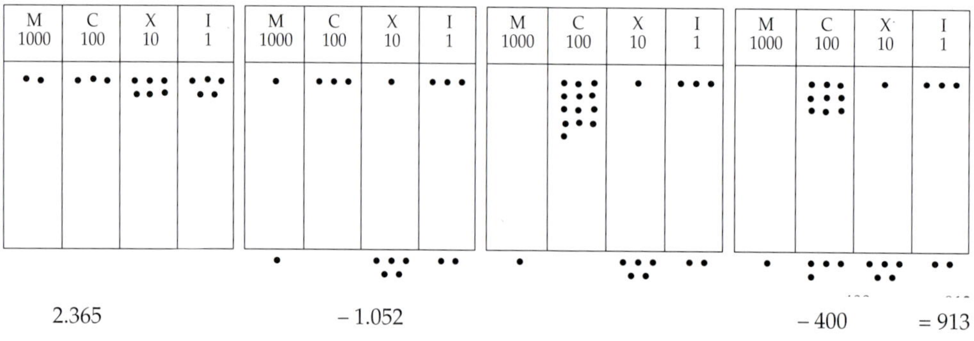

Ist das Grundprinzip an zwei oder drei Aufgaben geklärt, können die Kinder allein bzw. mit Partner oder in Kleingruppen rechnen. Dabei empfehlen sich Aufgaben, die den Zehnerübergang weiter nur auf einer Stelle haben. Statt eines Lösungsblattes fordert man die Kinder auf, die Probe zu rechnen, das heißt, nach der Subtraktion und nach der Notation des Ergebnisses die sich ergebende Additionsaufgabe aufzuschreiben, zu rechnen und schließlich an deren Ergebnis die ursprüngliche Rechnung zu kontrollieren.

Kraft der 5

Das Rechnen am Brett hat *einen* großen Nachteil und eine daraus resultierende Fehlerquelle. Die vielen Plättchen liegen unübersichtlich. Man kann das Ergebnis oft nicht spontan ablesen. Und wenn man nicht sorgfältig arbeitet, rutschen leicht Plättchen in Nachbarspalten und führen zu falschen Resultaten. Um die Übersicht zu waren, lohnt es sich auch hier, ganz in der Logik der 5er-Stangen oder der 5-Cent-Münzen, deutlich unterscheidbare 5er-Plättchen zu verwenden. Diese können sich in der Größe oder auch der Form unterscheiden.

An diesem Punkt erweist es sich als hilfreich, wenn bereits seit der ersten Klasse im empfohlenen Sinne mit Material gerechnet wurde. Den Kindern ist dann der an dieser Stelle ins Spiel gebrachte Fünfer nichts Neues, sondern das Hantieren innerhalb einer Stelle entspricht vollkommen der Erfahrung des Rechnens seit der ersten Klasse. Das macht es rechenschwachen Kindern bis hin zum schwachen Lernhilfeniveau möglich, ohne weitere äußere oder innere Differenzierung am Unterrichtsgeschehen teilzunehmen. Und es besteht die Chance, dass diese Kinder an diesem scheinbar späten Punkt im Rechenlernprozess die notwendigen Strukturen bilden und doch noch zu einem fundierten Verständnis unserer Zahlen und den damit in Verbindung stehenden Rechenverfahren kommen.

Beispiel: 3.489 + 5.807 = 9.296

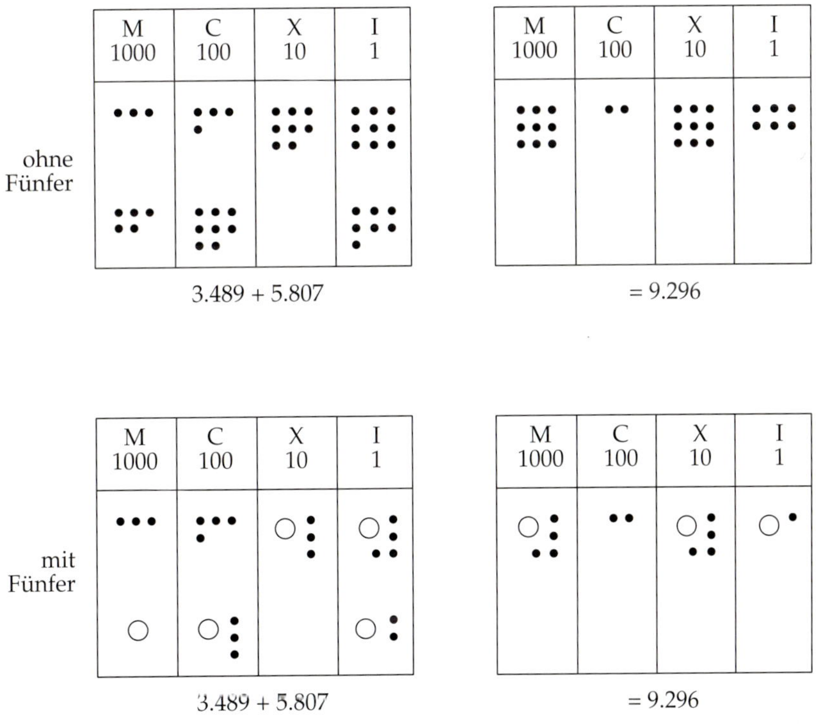

Beispiel: 8.796 – 7.017 = 1.779

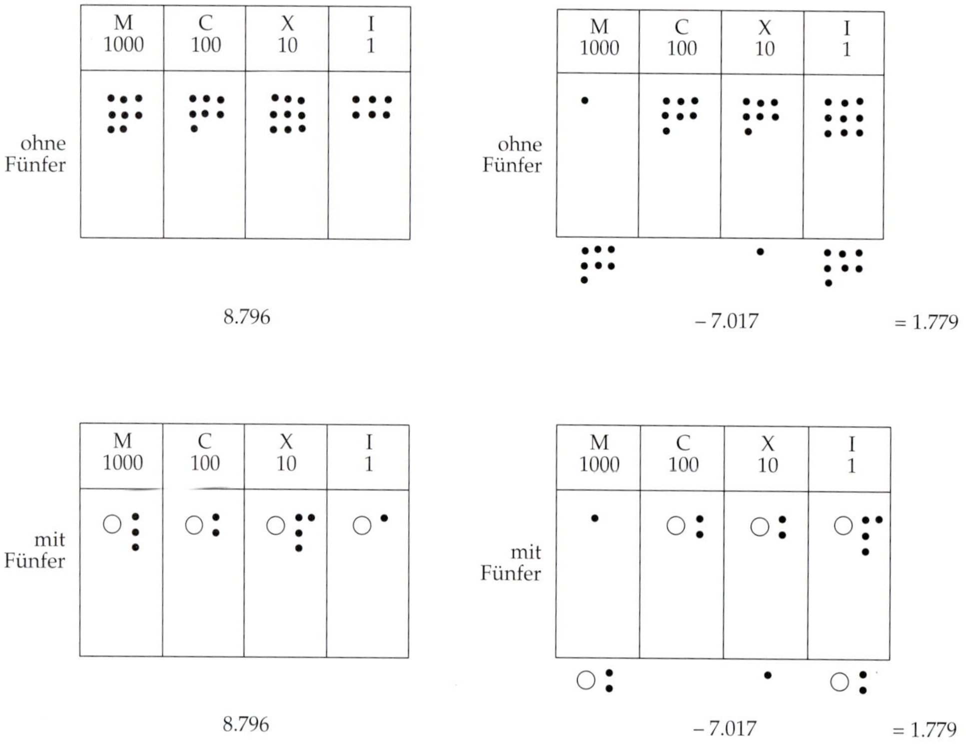

Der Nutzen der Fünfer leuchtet den Kindern unmittelbar ein, und es sind sehr wenige Kinder, die ein Problem damit haben, neben dem Tauschen zwischen den Stellen auch das Umwandeln der Fünfer mit zu beachten. (Wenn man will, können gute Schüler in dieser Phase die römischen Zahlzeichen auch zum Aufschreiben verwenden. Allerdings bringen sie eine neue Logik ins Spiel, da diese nicht mehr rein additiv (IIII, LXXXX) geschrieben werden, sondern nun mit der Subtraktion gearbeitet wird (IV, XC). Sie stellen also ein eigenständiges Thema dar und müssen als solches behandelt werden.)

Schwierigere Aufgaben und Rechenroutinen

Lässt man die Kinder die Additions- und Subtraktionsaufgaben mit dem Rechenbrett zunächst frei lösen, so zeigt sich, dass verschiedene Rechenwege möglich sind. Wir können von rechts nach links oder von links nach rechts rechnen. Wir können auch erst die Spalten bearbeiten, die unkompliziert sind, weil kein Übergang stattfindet und uns dann denen mit Übergängen widmen. Wir können auch völlig unsystematisch arbeiten. Solange wir letztlich in allen Spalten die geforderte Subtraktion oder Addition durchgeführt haben, kommen wir auf jeden Fall zum richtigen Ergebnis. Man kann das leicht überprüfen, indem man eine Additions- oder Subtraktionsaufgabe einmal völlig durcheinander löst.

Die Frage, welche Routinen sinnvoll sind und vielleicht vereinbart werden sollten oder ob man die Kinder völlig frei arbeiten lässt, stellt sich also nur im Blick darauf, welche Techniken ein höheres Fehlerrisiko haben und welche im Blick auf die langfristige Zielsetzung Sinn machen. Im Blick auf die langfristige Zielsetzung gilt es dabei zu entscheiden, ob einem die Hinführung zu den Normverfahren im Vordergrund steht oder die Entwicklung einer der eigenen Logik entsprechenden Form der Notation.[22]
Kommen bei Additionsaufgaben mehrere Stellenübergänge ins Spiel, so ist offensichtlich, dass es keinen Sinn mehr macht, zwischen den verschiedenen Spalten, je nach spontaner Einschätzung, hin und her zu hüpfen. Man wird sich für eine Arbeitsrichtung von links nach rechts oder von rechts nach links entscheiden müssen. Bei der folgenden Aufgabe scheint auf den ersten Blick kein wesentlicher Unterschied zu bestehen.

Beispiel: 3.857 + 2.396 = 6.253

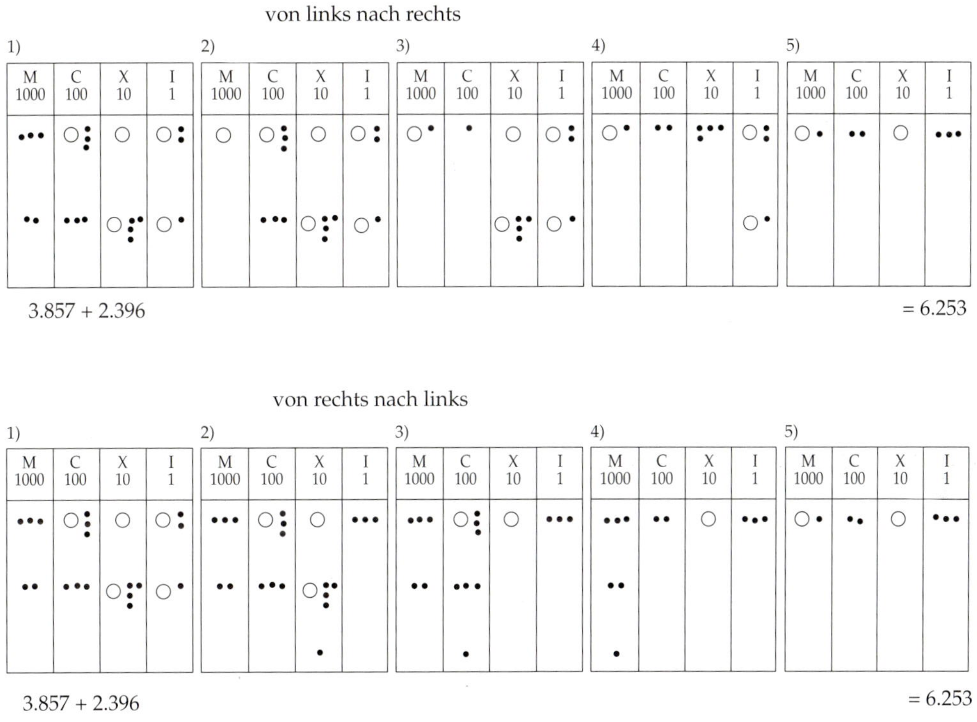

Es fällt nur auf, dass beim Rechnen von links nach rechts das zuerst ermittelte Ergebnis aufgrund des Übertrages bei jeder Stelle wieder korrigiert werden muss. Würde man diese Form auf das schriftliche Rechnen übertragen, müsste man entsprechend jedes vorläufige Ergebnis noch einmal verbessern.
Doch auch am Rechenbrett zeigen sich bei der Arbeit von links nach rechts Probleme, dann nämlich, wenn als vorläufige Ergebnisse Neuner entstehen. In diesem Fall muss man beim Rechnen von links nach rechts zum Schluss noch einmal alle Stellen von rechts nach links durchlaufen.

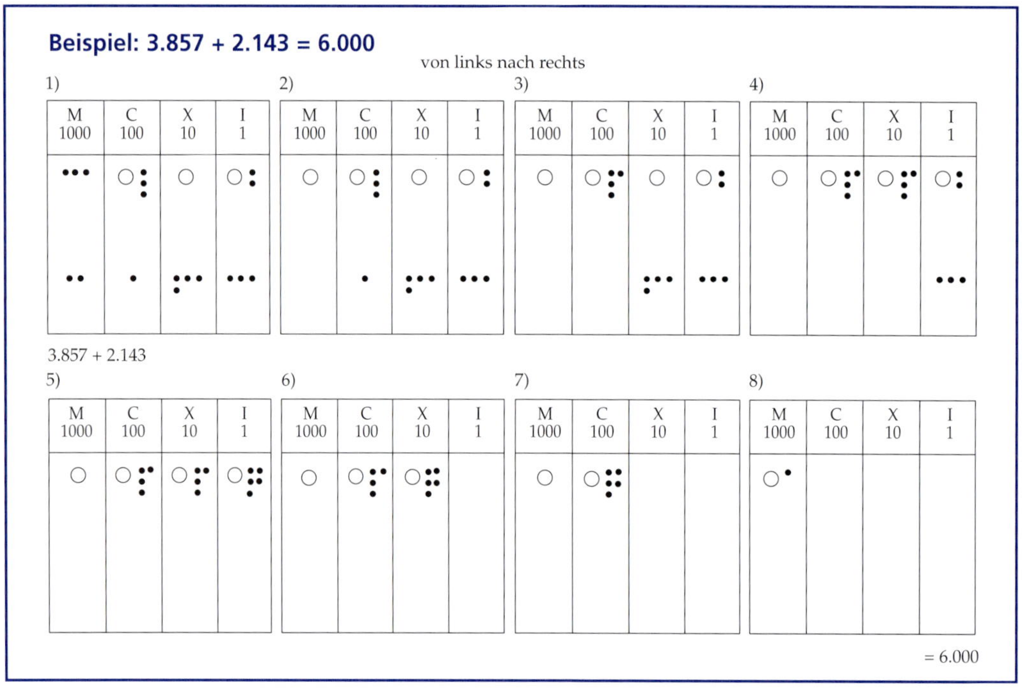

Von rechts nach links hätte diese Rechnung nur 5 Schritte benötigt und so ausgesehen:

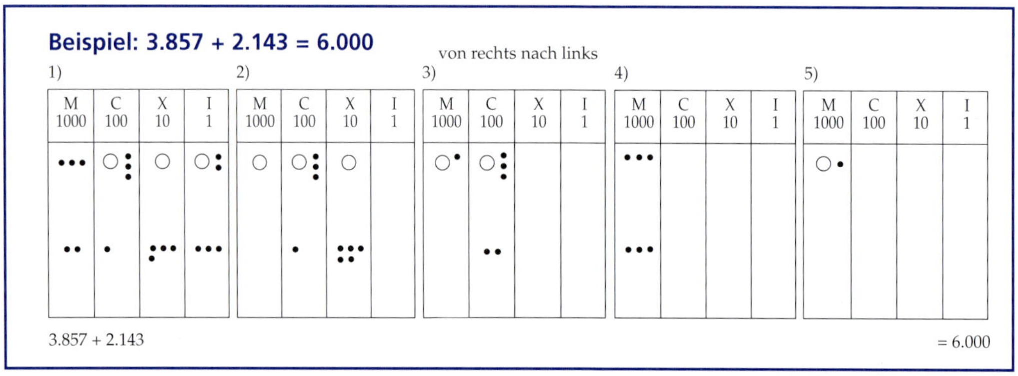

Es zeigt sich also, dass es bei Additionsaufgaben sowohl im Blick auf das zukünftige schriftliche Rechnen als auch aus Gründen der Rationalität am Brett zweckmäßiger ist, von rechts, also bei den Einerstellen, zu beginnen. Dies sollte daher nach einer Phase des freien Rechnens in der Klasse besprochen und gemeinsam entsprechend festgelegt werden, zumal diese Arbeitsrichtung derjenigen bei der schriftlichen Addition entspricht, in welche der Prozess ja münden soll.
Mit dieser klaren Handlungsanweisung sind übrigens auch Additionen mit mehreren Summanden, sofern sie aufs Brett passen, ohne Probleme lösbar. Der einzige Unterschied besteht nun darin, dass manchmal nicht nur 10, sondern 20 Elemente in einer Spalte umgetauscht werden müssen.

Beispiel: 1.566 + 298 + 827 = 2.691

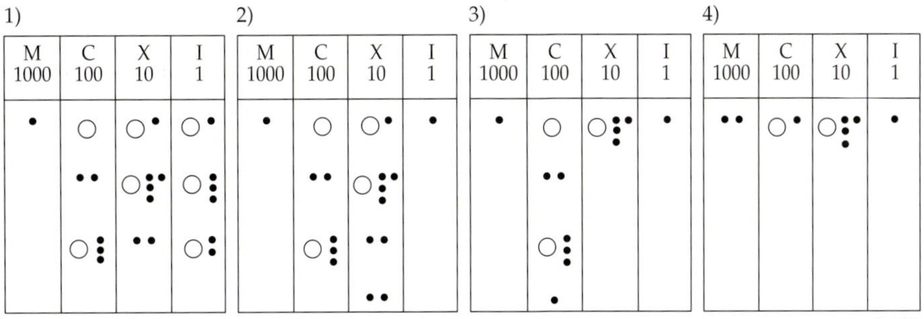

1.566 + 298 + 827 = 2.691

Bei der Subtraktion ist die Sache am Rechenbrett genau umgedreht. Hier wäre eine Logik von links nach rechts angebrachter, weil man dann Stelle für Stelle arbeiten kann. Aufgaben wie ‚2003 – 1518 =', bei denen in der höheren Nachbarspalte keine Calculi liegen, machen nämlich von rechts nach links Schwierigkeiten.

Beispiel: 2.003 – 1.518 = 485 von rechts nach links

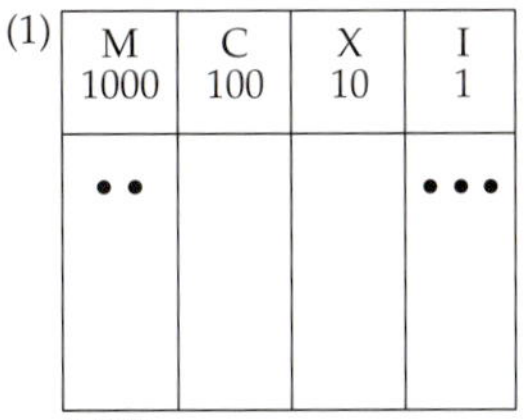

2.003

(1) Da wir von den 3 vorhandenen Einern keine 8 Einer wegnehmen können, müssen wir uns welche aus den Zehnern ertauschen. Nun liegen aber keine Zehner auf dem Brett.

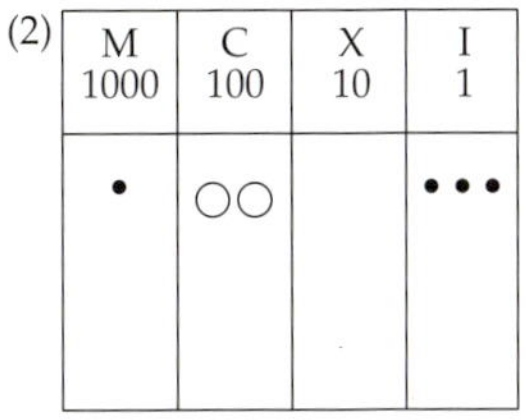

(2) Also müssen wir uns die bei der Hunderterstelle holen, die aber ihrerseits leer ist. Also muss man hier erst einen Tausender in 10 Hunderter tauschen.

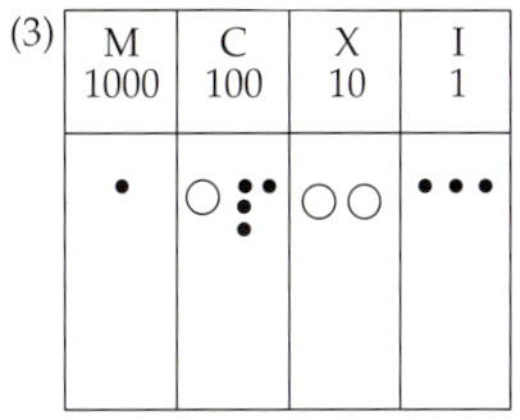

(3) Dann tauscht man einen dieser Hunderter in 10 Zehner.

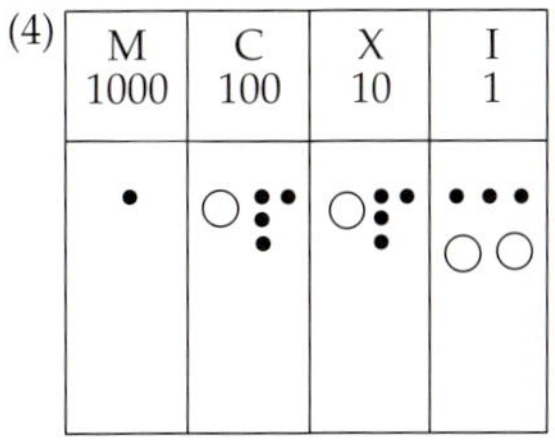

(4) Anschließend wird einer dieser Zehner in 10 Einer getauscht.

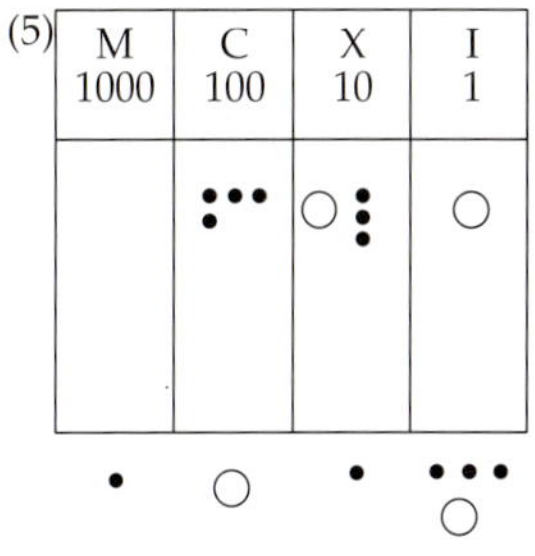

– 1.518 = 485

(5) Erst jetzt lassen sich die 8 Einer ebenso wie der Tausender abziehen.

Hätten wir nicht die Pflicht, die Kinder zu den schriftlichen Normverfahren zu führen, so entstünde die Regel: ‚Additionsaufgaben von rechts nach links lösen und Subtraktionsaufgaben von links nach rechts‘. Das würde auch der Tatsache entsprechen, dass Addition und Subtraktion Gegenoperationen sind, die sich gegenseitig aufheben. Insofern ist es natürlich, dass ihre Übersetzung in Handlungen umgekehrte Handlungsrichtungen erzeugt.

Das wäre gar nicht so unnatürlich wie es auf den ersten Blick scheint, denn es wäre ganz analog zum Vorgehen bei der schriftlichen Multiplikation und Division, wo das Verfahren der schriftlichen Multiplikation (als fortgesetzte Addition) beim kleinsten Stellenwert (also rechts) beginnt, während wir bei der schriftlichen Division (als Gegenoperation) beim größten Stellenwert (also links) zu rechnen anfangen. Wir sind es bei Addition und Subtraktion nur nicht gewohnt, unterschiedlich zu beginnen.

Es lohnt sich daher nachzuprüfen, wohin uns eine Aufschreiblogik führen würde, die – anders als gewohnt – von links nach rechts subtrahiert. Weiter unten im Abschnitt über die schriftlichen Verfahren (S. 122 ff.) stelle ich das dar. Dabei zeigt sich aber, dass auf diesem Wege kein wirklich befriedigendes schriftliches Verfahren entsteht. Insofern empfiehlt es sich im Blick auf die langfristigen Ziele, auch bei der Subtraktion die Regel ‚von rechts nach links‘ einzuführen und die benannte Schwierigkeit in Kauf zu nehmen, bei manchen Aufgaben zunächst über mehrere Stellen auflösen zu müssen.

Subtraktion mit mehreren Subtrahenden

Aufgaben mit mehreren Subtrahenden (z. B. ‚3.489 – 846 – 407 – 1.259 =‘) machen beim schriftlichen Rechnen häufig Probleme, weil die Tatsache, dass die Subtrahenden erst untereinander addiert und dann gemeinsam subtrahiert werden müssen, verwirrend erscheint. Am Rechenbrett lässt sich diese Tatsache gut erarbeiten. Dabei ist die hier vorgeschlagene Erarbeitung der Subtraktion mehrerer Subtrahenden ist keine ‚Veranschaulichung‘ des schriftlichen Verfahrens! Es ist die Erarbeitung der Rechenhandlung zur Lösung eines entsprechenden Problems mit Hilfe des Rechenbretts. Erst später, dann wenn die schriftliche Subtraktion behandelt wird, wird sich zeigen, dass die Vorgänge zu dieser analog sind. Dann kann auf diese Handlungserfahrung zurückgegriffen werden, um das neue Verfahren zu verstehen und einsichtig durchzuführen. Dann kann man den Zusammenhang im parallelen Vollzug auch veranschaulichen.

Um die neue Problematik ins Zentrum der Aufmerksamkeit zu stellen, bietet es sich an, diese nicht durch gleichzeitige Übergangsprobleme zu erschweren, also eine Aufgabe ohne Übergänge als Einführung zu wählen.

3.879 – 1.345 – 213 =

Diese Aufgabe wird gelöst, indem man die beiden Subtraktionen nacheinander ausführt, wie oben auf der folgenden Seite gezeigt wird.

Beispiel: 3.879 – 1.345 – 213 = 2.321

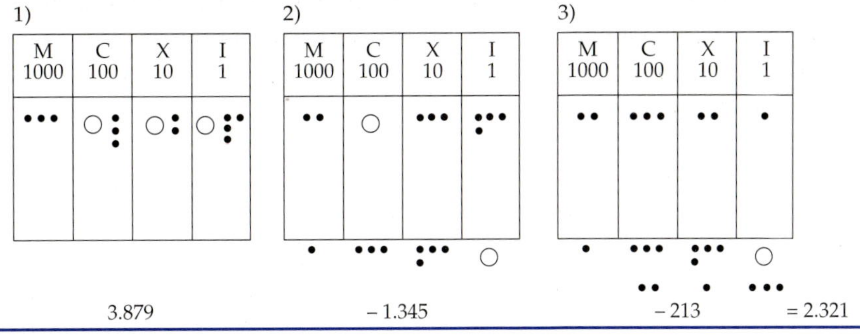

Fragt man jetzt, wie viel da eigentlich weggenommen wurde, so sieht man unten die beiden Subtrahenden als Summe liegen. Erst ‚1.345', dann ‚213', also insgesamt ‚1.345 + 213'. Man kann die Rechnung also nun noch einmal von vorne, aber in einem Schritt durchführen.

Beispiel: 3.879 – 1.345 – 213 = 2.321

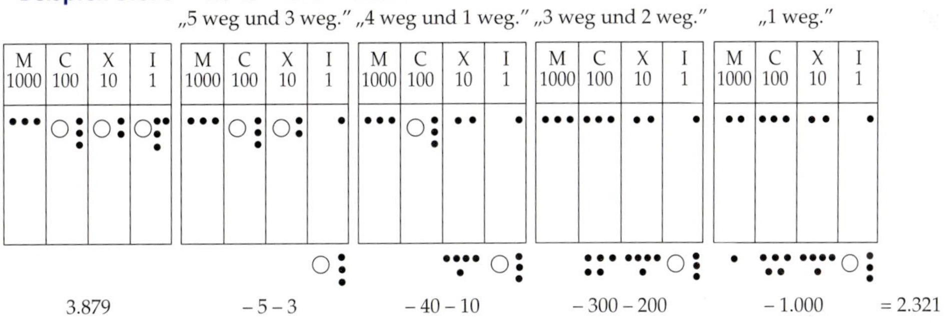

Rechenschwache Kinder können dabei die beiden Subtrahenden wie hier dargestellt jeweils einzeln wegnehmen. Bessere Rechner können die Summe berechnen und auf einmal abziehen, was bei den Zehnern und Hundertern dazu führt, dass hier der Fünfer nicht aufgelöst werden muss, sondern direkt weggenommen werden kann.

Beispiel: 3.879 – 1.345 – 213 = 2.321

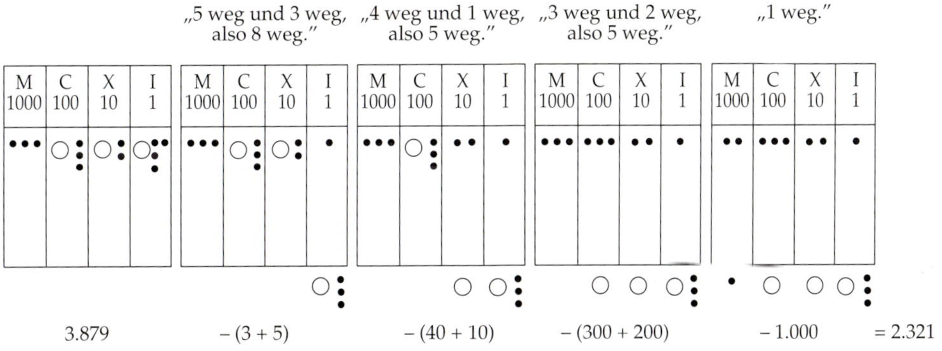

Ist das Prinzip klar, kann man Aufgaben mit Übergang stellen, die dann nichts Neues mehr ins Spiel bringen. Sichere Rechner kann man auch mit längeren Aufgaben und solchen konfrontieren, bei denen zwei Elemente der höheren Stelle aufgelöst werden müssen, weil man mehr als 10 braucht, um abziehen zu können.

Beispiel: 3.489 – 846 – 407 – 1.259 = 977

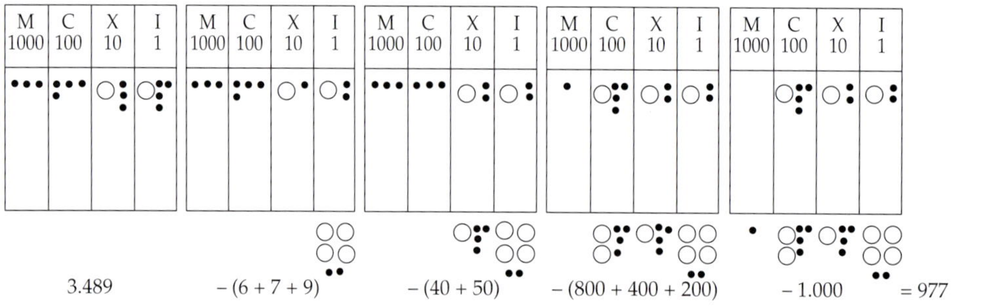

Die Multiplikation

Wird die Addition beherrscht und ist sie auch bei mehreren Summanden geübt, so kann man aus dieser Logik heraus auch Multiplikationsaufgaben berechnen, wobei der zweite Faktor nicht höher als vier sein sollte, weil sonst das Brett unpraktisch wird. Aufgaben wie ‚1.427 x 3 =' aber sollten bearbeitet werden. Dabei können die Kinder die Verfahren am Brett selbstständig entwickeln. Da es sich bei der Multiplikation ja um nichts anderes als um eine Addition mit gleichen Summanden handelt, ist das einfach. Denn es ergibt sich als natürliche erste Handlungsanweisung: Lege die Summanden so oft wie angegeben untereinander, schiebe zusammen und tausche um. In dieser Form erschließt sich die Multiplikation also von selbst.

Beispiel: 1.427 x 3 = 4.281

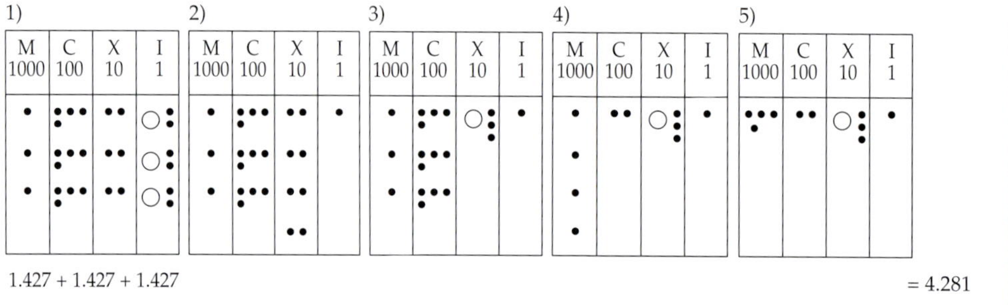

Wer das eine Weile lang getan hat, wird bemerken, dass es unnötig ist, die Anzahl der Plättchen jedes Mal nachzuzählen. Dass da 21 Plättchen in der Einerspalte liegen, 6 bei den Zehnern, 12 bei den Hundertern und 3 bei den Tausendern, weiß man ja schon, denn das sind Aufgaben aus dem kleinen Einmaleins. Gehen wir also nicht von den drei kompletten Zahlen aus, sondern fassen die Spalten nacheinander und einzeln ins Auge, so ergibt sich folgendes Bild:

Beispiel: 1.427 x 3 = 4.281

(1) Als Erstes muss ich dreimal 7 Plättchen legen. Das kann ich mir aber sparen, denn ich weiß schon, dass es 21 sind. 21 darf ich aber nicht legen, weil jeweils 10 einen Wert in der nächsthöheren Spalte ergeben. Also lege ich 2 Plättchen zu den Zehnern und nur ein Plättchen bleibt als Einer liegen.

(2) Nun muss ich bei den Zehnern dreimal 2 Plättchen, also 6 legen. Mit den schon zwei vorhandenen Plättchen habe ich dort also jetzt 8 Plättchen.

(3) Als nächster Schritt kommen die dreimal 4 Hunderter. Wie auf der Einerstelle lege ich von den 12 nur die 2 Plättchen, während ich die 10 Plättchen gegen eines für die nächsthöhere Stelle eintausche.

(4) Zum Schluss kommen zu diesem Tausender noch die dreimal eintausend dazu, und ich erhalte das Endergebnis..

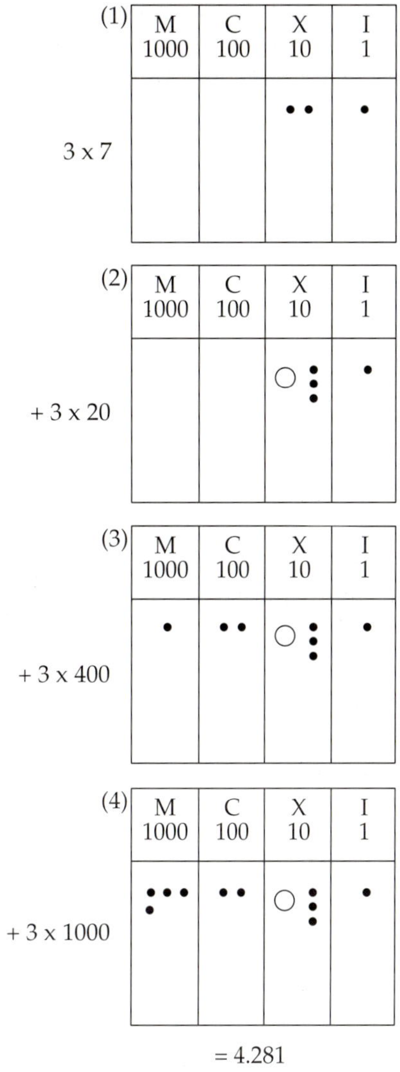

Wird diese Technik beherrscht, dann können auch Multiplikationsaufgaben berechnet werden, bei denen der erste Faktor mit bis zu 9 malgenommen wird. Allerdings ist das an dieser Stelle nicht wichtig. Dieser Aufgabentypus wird sinnvoller behandelt, wenn mit Ziffernplättchen (Apices) gerechnet wird (siehe S. 117 f.).
Die rationelle Nutzung des Einmaleins sollte an dieser Stelle nicht forciert werden. Beides kommt zum Zuge, wenn mit Apices, das heißt mit Ziffernplättchen, gerechnet wird. *Dann* sollten die Kinder wissen, warum sie spaltenweise multiplizieren dürfen. Daher ist *jetzt* vor allem wichtig, dass sie ein Bild der gleichartigen Reihen als Vorstellung festhalten, aus dem sich das fortgeschrittene Verfahren erst ergibt. Dieser Schritt darf also nicht übergangen werden und sollte insbesondere für schwache Rechner absolut im Mittelpunkt stehen.

Die Division

Die Division ist die Umkehroperation zur Multiplikation. Was bei dieser zusammengefügt wurde, muss nun wieder auseinander gezogen werden. Auch an dieser Stelle wird deutlich, wie bildhaft sich die Verfahren am Rechenbrett unmittelbar aus unseren elementaren Vorstellungen ergeben. Aus diesem Grund sollten auch schwache Schüler die Chance bekommen, dass sie die Vorgänge nicht als Schema erlernen müssen, sondern aus der Aufgabenstellung heraus erarbeiten dürfen. Die Einsicht, die mit solchen Lernprozessen verbunden ist und die Erfahrung, die Lösungswege wirklich selbst erarbeitet (gefunden) zu haben, stärkt nicht nur das Selbstbewusstsein, sondern vor allem auch die mathematische Kompetenz beim späteren Rechnen mit Zahlzeichen. Insofern lohnt es, sich hier Zeit zu lassen

Beispiel: 1.392 : 3 = 464

(1) Hinter der Aufgabe ‚1.392 : 3 =' verbirgt sich am Brett die Frage ‚Welche Zahl kann ich dreimal untereinander legen, so dass die Summe genau 1.392 ergibt?' In der Logik der Kinder kann man das zur Einführung sichtbar machen, indem man (wie bei Montessoris Divisionsbrett) drei Kegel neben das Brett stellt und fragt, wie die vorhandene Zahl nun gleichmäßig aufgeteilt werden kann.

(2) Bei den Hundertern und Zehnern scheint das ganz einfach zu sein. Bei den Zehnern muss man zwar erst den Fünfer auflösen, aber die ‚9' war als Signal deutlich genug, um zu erkennen, dass jeder 3 bekommt.

(3) Was ist nun aber mit dem Tausender und dem Einer? Mancher wird denken, man könne das gar nicht aufteilen. Sicher kommen einige in der Klasse auf die Idee, den Tausender ‚klein' zu machen, das heißt, in 10 Hunderter zu wechseln. Von diesen können wir nun immerhin 9 aufteilen.

(4) Nun ist allen klar, wie es weiter geht. Der Hunderter wird selbst wieder gegen 10 Zehner getauscht, von denen 9 aufgeteilt werden.

(5) Auch der letzte Zehner wird nun zu Einern gewechselt, wodurch 12 Einer in der rechten Spalte liegen und auf die drei Kegel verteilt werden können.
Somit kann das Ergebnis 464 abgelesen werden.

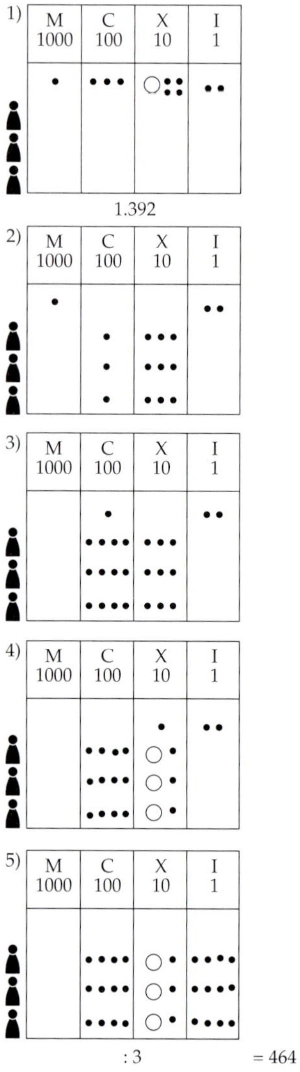

und nicht zu drängeln. Und auch später, wenn die Verfahren schon verwendet werden, sollte man sich nicht mit richtigen Lösungen zufrieden geben, sondern immer wieder nachfragen, warum das Verfahren funktioniert. Was versteckt sich hinter dem Schema? Die Begründung des Handelns zwingt zur Reflektion und stärkt die Einsicht!

Beispiel: 9.316 : 4 = 2.329

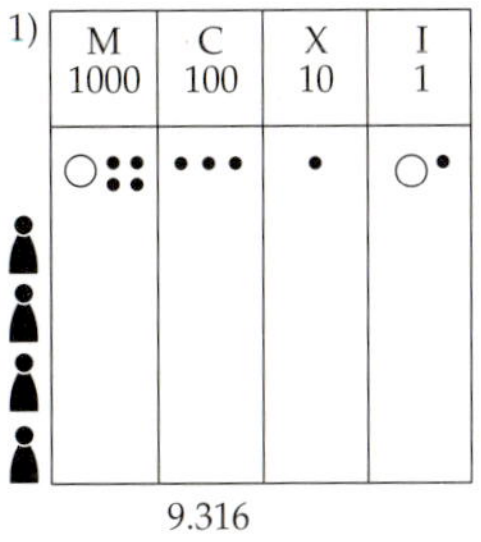

(2) Um etwa ‚9.316 : 4 =' auszurechnen, wird man im Überschlag feststellen, dass jeder mindestens 2.000 (oder: „etwa 2.500") bekommt. Verteilt man also von den 9 Tausendern so viele wie möglich, so bekommt jeder 2 und es bleibt ein Tausender übrig.

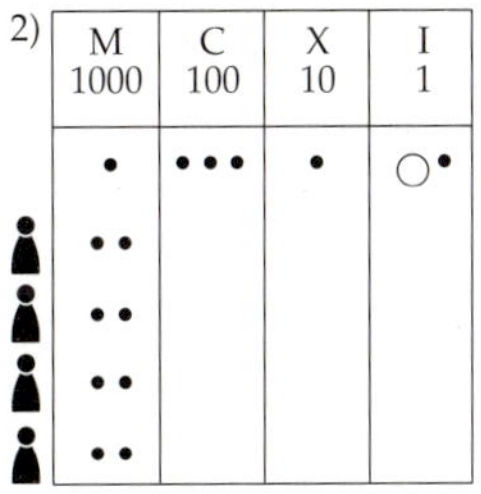

(3) Der restliche Tausender kann so nicht aufgeteilt werden. Also muss man ihn in kleinere Einheiten, hier in 10 Hunderter, wechseln, wodurch man nun 13 Hunderter zur Verfügung hat. Von diesen können 12 aufgeteilt werden, und wieder bleibt einer übrig.

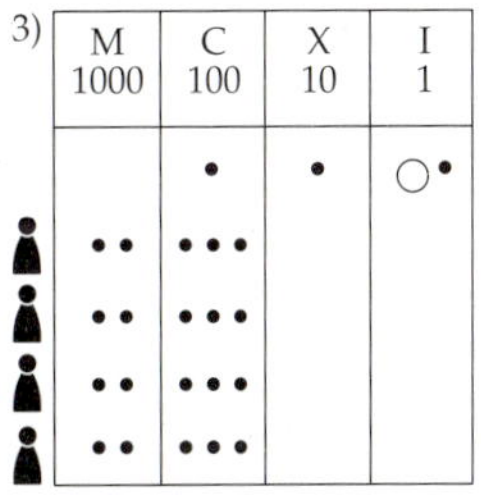

(4) Von den nun vorhandenen 11 Zehnern können 8 verteilt werden, so dass jeder 2 bekommt.

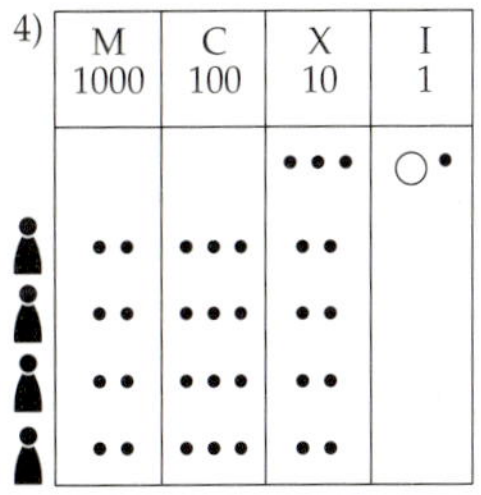

(5) Die restlichen 3 Zehner wiederum in die nächstkleinere Einheit getauscht, wo jetzt 36 Einer zur Verfügung stehen, was sich als viermal 9 aufteilen lässt und das Ergebnis ergibt.

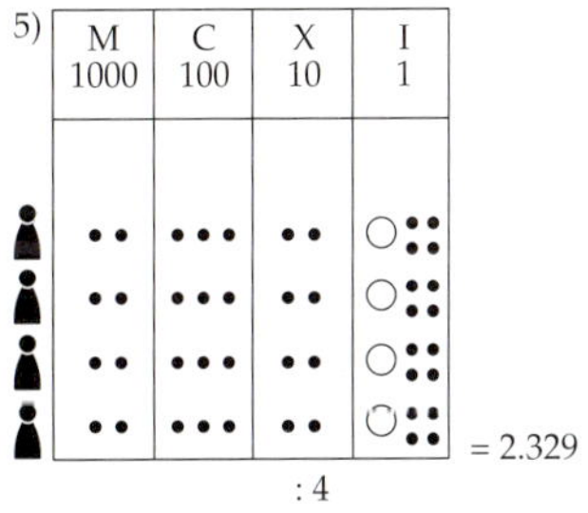

Bei der Division ist es nun wirklich einfacher, links, mit den großen Stellenwerten, zu beginnen. Diesen Hinweis sollte man unter Verweis auf das Runden geben, bei dem man ja gleichfalls nach den großen Werten schaut. Man kann es auch unter Verweis darauf besprechen, dass die Division die Umkehroperation der Multiplikation ist, also den Vorgang rückgängig macht.

Rechnen mit Apices

Das Rechnen mit *Calculi* hat den Vorteil der Anschaulichkeit und Plausibilität. Alle Rechenvorgänge sind in ihren Schritten vollkommen nachvollziehbar. Was uns stört, ist, dass wir bei großen Aufgaben und vor allem auch bei den Multiplikationen und Divisionen leicht den Überblick verlieren. Das Rechenbrett scheint in unsere schnelllebige Zeit doch nicht so gut zu passen. Dabei ist es noch gar nicht so lange her, dass man auch bei uns ähnlich (‚auf den Linien') gerechnet hat.
Nicht nur bei den Römern und im Mittelalter, sondern noch bis in die Neuzeit hinein wurde in Europa am Brett, auf Linien oder am Kugelrahmen gerechnet, das heißt, die Rechnungen wurden als konkrete Handlungen vollzogen. Dabei hatte Gerbert von Aurillac bereits im 10. Jahrhundert die Möglichkeit gelehrt, die zur Notation verwendeten indisch-arabischen Ziffern bei der Arbeit am Rechenbrett zu nutzen. Statt der einheitlichen Calculi beschriftete er Hornscheiben mit den Symbolen für die Zahlen 1 bis 9. Die ‚0' benutzte man zum Rechnen weiterhin nicht, sondern man ließ die jeweilige Stelle einfach unbesetzt. Mit diesen *‚Apices'* ließ sich spürbar rationeller rechnen, denn statt der vielen Calculi waren nun deutlich weniger Apices nötig. Um etwa ‚6.845 + 2.976 =' auszurechnen, braucht man 47 Plättchen, unter Verwendung von Fünferplättchen immerhin noch 23 aber mit Apices nur 8 Ziffernscheiben.

Beispiel: 6.845 + 2.958

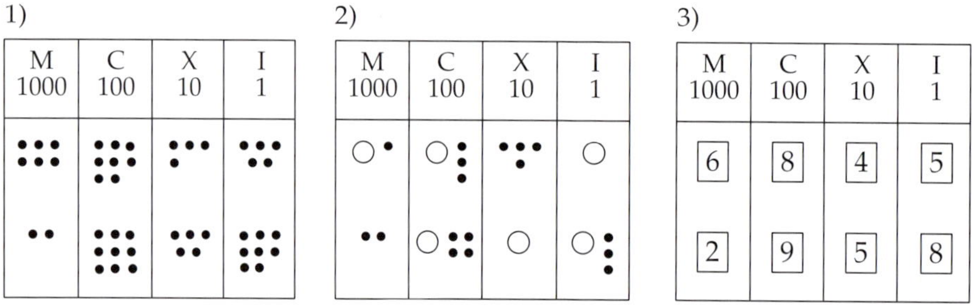

nur mit Einern — mit Einern und Fünfern — mit Apices

Die Ziffernscheiben benutzen die Handlungserfahrung, setzen aber eine elementare Kopfrechenfähigkeit (zumindest im Bereich bis 20 sowie Kenntnisse im kleinen Einmaleins) voraus. Damit stellen sie nicht nur ein Bindeglied zu den schriftlichen Verfahren dar, sondern sind auch eine Möglichkeit für rechenschwache Kinder, gleichzeitig große Aufgaben zu berechnen und dabei die elementaren Kopfrechenfertigkeiten noch einmal zu wiederholen. Denn wenn nun Aufgaben mit Übergang liegen, so kann dieser nicht mehr am Material abzählend gelöst werden. Mitte der 3. Klasse, nach den genannten intensiven Vorarbeiten, sollte das aber für die deutliche Mehrheit der Kinder keine Herausforderung mehr sein.

Kinder, die sich auf schwachem Lernhilfeniveau befinden, können den Übergang zu den Apices ebenfalls vollziehen, vorausgesetzt, dass zumindest im Zahlenraum bis 9 das innere Bild der Zahlen gefestigt ist, so dass die Apices als Stellvertreter für diese inneren Bilder genommen werden können. Nur sollte man diesen Kindern die Aufgaben so gestalten, dass sie deren Kopfrechenkompetenz angemessen sind.

Ein technisches Problem der Apices ist es, dass sie bei der Arbeit schnell erkannt werden sollen. Die Kinder sollen in ihrer Schachtel nicht lange suchen müssen, um eine ‚3' oder ‚6' zu finden. Dies gelingt, wenn man die Plättchen in unterschiedlichen Farben herstellt.

Wie es aussieht, wenn Aufgaben der vier Grundrechenarten mit Hilfe von Apices am Rechenbrett gelöst werden, wird im Folgenden an Beispielrechnungen dargestellt.

Die Addition

Beispiel: 6.845 + 2.958 = 9.803

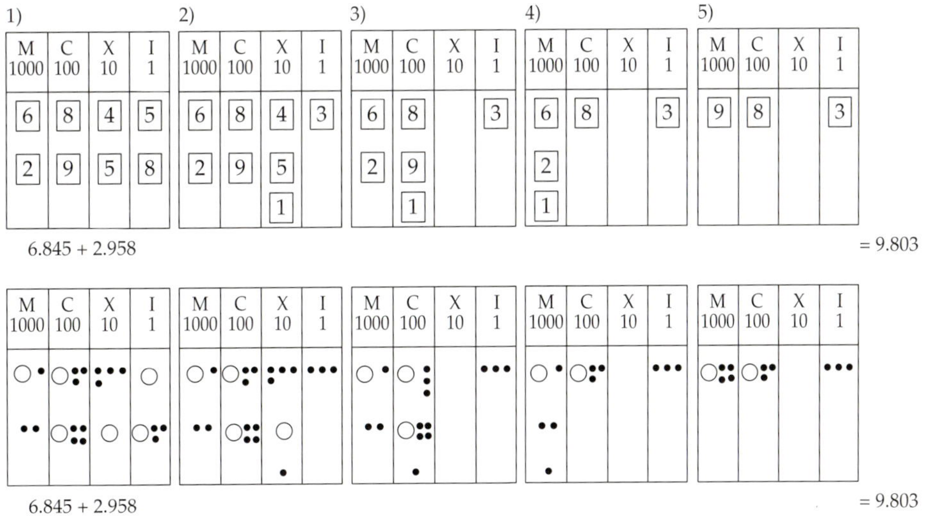

Wie man sieht, sind die Vorgänge beim Rechnen mit Apices völlig analog zu der Arbeit mit Calculi. Sehr schön deutlich wird aber nun der Vorgang des Übertrages beim Zehnerübergang. Diesen kann man noch akzentuieren, wenn man die ‚13' erst aus einer ‚1'

und einer ‚3' bildet, hinlegt, und dann den Zehner (die ‚1') als zweiten Schritt in die nächsthöhere Spalte schiebt. Achtet man dabei noch darauf, dass diese unterhalb der schon vorhandenen Summanden zu liegen kommt, so können die Kinder auf diese Erfahrung zurückgreifen, wenn bei der schriftlichen Addition die Übergänge als kleine Ziffern unterhalb notiert werden.

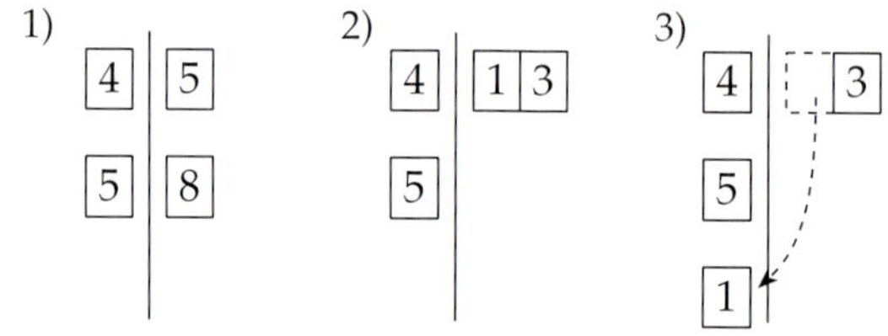

Die Subtraktion

Da es, je nach den Zielsetzungen, Sinn macht, die Subtraktion rechts oder links beginnen zu lassen, werden hier beide Verfahren gezeigt.
Wie man sieht, bereitet keine dieser Rechenhandlungen die schriftliche Subtraktion in der bei uns gebräuchlichen Form vor. Wie damit umzugehen ist, wird im Abschnitt über die schriftliche Subtraktion (S. 122–130) dargestellt.

Beispiel: 3.704 – 1.529 = 2.175

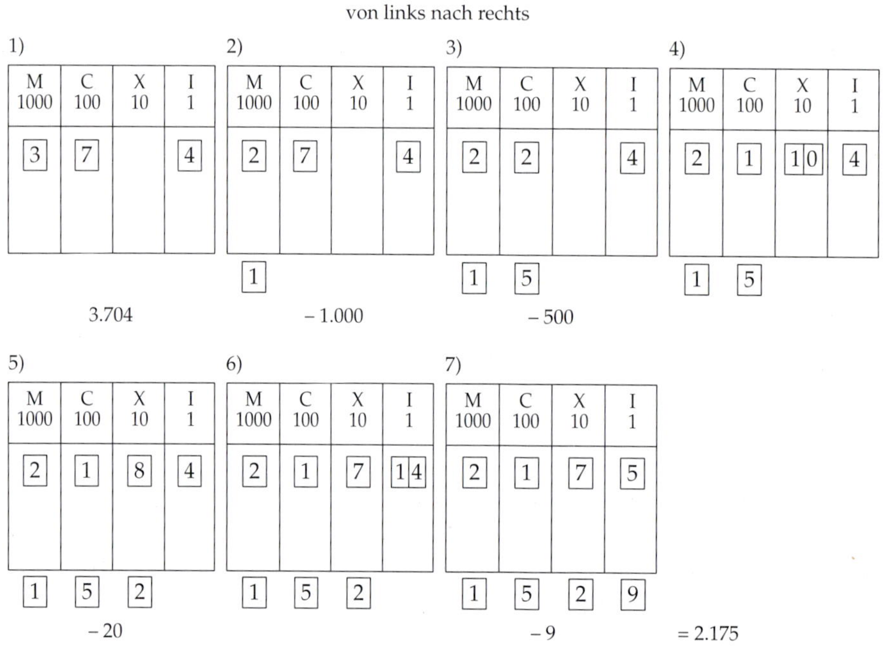

Beispiel: 3.704 – 1.529 = 2.175

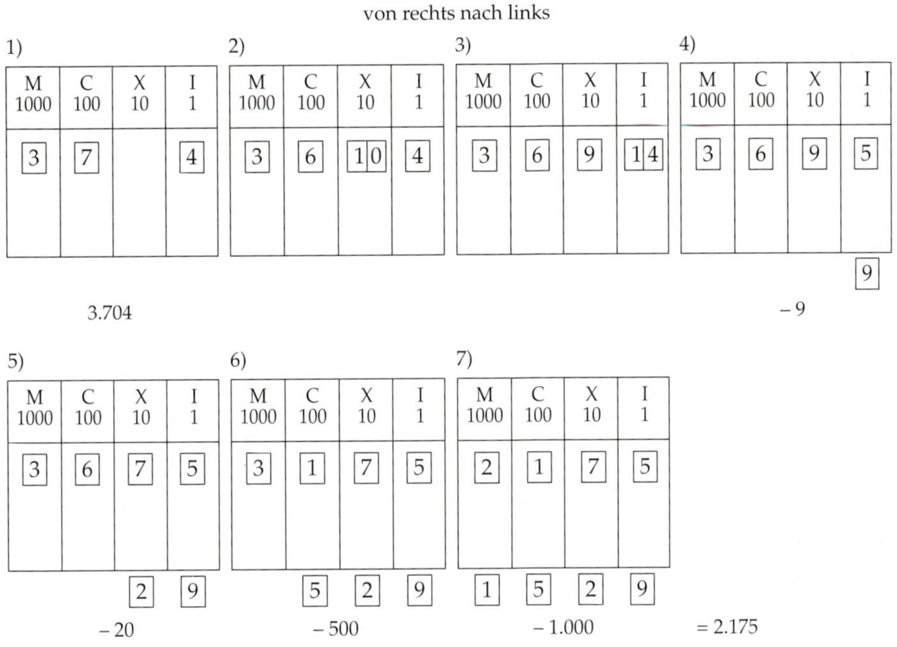

Die Multiplikation

Die Multiplikation vollzieht sich wieder in völliger Übereinstimmung mit der Multiplikation mit Calculi. Insbesondere, wenn man mit dem zweiten Verfahren arbeitet, wird sichtbar, dass die Arbeit am Brett die schriftliche Multiplikation eigentlich schon vollkommen vollzieht. Der Unterschied liegt allein darin, dass die stellenweise errechneten Ergebnisse nicht geschrieben, sondern gelegt und dass die Überträge gleichfalls gelegt und nicht im Kopf gemerkt werden.

Dennoch ist wichtig zu sehen, dass der erste Schritt, die Ableitung dieses fortgeschrittenen Verfahrens aus der Addition, dennoch seine Bedeutung hat und auf keinen Fall ausgelassen oder auch nur schnell *als Überleitung* behandelt werden sollte! Im Prinzip sollte dieses Verfahren so lange benutzt werden, wie es den Kindern nicht zu umständlich erscheint.

> Im Legen der Reihen erfahren die Kinder den qualitativen Unterschied, den ein ‚x 3' ausmachen kann. Sie erfahren, wie sich dieses Verdreifachen auf jede Stelle auswirkt. Insbesondere rechenschwache Kinder sollten diese Erfahrung machen dürfen, bevor sie im Bewusstsein der Tatsache darauf verzichten, die Vielfachen darzustellen, bevor sie diese berechnen.

Beispiel: 2.576 x 3 = 7.728

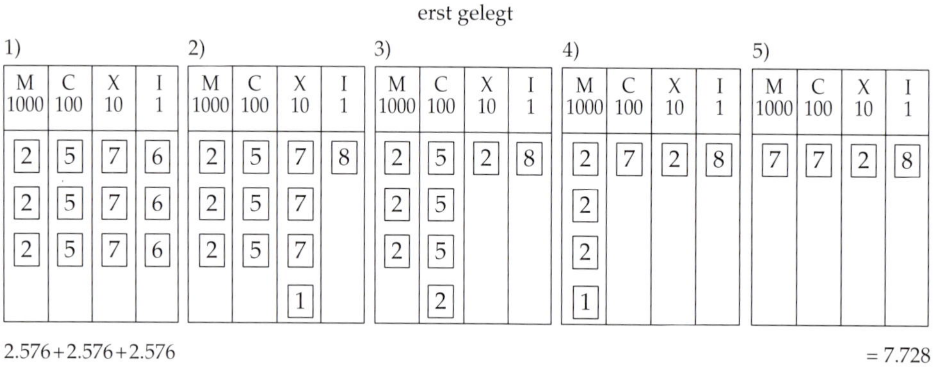

Beispiel: 2.576 x 3 = 7.728

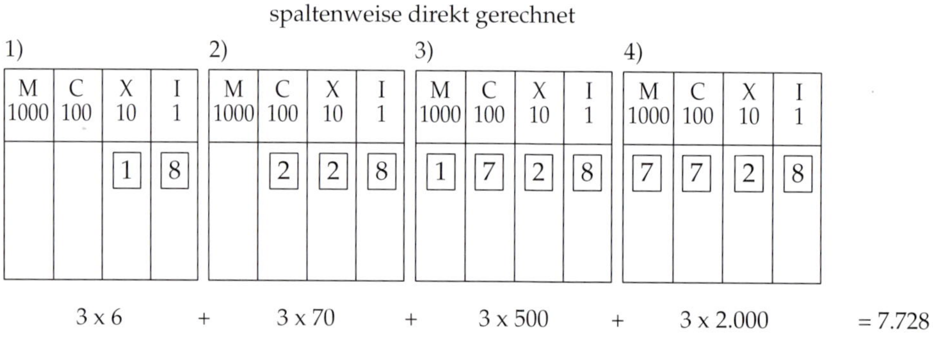

Auch hier gilt wieder bei den Überträgen die Schiebetechnik der Addition: Erst die Anzahl aus zwei Plättchen bilden und hinlegen, dann den Zehnerwert in die nächsthöhere Spalte unter die anderen Summanden, bzw. in der zweiten Variante oben hinlegen.

Die Division

Die Division mit Apices entspricht der vorangegangenen Arbeit mit Calculi ebenso vollkommen wie den nachfolgenden schriftlichen Verfahren. Wie bei diesen wird links in der Zahl mit den hohen Stellenwerten begonnen. Wie bei diesen wird so weit als möglich verteilt und der Rest zur nächst kleineren Einheit aufgelöst. Nur dass bei der schriftlichen Division diese Veränderung des Entbündelns in einen Schreibtrick verpackt wird, der den meisten Kindern (und Erwachsenen) gar nicht bewusst wird (siehe S. 133). Am Brett bleibt der Vorgang des Umtauschens dagegen vollkommen verständlich, weshalb später sehr gut auf diese Erfahrung zurückgegriffen werden kann.

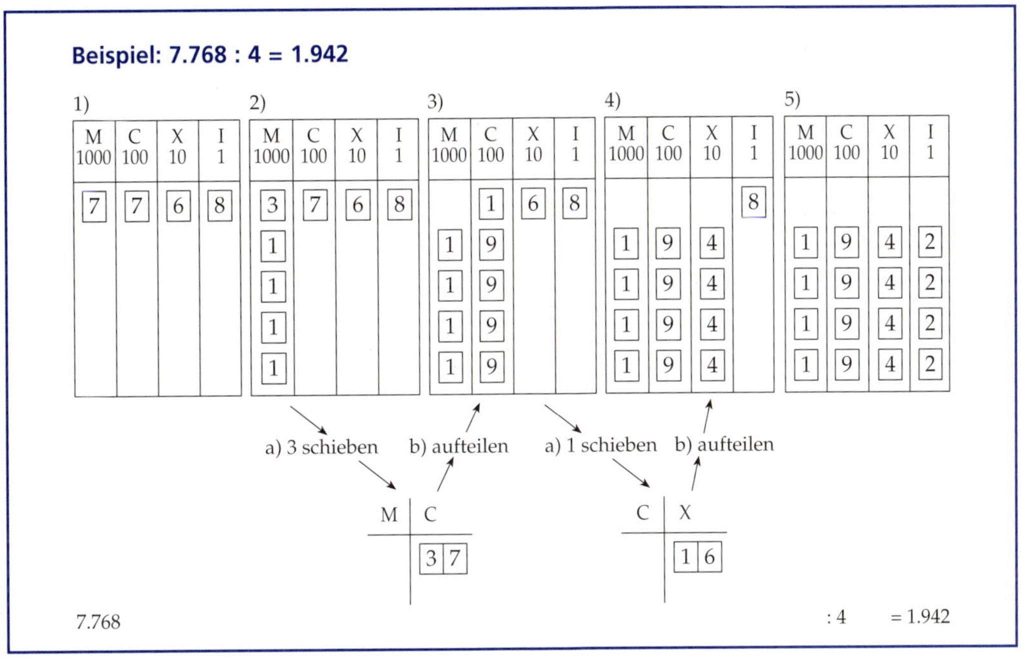

3.6 Schriftliche Rechenverfahren

Die schriftlichen Rechenverfahren sind hinsichtlich ihrer Vorzüge und der Kritik daran hinreichend bekannt, so dass sich deren Behandlung eigentlich erübrigt. Sie werden hier auch nicht als solche thematisiert, sondern wie sie zum Endpunkt einer Entwicklung des Rechnenlernens werden können, bei dem sich zugleich mit den Rechentechniken das Verständnis für unsere Zahlen und deren innere Struktur und Logik vertieft hat. Der Weg führte ja über ganz konkrete Dinge, Legeerfahrungen, Strukturierungen und Bündelungsideen bis hin zu einem immer noch ganz dinglich vorhandenen dezimalen Aufbau und schließlich stellenweisen Legekonzept. Der letzte Schritt war der mit den Apices vollzogene Übergang von den in den Stellenspalten immer noch konkreten Mengen hin zu Zeichen und damit zu den von uns gebrauchten Ziffern. Dieser Prozess wird abgeschlossen, indem die Ziffern, die in Verbindung mit der stellenweisen Lesart eigentlich bereits die Grundlage unseres Rechnens darstellen, nun schreibend verwendet werden, das heißt, indem der Vorgang vom Brett aufs Papier kommt.

Mit dem hier vorgeschlagenen Weg des Rechnenlernens vollziehen die Kinder in gewissem Sinne die Entwicklung nach, die kulturgeschichtlich zur Herausbildung unserer Rechenverfahren geführt hat. Die schriftlichen Verfahren stellen ein erreichtes Kulturniveau dar, und deren Beherrschung korrespondiert mit einem verständigen Gebrauch der Zahlen und mit Einsicht in die grundlegenden Operationen.

Dieser Weg stellt also nicht die berechtigte Frage, welchen Stellenwert die schriftlichen Verfahren im Alltagsleben heute noch besitzen. Er legitimiert sich weniger durch das erreichte Ziel ‚Beherrschung der schriftlichen Verfahren' als über die Fähigkeit, diese einsichtig und begründend zu praktizieren. Im Kern geht es um die zugrunde liegende mathematische Kompetenz.

Dieser Schritt auf dem Weg des Rechnenlernens ist also kein didaktisch erdachter, sondern er beschreibt eine Phase in der historischen Entwicklung der Rechentechniken. Mit der Verbreitung der indisch-arabischen Zahlzeichen begannen einige, nicht mehr auf Brettern oder Linien zu legen, sondern die neuen Zeichen und mit ihnen die Rechnungen aufzuschreiben. Da Papier oft noch Pergament und somit kein Verbrauchsmaterial war, schrieb man in Mehl oder Staub. Der abgebildete Stich zeigt, wie die beiden Rechentechniken gegeneinander antreten. Und der Blick der schönen Frau, welche die Arithmetik darstellt, zeigt, in welchem Verfahren der Künstler das der Zukunft sieht.[23]
Im Übrigen zeigt sich bei der Subtraktion, dass der beschriebene Weg durch die Geschichte des Rechnenlernens, der hier als Weg für die Kinder vorgeschlagen wird, auch seine Spuren hat, die es beim Übergang zu den gewünschten schriftlichen Verfahren zu berücksichtigen gilt. Nun aber zu der Gestaltung des Übergangs.

Die schriftliche Addition

Können die Kinder in der dargestellten Weise am Brett mit Calculi und Apices addieren, so besteht der Übergang zum schriftlichen Rechnen vor allem darin, die nun schon in Ziffern sichtbar gelegten Zahlen am Rechenbrett als solche Ernst zu nehmen und aufzuschreiben. Die ‚0' muss beim Aufschreiben für die leere Stelle eingesetzt und die Spalten müssen weggelassen werden, dann entsteht aus der am Rechenbrett gelegten Additionsaufgabe ganz automatisch die Schreibweise einer schriftlichen Addition. Lediglich der Strich unter der Summe sowie die Rechenzeichen als Hinweis auf die Addition müssen ergänzt werden. Außerdem lege ich immer sehr viel Wert darauf, dass der Strich in deutlichem Abstand gezogen wird, damit der Übertrag auch wirklich *unter* die jeweils nächsthöhere Stelle geschrieben und nicht schief daneben geklemmt werden muss. Die Arbeit am Rechenbrett hat ja gezeigt, dass dieser Übertrag in die nächste Stellenspalte gehört. Schaut man sich, von diesen Besonderheiten abgesehen, die beiden Rechnungen nebeneinander an, so sieht man die völlige Übereinstimmung der Verfahren und man versteht, dass die schriftliche Addition nichts anderes ist als die einstmals in Staub oder Mehl übertragene Arbeit an einem dem Rechenbrett ähnlichen Arbeitsmittel. Der Unterschied liegt allein darin, dass sich beim Gebrauch von Tinte und Papier die schon berechneten Ausgangswerte nicht mehr wegwischen lassen.

Beispiel: 3.208 + 1.987 + 2.065 + 813 = 8.073

mit Calculi / mit Apices

1)

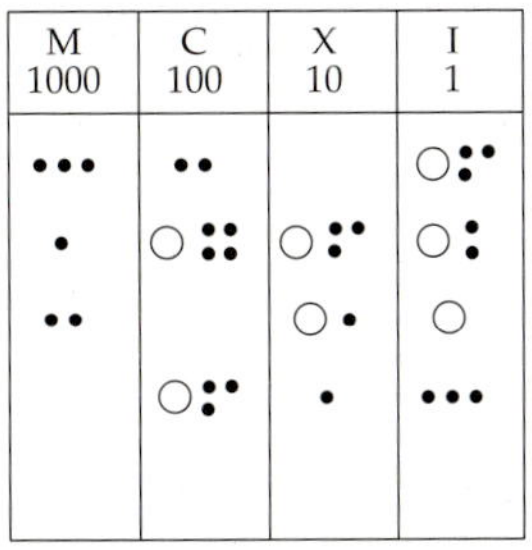

M 1000	C 100	X 10	I 1
3	2		8
1	9	8	7
2		6	5
	8	1	3

3.208
+ 1.987
+ 2.065
+ 813

2)

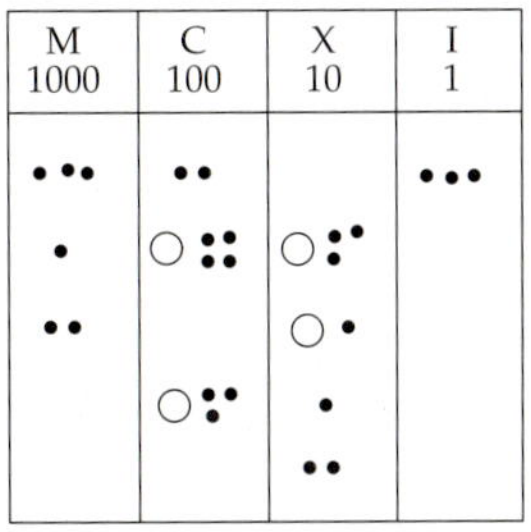

M 1000	C 100	X 10	I 1
3	2		3
1	9	8	
2		6	
	8	1	
		2	

3.208
+ 1.987
+ 2.065
+ 813
2
3

3)

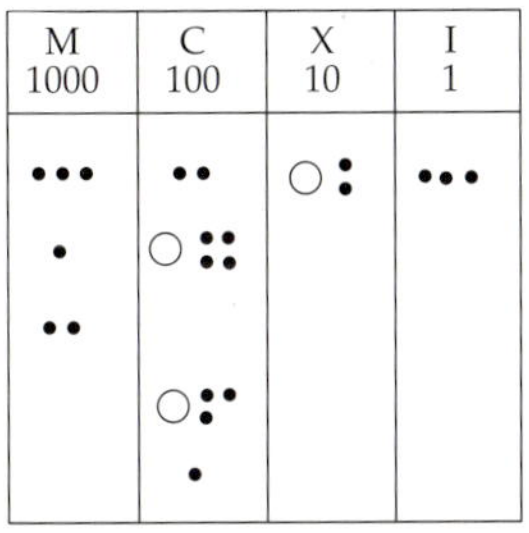

M 1000	C 100	X 10	I 1
3	2	7	3
1	9		
2			
	8		
	1		

3.208
+ 1.987
+ 2.065
+ 813
12
73

4)

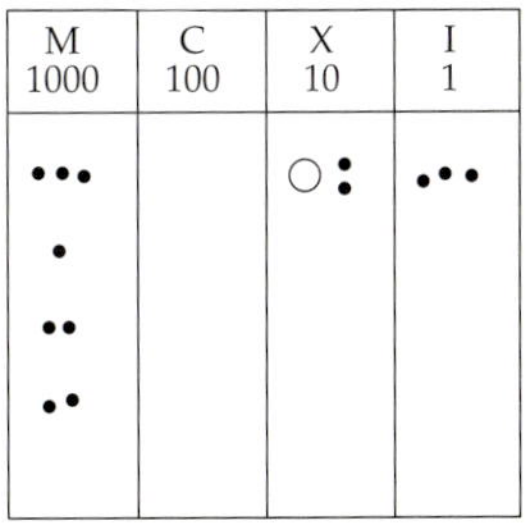

M 1000	C 100	X 10	I 1
3		7	3
1			
2			
2			

3.208
+ 1.987
+ 2.065
+ 813
212
.073

5)

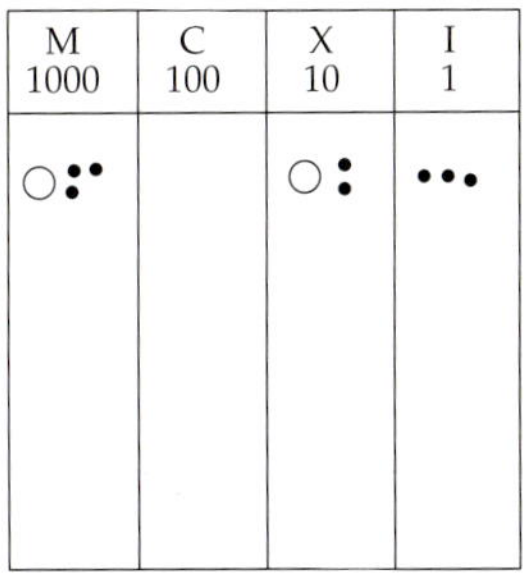

M 1000	C 100	X 10	I 1
8		7	3

3.208
+ 1.987
+ 2.065
+ 813
212
8.073

Die Subtraktion in der Logik des Rechenbretts

Bei der Subtraktion gibt es, wie oben beschrieben, Probleme, da die Logik unseres schriftlichen Verfahrens in mehrerer Hinsicht nicht der des Rechenbretts entspricht. Hier muss man sich zwischen zwei Wegen entscheiden. Der eine besteht darin, zunächst ganz in der Logik des Bretts zu bleiben, um dann zusätzlich zu dem auf diesem Weg entwickelten Algorithmus den gebräuchlichen zu vermitteln. Der andere Weg heißt, mit Hilfe der Erfahrungen am Rechenbrett die Logik der bei uns üblichen Verfahren nachzuvollziehen.

Hier soll zunächst gezeigt werden, was es heißt, sich auf den ersten Weg einzulassen. Dazu ist es wichtig, dass man die ungewohnten Schreibvorgänge eigenhändig vollzieht. Nur so erschließt sich die eingängige Logik des Verfahrens.

Müssten wir nicht bei der genormten Form der schriftlichen Subtraktion ankommen, sondern dürften uns eine eigene Notation aus dieser Handlungsroutine ableiten, so würden wir schon am Rechenbrett die Subtraktion aus den oben (S. 107 f.) beschriebenen Gründen von links nach rechts durchführen. Von dieser Handlungslogik her gedacht, würde eine schriftliche Form vielleicht so aussehen:

Beispiel: 2.003 – 1.518 = 485

(1) Beginnt man von links, so hat man beim Aufschreiben der Tatsache Rechnung zu tragen, dass das zunächst sichtbare Ergebnis auf der Tausenderstelle im Laufe des weiteren Rechnens ebenso wieder verschwindet wie die eingetauschten 10 Zehner und die 10 Hunderter. Wir haben also Zwischenergebnisse, die vom Endergebnis unterschieden werden müssen. Wenn das Endergebnis unten stehen soll, brauchen wir also oberhalb der Aufgabe Platz für die Zwischenergebnisse.
(2) Die Subtraktion des Tausenders geschieht nun einfach durch Veränderung der noch vorhandenen Anzahl oben und Markierung des bereits abgezogenen Tausenders unten.
(3) Da auf der Hunderterstelle nicht genug Elemente vorhanden sind, muss man den noch vorhandenen Tausender auflösen und in 10 Hundertern umtauschen. Diese zusätzlichen Hunderter werden den vorhandenen hinzugefügt.
(4) Nun kann, wie schon auf der Tausenderstelle, abgezogen werden.
(5, 6, 7, 8) Dieser Vorgang wiederholt sich nun auf der Zehner- (5,6) und Einerstelle (7,8), bis am Ende alles abgezogen ist. (8) Schließlich bleibt das Endergebnis oben stehen bleibt. (9) Dieses kann nun als Lösung der Aufgabe nach unten übertragen werden.

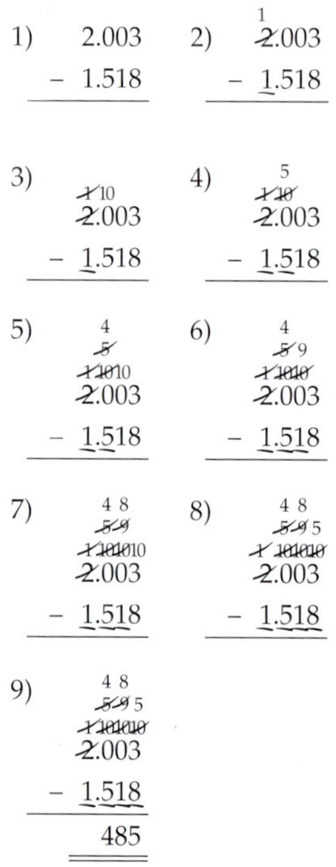

Diese Notation wirkt wesentlich aufwändiger als sie in der Durchführung ist. Es lohnt sich, das selbst an einigen Aufgaben auszuprobieren. Hat man sich erst einmal an diese Form des Aufschreibens gewöhnt, geht sie flott von der Hand. Vor allem aber entspricht sie der inneren Logik des Rechenbretts.

Bei der folgenden Aufgabe wird ebenfalls stellenweise von links nach rechts gerechnet. Ist die Subtraktion nicht sofort möglich, so wird ein nächsthöherer Wert aufgelöst, die gewonnenen 10 werden hingeschrieben und es wird abgezogen. Bei dieser Beispielrechnung wurden diese Schritte aber in einen Vorgang zusammengezogen, weil sie eigentlich auch zusammengehören.

Beispiel: 6.827 – 4.956 = 1.871

In der Logik des Rechenbretts von links nach rechts. Entbündeln und abziehen in einem Schritt.

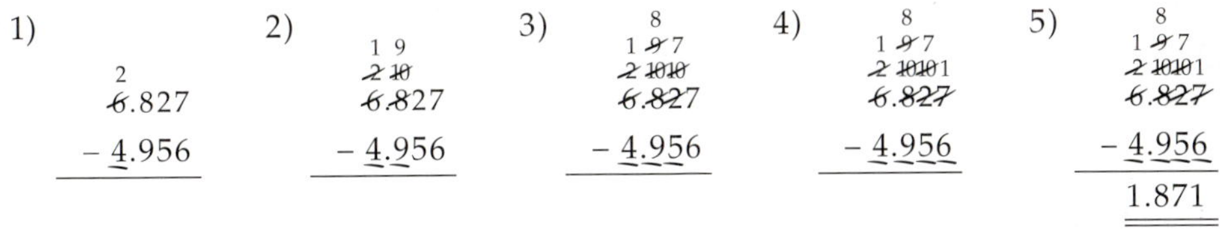

Will man als Kompromiss im Blick auf die schulisch geforderten schriftlichen Verfahren die Subtraktion von rechts beginnen lassen, so kann man dies dennoch in der Logik des Entbündelns tun. Auch wenn man am Rechenbrett von rechts nach links gearbeitet hat, entspricht dies noch immer der Logik der Kinder, die unter einer Subtraktion vor allem einen Prozess des Wegnehmens verstehen und sich etwas holen wollen, wenn sie nicht genug haben. Dabei hat diese ‚normgerechte' Arbeitsrichtung durchaus auch ihre praktischen Vorteile, denn sie führt zu übersichtlicheren Rechnungen. Da man keine Zwischenergebnisse, sondern auf jeder Stelle sofort ein Endergebnis erhält, kann man es sich sparen, die Subtrahenden zu markieren und die Zwischenergebnisse erst oben festzuhalten. Bei Aufgaben, die über die jeweilige Nachbarstelle zu lösen sind, ist diese Notation klar und für Kinder unmittelbar einleuchtend. Die gleiche Aufgabe sieht dann so aus:

Beispiel: 6.827 – 4.956 = 1.871

von rechts nach links mit entbündeln.

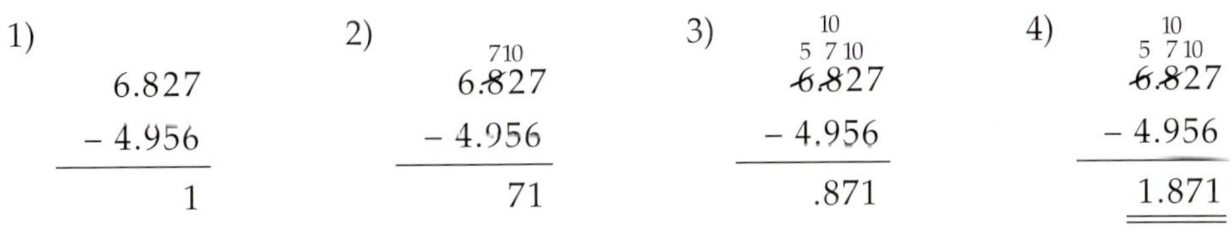

Auch hier bleibt die Subtraktion ein Abziehprozess und wird nicht – wie beim Ergänzungsverfahren – mit Additionselementen vermischt, was schwache Schüler verwirrt und dazu animiert, den Kopf abzuschalten und rein schematisch zu arbeiten. Auch hier steht das schriftliche Verfahren ganz in der Logik des konkreten Rechnens, das seinerseits die innere Logik des Wegnehmens konkretisiert. Es ist damit ein Verfahren, das auch von sehr rechenschwachen Kindern **einsichtig(!)** durchgeführt werden kann.
Das entscheidende Argument für das Entbündelungsverfahren ist nicht, dass es sich aus dem Rechenbrett ableiten lässt und dass es in vielen Ländern üblich ist. Das entscheidende Argument lautet:

> *„Annähernd 80 % der Kinder, die das Abziehen mit Entbündelung gelernt haben, können ihre Rechnungen verständnisvoll begründen, während von denjenigen Kindern, die verschiedene Ergänzungsverfahren gelernt haben, dazu nur etwa 10 % in der Lage sind."*[24]

Wie überzeugend eine entsprechende Form der Notation und wie rationell sie zu handhaben ist, verdeutlicht man sich am besten, indem man sie an einigen eigenen Aufgaben erprobt.

Der Nachteil dieses Verfahrens liegt bei den erwähnten Aufgabentypen, die ein Auflösen über mehrere Stellen erfordern, bevor man die Stelle endlich berechnen kann. Wem dabei nicht klar ist, was er eigentlich macht, der verliert bei Aufgaben der folgenden Art leicht die Übersicht.

Beispiel: 4.003 – 2.586 = 1.417

Von rechts nach links. Entbündeln über mehrere Stellen.

1)	2)	3)	4)
		9	9 9
	3 10	3 ~~10~~10	3 ~~10~~~~10~~10
4.003	~~4~~.003	~~4~~.003	~~4~~.003
– 2.586	– 2.586	– 2.586	– 2.586

5)	6)	7)	8)
9 9	9 9	9 9	9 9
3 ~~10~~~~10~~10	3 ~~10~~~~10~~10	3 ~~10~~~~10~~10	3 ~~10~~~~10~~10
~~4~~.003	~~4~~.003	~~4~~.003	~~4~~.003
– 2.586	– 2.586	– 2.586	– 2.586
7	17	.417	1.417

Subtraktionen mit mehreren Subtrahenden dagegen bringen keine Komplikationen ins Spiel. Die Erfahrung mit dem Rechenbrett macht einsichtig, dass erst alles zusammenzählt wird, was anschließend abgezogen werden muss.

Beispiel: 3.287 – 509 – 886 – 1.418 = 474

1)	2)	3)	4)
	10	20 10	20 10
6 20	1 6 20	1 1 6 20	1 1 6 20
3.2~~8~~7	3.~~2~~~~8~~7	~~3~~.~~2~~~~8~~7	~~3~~.~~2~~~~8~~7
– 509	– 509	– 509	– 509
– 886	– 886	– 886	– 886
– 1.418	– 1.418	– 1.418	– 1.418
4	74	474	474

Schriftliche Subtraktion in der Logik der Normverfahren

Man kann mit dem Rechenbrett aber auch in der Form arbeiten, dass man zwar nicht gradlinig (dann würde man ihm Gewalt antun und es zum rein didaktischen Material degradieren), aber doch zielstrebig die schriftliche Subtraktion in der gebräuchlichen Form vorbereitet.

Diese unterscheidet sich ja vor allem in zwei Aspekten: Erstens wird statt der Subtraktion eine Ergänzung durchgeführt, was insbesondere bei Subtraktionen mit mehreren Subtrahenden eleganter ist. Und zweitens wird als Ausgleich der zusätzlich vorgestellten ‚10' der nächsthöhere Wert nicht um ‚1' vermindert, sondern diese ‚1' wird zum Ausgleich an der nächsten Stelle wieder abgezogen. Indem das Entbündeln vermieden wird, braucht der Minuend nicht verändert zu werden, was die Rechnung sauberer gestaltet. Der Unterschied wird in den hier parallel gerechneten Aufgaben deutlich.

Hauptprobleme macht beim Normverfahren, auch wenn man ganz herkömmlich zu diesem gelangt, die Tatsache, dass hier Additions- und Ergänzungsvorgänge eine Subtraktion vollziehen. Da das von rechenschwachen Kindern nicht immer verstanden wird, versuchen sie, sich das Schema zu merken. Ein nicht von Einsicht getragenes Verfahren ist aber immer fehleranfällig. Die Logik des Rechenbretts sieht dagegen zwar etwas ungewohnt aus, und man muss auf die saubere Form achten. Die einzelnen Schritte entsprechen aber völlig der Logik der Kinder, gerade der schwachen Rechner. Darin liegt der Vorteil des dargestellten alternativen Verfahrens.

Beispiel: 53 – 25 = 18

in der Logik des Rechenbretts

„3 minus 5 geht nicht.
Ich hole mir also 10."

$$\begin{array}{r} {}^{10} \\ 53 \\ -\ 25 \\ \hline \end{array}$$

„Wo bekomme ich die 10 her?
Ich löse einen Zehner auf.
Dann sind es nur noch 4."

$$\begin{array}{r} {}^{4\ 10} \\ \not{5}3 \\ -\ 25 \\ \hline \end{array}$$

„Jetzt rechne ich ‚13 – 5 = 8'."

$13 - 5 = \underline{8}$

$$\begin{array}{r} {}^{4\ 10} \\ \not{5}3 \\ -\ 25 \\ \hline 8 \end{array}$$

„Bei den Zehnern habe ich nur noch 4.
‚4 – 2 = 2'."

$4 - 2 = \underline{2}$

$$\begin{array}{r} {}^{4\ 10} \\ \not{5}3 \\ -\ 25 \\ \hline 28 \end{array}$$

im Normverfahren

„Von 5 bis 3 geht nicht.
Ich denke mir also 13."

‚13'

$$\begin{array}{r} 53 \\ -\ 25 \\ \hline \end{array}$$

„Aber dann habe ich ja 10 zu viel.
Zum Ausgleich ziehe ich im nächsten Schritt einen Zehner mehr ab. Dafür schreibe ich jetzt eine kleine ‚1' da hin."

$$\begin{array}{r} 53 \\ -\ 25 \\ {}_{1}\ \ \\ \hline \end{array}$$

„Jetzt rechne ich von 5 bis 13 sind 8."

$5 + \underline{8} = 13$

$$\begin{array}{r} 53 \\ -\ 25 \\ {}_{1}\ \ \\ \hline 8 \end{array}$$

„Jetzt muss ich ‚2 + 1' abziehen,
also insgesamt 3. Von 3 bis 5 fehlen 2."

$2 + 1 = 3$
$3 + \underline{2} = 5$

$$\begin{array}{r} 53 \\ -\ 25 \\ {}_{1}\ \ \\ \hline 28 \end{array}$$

Dennoch lässt sich auch das genormte Vorgehen am Brett nachvollziehen. Am besten führt man die genormte Subtraktion ein, indem man diese parallel an der Tafel und am Brett vollzieht, das Rechenbrett hier also nicht als Rechenmittel, sondern zur Veranschaulichung einsetzt. Um die Gleichwertigkeit der Ergänzungslogik zu verdeutlichen, eignen sich Aufgaben ohne Übergang zum Einstieg besser.
Man schreibt eine entsprechende Aufgabe an die Tafel und stellt sich nun vor, man hätte die Subtraktion schon ausgeführt. Dabei wären aber die Steine verrutscht. Wie haben sie wohl gelegen? Als Merkhilfe schreibt man den Minuenden über das Brett. Es lohnt sich dabei durchaus, hier noch einmal von den Apices weg und zu den Calculi, ganz ohne Fünfer, zurück zu gehen, weil dadurch der sinnliche Vorgang am deutlichsten wird.

Beispiel: 3.496 – 1.235 = 2.261

(1) Am Anfang waren da 3.496 und 1.235 werden weg genommen.

(2) Da auf der Einerstelle ursprünglich 6 waren, 5 davon aber nach unten gezogen wurden, muss auf der Einerstelle noch 1 liegen, *weil 5 <u>+ 1</u> = 6.*
Es ist wichtig, dass man diese Formulierung als gemeinsame vereinbart und über die gesamte Einführung immer wieder betont, weil sonst ein Teil der Kinder doch „weil 6 <u>– 1</u> = 5" denken wird.

(3) Ganz entsprechend kommen auf die Zehnerstelle 6 Calculi, *weil 3 <u>+ 6</u> = 9.*

(4) Auch die Hunderter- und Tausenderstelle wird so ergänzt *(weil 2 <u>+ 2</u> = 4).*

(5) Ebenso wird bei der Tausenderstelle verfahren, weil 1 <u>+ 2</u> = 3.

Ergänzungsverfahren am Rechenbrett

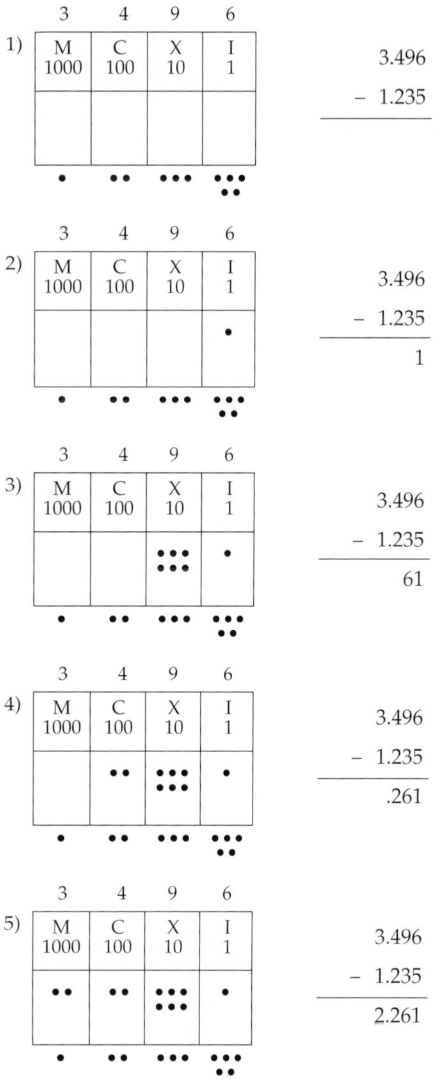

Dabei schreibt man die schriftliche Notation immer parallel zum Entwickeln der Lösung auf dem Brett mit.
Zum Schluss betont man noch einmal die Tatsache, dass das Normverfahren der Subtraktion die Lösung über die Ergänzung findet und bearbeitet einige Aufgaben unmittelbar ohne Brett in schriftlicher Form, um diese Sprech- und Denklogik an die schriftliche Darstellung anzubinden.
Auch der zweite Aspekt des Normverfahrens, einen zusätzlichen Wert auf der nächsthöheren Stelle abzuziehen, statt einen vorhandenen durch Entbündelung aufzulösen, kann durch die parallele Darstellung des Vorgangs am Rechenbrett plausibel gemacht werden. Hier erweist es sich von Vorteil, dass die Kinder über das tätige Addieren und Subtrahieren Vorstellungen von Mengen und Mengenveränderungen erworben haben, die sie nun auf neue Blickweisen anwenden können. Auch im Blick auf die genormte schriftliche Subtraktion stellt die Arbeit am Rechenbrett daher keinen Irrweg, sondern allenfalls einen, Erfahrung schaffenden, Umweg dar.
Um deutlich zu machen, dass der erste Schritt, nämlich sich das Vorhandensein von zehn weiteren Elementen vorzustellen, ganz nah bei dem wirklichen Vorhandensein nach der Entbündelung ist, schlage ich an dieser Stelle vor, auch beim Normverfahren zunächst die mitgedachten Elemente oberhalb zu notieren, so dass sich die folgende Parallelrechnung ergibt. (Diesmal wurden Apices verwendet, da der Einsatz von Plättchen bei den nun größeren Anzahlen mehr Unübersichtlichkeit als Anschaulichkeit herstellt.)

Beispiel: 8.406 – 3.517 = 4.889

Übertragslogik am Rechenbrett

(1) Im ersten Schritt stelle ich fest, dass ich von 7 nicht auf 6 ergänzen kann, mir also 10 zusätzliche Elemente holen muss.

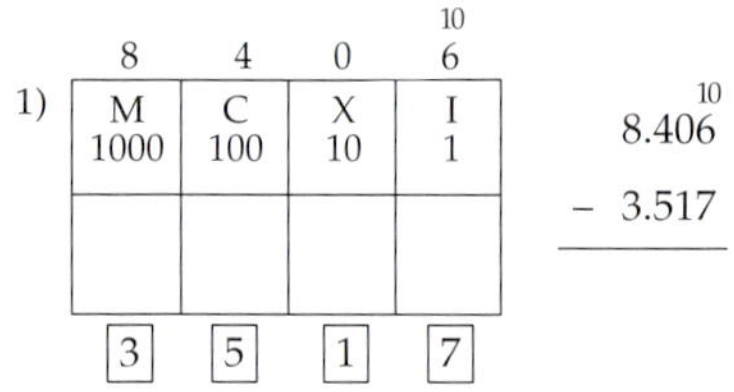

(2) Dies gleiche ich aus, indem ich mir eine Notiz mache, dass ich im nächsten Schritt einen zusätzlichen Wert abziehen muss.

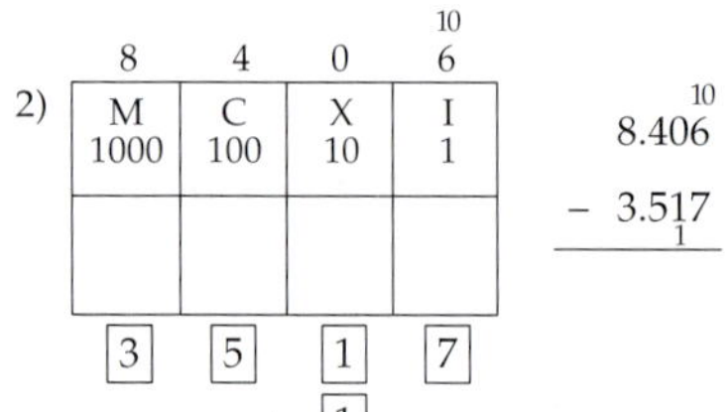

(3) Dann ziehe ich auf der Einerstelle durch Ergänzen (*„7 bis 16 sind 9.“*) ab.

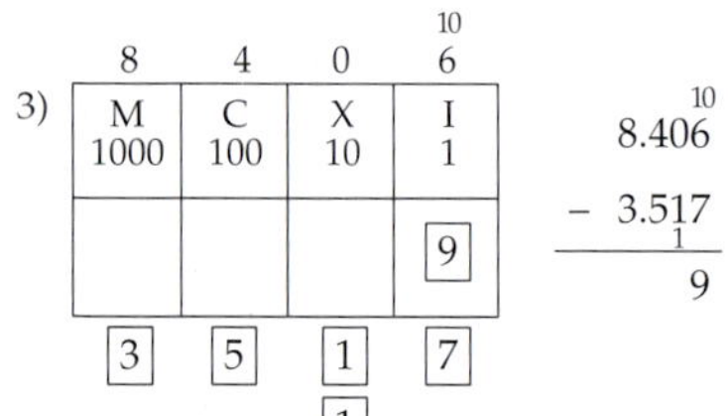

(4) Auf der Zehnerstelle wiederholt sich der Vorgang. Von 2 kann ich nicht bis 0 ergänzen. Also ergänze ich bis 10 und gleiche das dadurch aus, indem ich im nächsten Schritt einen Hunderter mehr abziehe.*

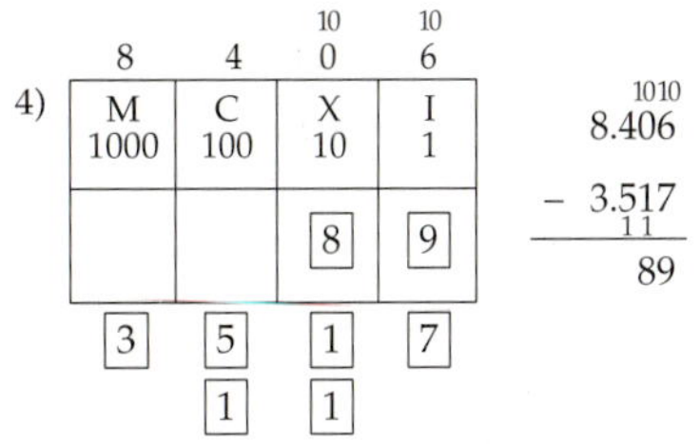

(5) Das Gleiche geschieht auf der Hunderterstelle.*

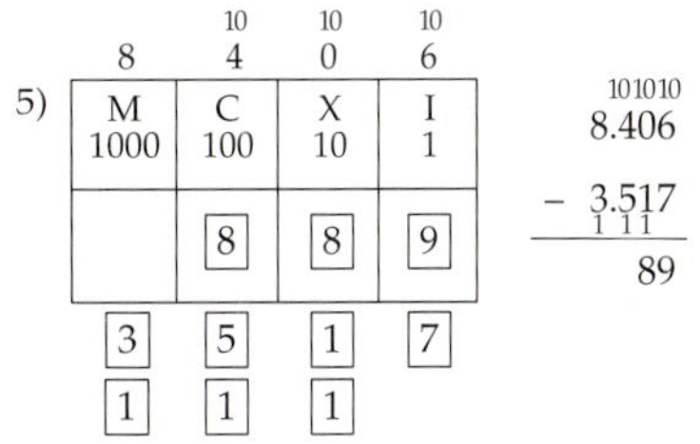

(6) Auf der Tausenderstelle ergänzt man direkt.

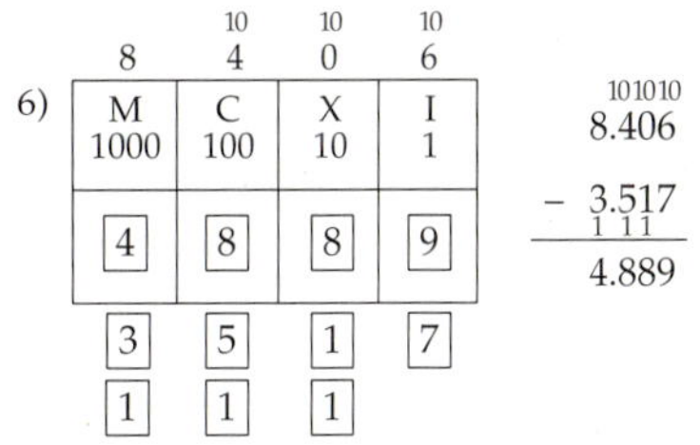

*Da das Prinzip nun klar ist, stelle ich den Vorgang des Umtauschens, Ausgleichens und Ergänzens hier jeweils in einem Schritt dar.

Wir sehen, das schriftliche Normverfahren lässt sich vollkommen analog am Brett mitvollziehen.

Warum rechnet man nicht gleich so? Warum führt man die Subtraktion am Rechenbrett im Blick auf die langfristige Perspektive nicht gleich so ein? Die Antwort heißt: Weil diese Form des Rechnens sich eben dann nicht mehr aus den *bis dahin* gemachten Erfahrungen erschließt, sondern nur aus einer für die Kinder ja nicht bekannten Zukunft abgeleitet werden kann.
Die ganze Logik des hier dargestellten Weg des Rechnenlernens besteht aber gerade darin, das Rechnen *aus den eigenen Erfahrungen heraus* zu entwickeln! Die Arbeit soll das Vertrauen in das *eigene* Denken stärken und dieses *eigene* Denken ermutigen. Sie soll gerade auch rechenschwache Kinder ermutigen, mit Hilfe für sie geeigneter Rechenmittel die Probleme zu lösen und dabei ihren Handlungsstrategien zu vertrauen. Der bisher beschriebene Weg hat gezeigt, dass dies durchaus nicht in die Irre führt. Allein bei der schriftlichen Subtraktion zeigt sich eine Differenz, die aber nicht überbewertet werden sollte.

Ich habe die Erfahrung gemacht, dass gute und durchschnittliche Rechner keine Probleme damit haben, von den ursprünglichen, aus der Arbeit am Brett entwickelten, Notationen zu den Normverfahren überzugehen. Schwache Rechner dagegen kann dieser Schritt durchaus verwirren, weshalb ich als Konsequenz vorschlage, mit diesen ausschließlich in der Logik des Rechenbretts, aber in der zweiten Variante (von rechts nach links) zu notieren. Dieses Verfahren ermöglicht ihnen, verständig und fast fehlerfrei zu arbeiten. Und das ist ein Ergebnis, mit dem auch ein Haupt- oder Sonderschullehrer – nach einiger Verwunderung über den ungewohnten Anblick – hoch zufrieden sein wird. Ab Realschulniveau können wir uns leider auf so viel Toleranz seitens des zukünftigen Mathematiklehrers nicht mehr verlassen, weshalb der Übergang zu den Normverfahren behandelt werden sollte.
Will man die Abweichung bei der schriftlichen Subtraktion überhaupt nicht ins Bewusstsein der Kinder führen und direkt auf die Normverfahren hinarbeiten, so kann die Arbeit mit dem Rechenbrett gleichwohl unverändert durchgeführt werden. Lediglich auf die Arbeitsrichtung (*„Bei Addition und Subtraktion von rechts nach links!"*) sollte dann rechtzeitig, spätestens mit der Einführung der Apices, hingewiesen werden. Kommt man zu den schriftlichen Verfahren, lässt man die Frage, wie der Vorgang zu notieren sei, als Problem einfach außen vor und führt das genormte Verfahren auf die beschriebene Weise ein.

Schriftliche Multiplikation

Bei der schriftlichen Multiplikation mit einem einstelligen Faktor ist nur die Schreibweise der Aufgabe neu. Der Vorgang ist identisch. Am Brett wie beim schriftlichen Rechnen wird rechts, also bei den Einern, begonnen und stellenweise multipliziert. Am Brett, wie beim schriftlichen Rechnen, werden die dabei entstehenden Zehnerwerte als Übertrag zum Ergebnis auf dem nächsthöheren Stellenwert addiert. Der Unterschied liegt allein darin, dass dieser Übertrag am Brett gelegt wird, während er beim schriftlichen Rechnen gemerkt oder – besser – in die Finger genommen werden muss. Das genormte Verfahren der schriftlichen Multiplikation entspricht also vollkommen den Erfahrungen am Brett und kann völlig ohne weitere Erklärungen als Schreibschema parallel zum Handlungsschema eingeführt werden.

Beispiel: 2.809 x 3 = 8.427

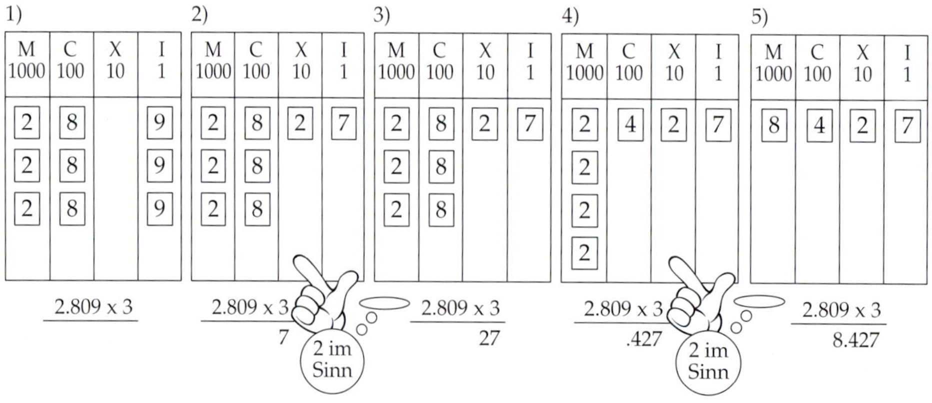

Selbst die Multiplikation mit einer Zehnerzahl kann unter Rückbezug aufs Brett angesprochen werden, da die Konsequenz des Verschiebens von Calculi oder Apices auf Nachbarstellen seit der ersten Einführungsstunde erfahren wurde.
259 x 30, das bedeutet 259 x 10 + 259 x 10 + 259 x 10. ‚259 x 10' ist aber nichts anderes als ‚259' um eine Stelle nach links verschoben, denn dabei werden aus Einern Zehner, aus Zehnern Hunderter und aus Hundertern Tausender. Die Rechnung stellt sich also zum Beispiel so dar:

Beispiel: 259 x 30 = 7.770

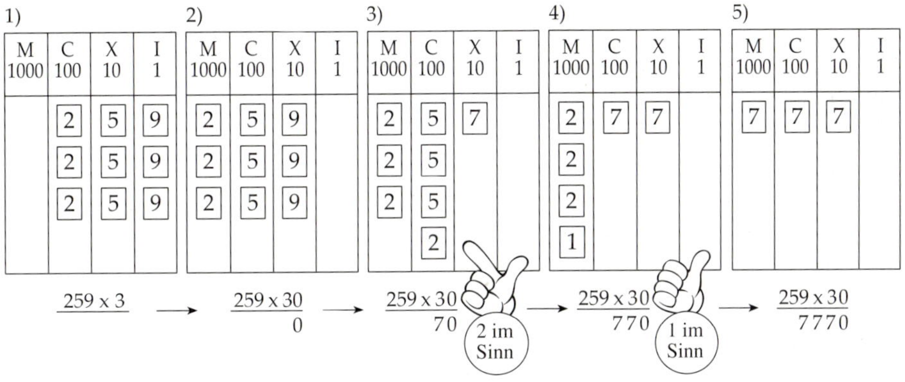

Hat man verstanden, dass es statt mit ‚3 x 9' nun mit ‚3 x 9 Zehnern' losgeht, kann man auch sofort in der Zehnerspalte anfangen und direkt spaltenweise rechnen.

Beispiel: 259 x 30 = 7.770

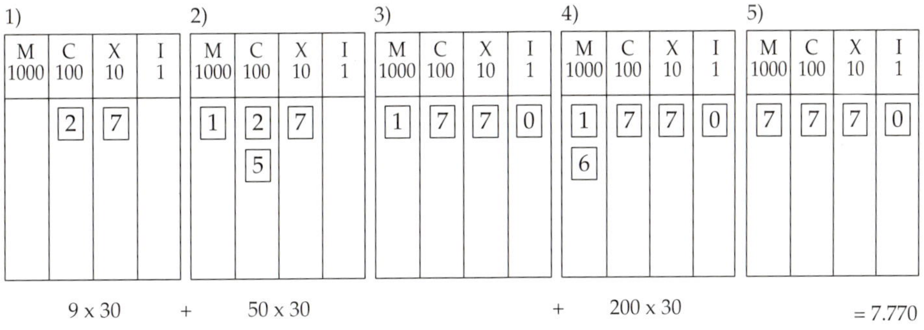

Wird dieses Verfahren aber beherrscht, so kann man durch die Zerlegung der Aufgabe in zwei Teilrechnungen auch Multiplikationen der Form ‚259 x 37', also mit mehrstelligem zweiten Faktor durchführen (siehe nächste Seite), wobei natürlich die Teilergebnisse dann noch zusammengezählt werden müssen.

Beispiel: 259 x 37 = 9.583

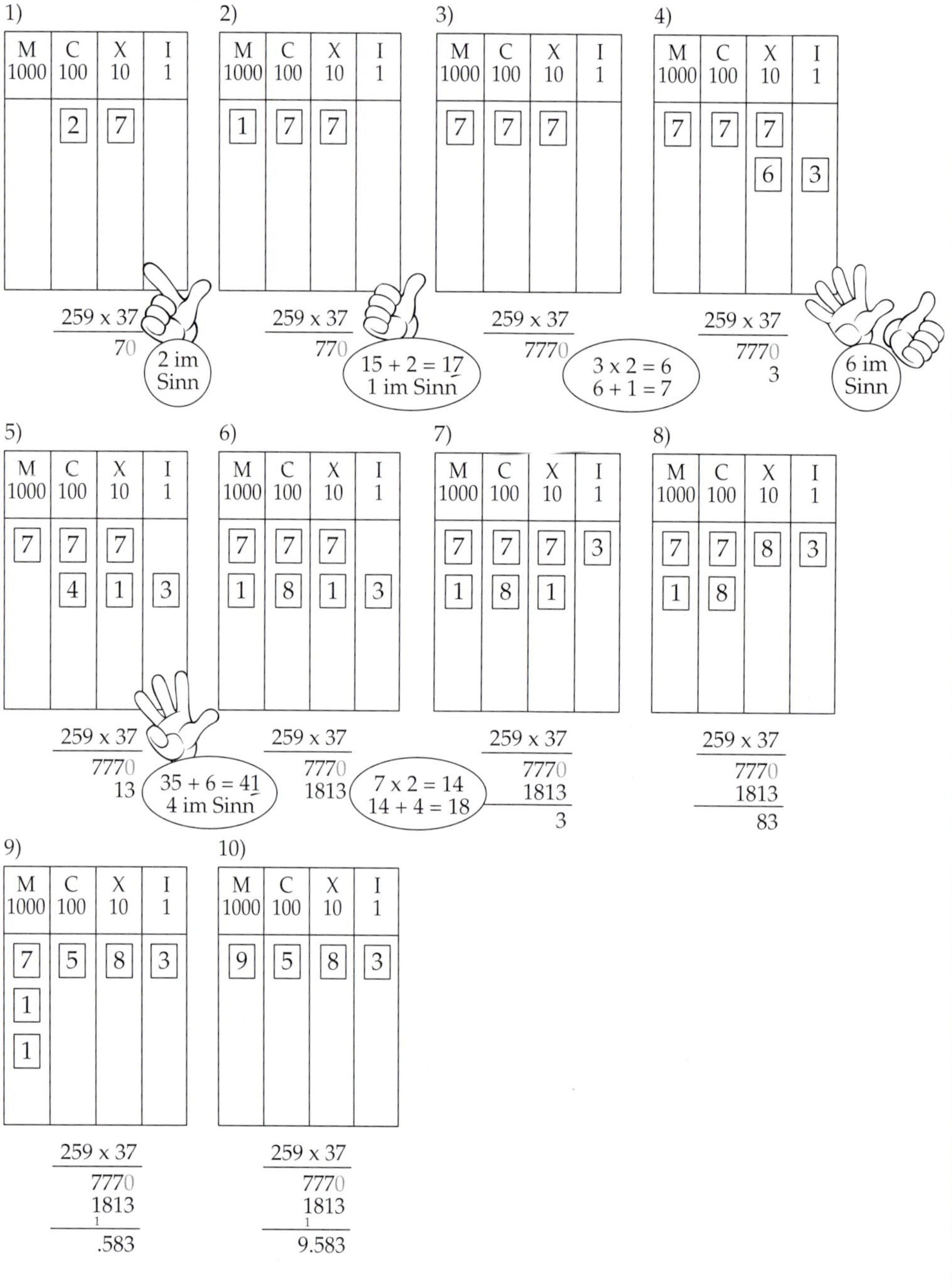

Auch hier zeigt sich, wie das schriftliche Verfahren nichts anderes ist als ein aus den handelnden Verfahren gewonnenes. Wer jene beherrscht, hat mit der Übersetzung in die schriftliche Form keine Schwierigkeiten und weiß vor allem auch dort, was er macht.

Schriftliche Division

Das gilt in gleichem Maße für die schriftliche Division. Im Zusammenhang mit dem Rechenbrett lässt sich dabei sehr schön und exakt klären, welche Rolle die Reste spielen und weshalb man immer *„die nächste Ziffer'* nimmt.

Beispiel: 4.725 : 5 = 945

(1) Die 4 Tausender können nicht verteilt werden.

(2) Also werden sie in 40 Hunderter umgetauscht, so dass am Brett nun 47 Hunderter zur Verfügung stehen.
Diese Klarheit des Übergangs von der Tausender- auf die Hunderterstelle geht beim ‚reinen' schriftlichen Rechnen leicht verloren. Viele Kinder nehmen es als Regel, mit der ersten Ziffer zu beginnen und, wenn das nicht geht, die zweite anzufügen, um mit der so gebildeten Zahl zu arbeiten. Dass hier eigentlich ein Umtauschvorgang und ein Stellenwertwechsel stattgefunden hat, bleibt oft im Dunkeln.

(3) Nachdem von den 47 Hundertern 45 als ‚5 x 9' verteilt wurden …

(4) … werden die zwei restlichen wieder in die nächstkleinere Einheit gewechselt. Aus 2 Hundertern und 2 Zehnern werden 22 Zehner.

(5, 6, 7) Diese werden wiederum aufgeteilt (5) und der Rest von 2 Zehnern ergibt mit den vorhandenen 5 Einern umgetauscht 25 Einer (6), die zum Abschluss wieder verteilt werden, so dass zum Abschluss alles aufgeteilt ist, bzw. nichts mehr übrig bleibt (7).

1)
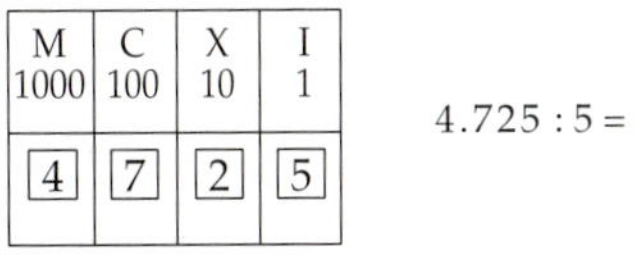

2)
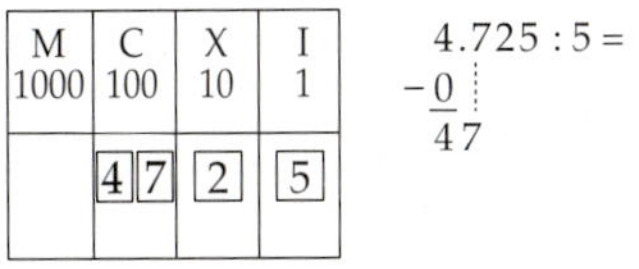

3)
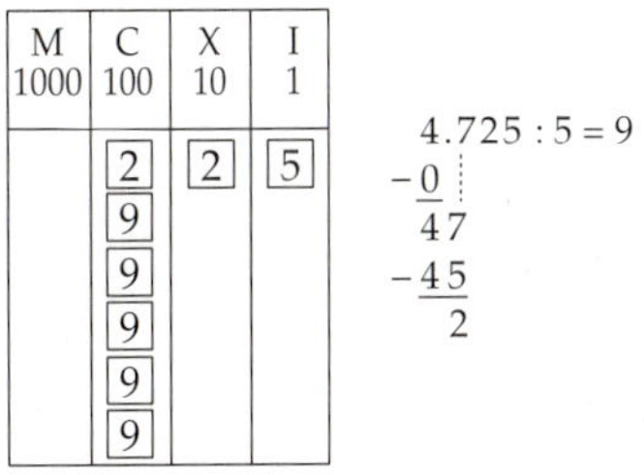

4)
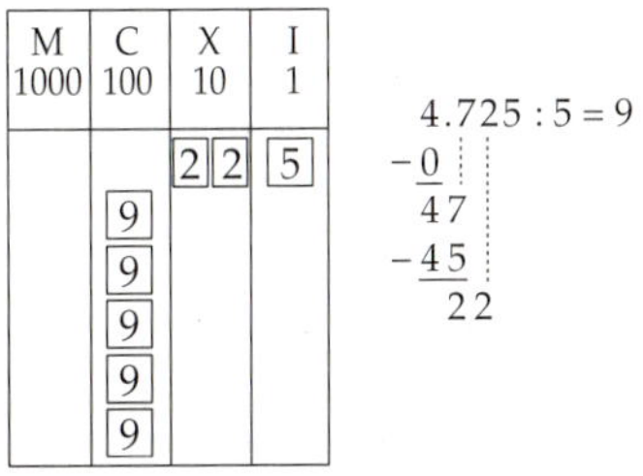

5)
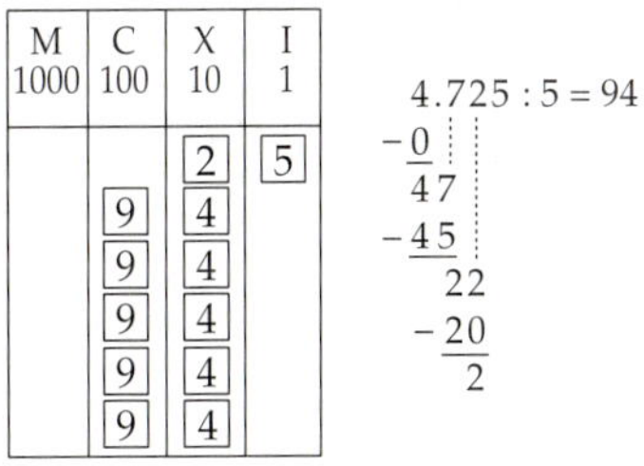

6)
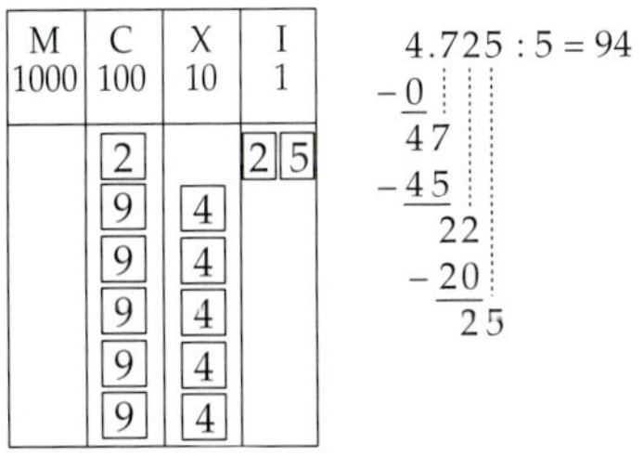

7)
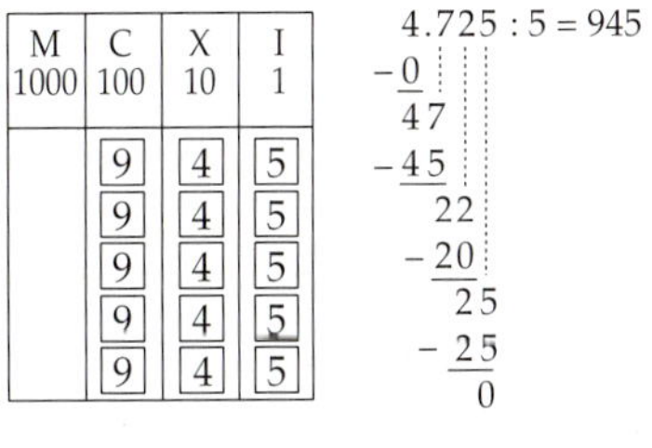

Eine beständige Fehlerquelle beim schriftlichen Teilen liegt darin, dass die ‚0' nicht geschrieben wird, wenn eine Stelle nicht aufgeteilt werden kann. Da ‚nichts' herauskommt, gehen die Kinder einfach zum nächsten Schritt über und verbinden die Zahl mit der nächsten Stelle. Die Rechnungen sehen dann so aus:

```
6.108 : 3 = 206     oder:   6.108 : 3 = 236     oder:   6.108 : 3 = 236
-6                          -6                          -6
 01                          010                         01
-  0                        -  9                        - 0
  18                           18                          10
- 18                         - 18                        -  9
   0                             0                          18
                                                          - 18
                                                             0
```

Auch diese Fehler werden unwahrscheinlicher, wenn die Kinder gewohnt sind, hinter der schriftlichen Aufgabe das Rechenbrett mitzudenken. Hier lässt die gegenständliche Wirklichkeit diesen Fehler gar nicht aufkommen. Die Tatsache, dass nicht aufgeteilt werden kann, heißt hier nicht, dass da ‚nichts' ist, sondern dass wir erneut den Stellenwert verändern müssen. Die leere Spalte bleibt aber vorhanden und zeigt uns, dass dort 0 Hunderter liegen (4, 5, 6).

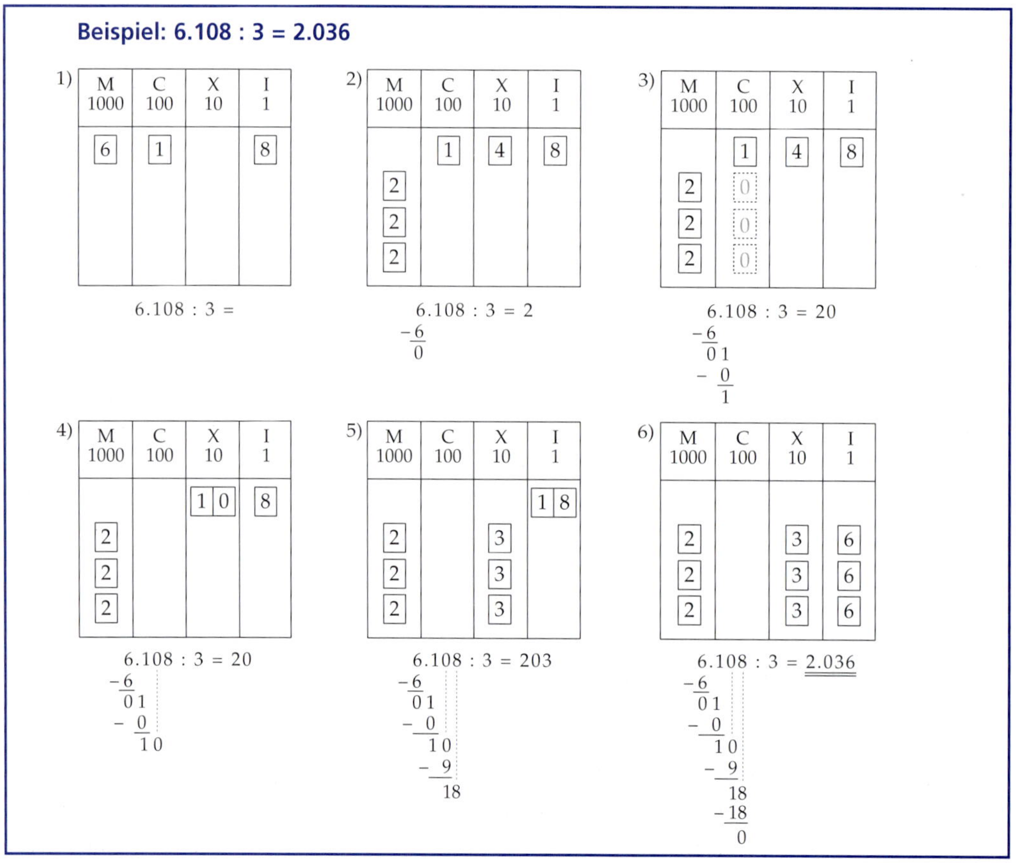

C: Verständnispfeiler des Unterrichts – Ein Überblick über die 4 Schuljahre

Die in diesem Buch gemachten Vorschläge sind kein Lehrplan, der abzuhandeln wäre. Sie sind es schon deshalb nicht, weil viele Aspekte des Rechnenlernens (zum Beispiel der Größenaspekt, der Ordinalaspekt oder gar Codierungen) nicht oder nur am Rande behandelt wurden. Selbst das Einmaleins wurde bisher noch kaum berührt. Es handelt sich eher um eine Art roten Faden, der unter einem bestimmten Blick (nämlich dem der Einsicht in unser Positionssystem und den dezimalen Aufbau unserer Zahlen) mit dem Ziel gesponnen wurde, ein verständiges Rechnen zu ermöglichen. Es geht nicht um die gesamte Breite des Mathematikunterrichts, sondern um den Versuch, den vertikalen Verlauf über die Schuljahre hinweg in einem zentralen Bereich darzustellen.

Selbst dort, wo wie im Abschnitt ‚Mit Sachen rechnen' konkrete Vorschläge gemacht wurden, sind diese nicht als Lehrstoff zu nehmen, sondern als Anregung. Eigentlich geht es in diesem Abschnitt darum, den Blick wieder zu gewinnen – für die Mathematik unseres Alltags wie für die möglichen Fragen, die in diesem liegen.

Genauso wenig darf der Versuch, eine aufbauende Linie in die Entwicklung des denkenden Rechnens zu zeichnen, nicht dahingehend missverstanden werden, dass ein Kind sich noch nicht mit großen Anzahlen beschäftigen dürfe, solange es zum Beispiel noch abzählend rechnet und größere Anzahlen aufgrund fehlender innerer Strukturen offenkundig nicht überblickt. Zu diesem Missverständnis könnte man kommen, weil etwa auf der Stufe der Arbeit mit Würfeln und 5er-Stangen die Aussage gemacht wird, dass dieses Material und seine innere Logik zweckmäßig den Zahlenraum bis 27 abdeckt (vgl. S. 79). Hier ist zu beachten, dass diese Feststellung **nicht** sagt, man dürfe nur in diesem Zahlenraum arbeiten. Im Gegenteil! Die Grenzen des Rechenmittels **müssen** überschritten werden, wenn der Impuls zu einer Modifizierung vom Kind kommen soll. Solange die Verfahren tragen, gibt es keinen Grund, sie zu verändern.
Gleichwohl ist aber auch richtig, dass allein die Veränderung des Arbeitsmaterials das Kind noch nicht auf die neue Logik hebt. Hier bin ich ganz anderer Meinung als Raddatz und Schipper, welche den Bildungswert der Arbeitsmittel darin sehen, dass deren „didaktische Codierung … von den Kindern … entschlüsselt werden"[25]. Im Unterschied dazu meine ich, dass neue, weiterführende Rechenmittel vom Kind dann angenommen werden, wenn es das Bedürfnis dazu hat und seine innere Logik dafür reif ist.

Das Rechenmittel wird nicht entschlüsselt, sondern benutzt.

Aus diesen Gründen ist es gleichermaßen notwendig, das Bedürfnis nicht durch künstliche Zahlraumgrenzen zu ersticken, wie dem Kind auf jedem inneren Niveau Rechenmittel und dazu passende Aufgabenfelder an die Hand zu geben, die diesem entsprechen. Jede

Logik muss durchdrungen sein, bevor sie aus eigenen Stücken bereichernd überwunden werden kann.

Es ist nur natürlich, dass Probleme schon dann in den Blick kommen können (und kommen!), wenn die Mittel zu ihrer Bewältigung nur beschränkt vorhanden und Fehler bei der Bearbeitung daher wahrscheinlich sind. Und es ist durchaus **nicht** fragwürdig, sich mit Problemen zu beschäftigen, die den eigenen Horizont übersteigen. Das kann ausgesprochen bildend sein. Dann nämlich, wenn man an den Verständnisproblemen erkennt, dass man sein Denken verändern und entwickeln muss. Gerade in den über das Vermögen hinausweisenden Aufgabenstellungen steckt, bei Interesse an der Sache, der Impuls zur Veränderung und Fortentwicklung. Problematisch wird die Sache nur, wenn man sich der Tatsache gar nicht bewusst ist, dass man ohne echte innere Vorstellung arbeitet. Erst dann ist man den Verfahren und den durch sie erzielten Ergebnissen ausgeliefert, weil das Bedürfnis, diese zu kontrollieren und zu hinterfragen, gar nicht entsteht.

Wenn also somit deutlich darauf hingewiesen wurde, dass aus den nun folgenden Verständnispfeilern[26], Inhalten und Unterrichtsvorschlägen kein Lehrplan und kein gestuftes lineares Vorgehen abzuleiten ist, dass auch die Gliederung nach Schuljahren nur unserer existierenden Jahrgangsschule geschuldet ist und es weiterhin möglich bleibt und oft notwendig ist, hier für das 2. Schuljahr benannte Aspekte etwa im 3. und 4. Schuljahr weiter mit im Auge zu haben, so soll nun doch der Versuch unternommen werden, die implizit bereits dargestellten Stufen und Aspekte der Entwicklung noch einmal am Stück und mit ihrer Umsetzung im Unterricht darzustellen.
Dabei sind die benannten ‚Verständnispfeiler' als tragende Säulen eines Unterrichtsgeschehens zu verstehen, von denen aus das Rechnenlernen in seinen Facetten entwickelt werden kann.

1. Das erste Schuljahr

Pädagogisch geht es im ersten Schuljahr um die Eingewöhnung der Kinder in die neue Lebenssituation, die Umformung zum Schulkind. Jede inhaltliche Arbeit ist eingebettet in einen Prozess, in dem das Kind gleichzeitig die schulischen Arbeitsformen kennen und sich als Teil einer arbeitenden Gemeinschaft begreifen lernt.
Dies gilt auch für die Einführung in die Welt der Zahlen, bei der berücksichtigt werden muss, dass die Kinder extrem unterschiedliche Voraussetzungen mitbringen. Nicht nur die Vorkenntnisse und Vorerfahrungen sind breit gestreut. Auch die geistigen, sozialen und emotionalen Voraussetzungen sind nicht bei allen gleich, und das schafft uns große Probleme. Es hindert uns, den Unterricht alleine aus mathematikdidaktischer Perspektive zu entwickeln.
Wir sollten das gar nicht versuchen. Selbst bei einem so ‚sachlichen' Thema wie der Zahlenwelt und dem Rechnen sind gelungene Lernprozesse *nicht* allein davon abhängig, dass man als Lehrer auf fachdidaktisch geschickte Art an die vorhandenen Vorerfahrungen anknüpft, um das jeweils Neue zu vermitteln. Auch hier gilt, dass die Basis dafür, die Aufnahmebereitschaft des Kindes, in vielen Fällen erst geweckt und entwickelt werden muss. Oft ist die pädagogische Intuition fruchtbarer als unser didaktischer Hintergrund. Trotzdem sollten wir wissen, um was es geht.

1.1 Der Anzahlaspekt

Im Blick auf das Rechnen sollten wir darauf achten, dass der Anzahlaspekt im Leben unserer Klasse präsent ist. Wir sollten nach Gelegenheiten Ausschau halten und die Kinder dazu ermutigen, Anzahlen in ihrer privaten und unserer Schulumwelt zur Kenntnis zu nehmen, festzuhalten und zu vergleichen. Natürlich kommen dabei auch Zahlen ins Spiel, die keine Anzahlen sind. Telefonnummern, Hausnummern, Schuhgrößen, Autokennzeichen oder die Ziffern auf der Uhr. Diese Zahlen spielen aber – so wichtig sie ansonsten sein und im Unterricht werden können – für das Rechnenlernen keine herausragende Rolle. Zum Teil sind es auch gar keine Zahlen in dem Sinne, den wir fürs Rechnen ins Auge fassen, sondern es sind Zeichen und Codierungen mit Ziffern. Es sind Zeichen und Codierungen, die in ihrer funktionalen Bedeutung erkannt werden können, deren mathematischer Hintergrund aber (abgesehen von der Uhr und den Hausnummern) auf dieser Stufe des Denkens völlig im Dunkeln bleibt. Im Blick auf das Lernen des Rechnens sollte es jedenfalls das Ziel sein, die Kinder in gleicher Weise für die dinglich vorhandenen Anzahlen ihrer Umwelt sensibel zu machen, wie man im Deutschunterricht für die Welt der Buchstaben, Wörter und Laute sensibilisiert. Je mehr ein Kind sich diese Haltung zu eigen macht, umso mehr bildet es sich in seinem Alltag, und umso weniger ist es auf Schule und unseren Unterricht angewiesen.
Ein ganz wichtiges Mittel, den Anzahlaspekt ins Spiel zu bringen, bleibt natürlich, die Freude und den Stolz auszunutzen, den viele Kinder angesichts ihrer erworbenen Zählkenntnis haben. Es ist daher selbstverständlich wichtig, sie zu ermutigen, dieses abzählende Auf-

sagen der Zahlreihe weiter auszubauen und mit konkreten Abzählvorgängen zu verbinden. Dass dieser unmittelbar am Selbstverständnis vieler Kinder anknüpfende Vorgang im dargestellten Konzept nicht breiteren Raum einnimmt, liegt daran, dass die Fähigkeit zum Aufsagen der Zahlenreihe nicht automatisch zu fortgeschritteneren Rechenkonzepten führt und dass gezeigt werden sollte, dass der Einstieg ins Rechnenlernen nicht von der Kenntnis der Zahlenreihe abhängig ist.

1.2 Der Umweltaspekt

Der Umweltaspekt greift etwas weiter als der Anzahlaspekt, der die Umwelt nur im Blick auf Mengen und nicht etwa auf Größen hin untersucht. Die *Qualität* von Größen (schwer/leicht, groß/klein, schnell/langsam, teuer/billig, viel/wenig, hoch/niedrig) wahrzunehmen, ist aber ein wichtiger Faktor bei der Entwicklung mathematischer Strukturen. Auch hier finden Ordnungs- und Vergleichsprozesse statt. Das gilt selbst dann, wenn diese Größenkonzepte noch nicht an Maßzahlen und genormte Einheiten gebunden sind. Das Beispiel mit den Längen (S. 42 f.) macht deutlich, dass es gelingen kann, diese Qualitäten auch ohne Maßzahlen zu behandeln. Daneben kommen unter dem qualitativen Blick die wichtigen Relationen größer, kleiner, gleich (>, <, =) ins Spiel.
Zu einem späteren Zeitpunkt kommen allmählich die Maßeinheiten hinzu und verbinden die zunächst anschaulich gewonnenen Erfahrungen mit dem Zahlaspekt. Sie machen es möglich, dass der Größenaspekt in der Umwelt auch berechnend ins Auge gefasst und untersucht wird. Dies ist aber ein Vorgang, der dann weniger ein neues Denken als vielmehr bestimmte Kenntnisse (nämlich die der Maßeinheiten) und Techniken (nämlich die des Rechnens) braucht.[27] *Im Blick auf die Entwicklung des Denkens geht es darum, die Umwelt qualitativ unter dem Blick der Größe zur Kenntnis zu nehmen.* Und das ist ein Vorgang, der ganz am Anfang steht und die späteren fundiert.

Zum Umweltaspekt gehört noch eine weitere fundamentale Blickrichtung: die auf *Zustandsveränderungen und Operationen.* Dinge können nicht nur mehr oder weniger *sein,* sondern auch mehr oder weniger *werden.* Man kann diese Veränderungen bei Anzahlen hervorrufen, indem man etwas hinzufügt oder wegnimmt. Man kann sie auch Vervielfachen oder in gleiche Teile aufteilen. In der Sprache der Mathematik sind das die vier Grundrechenarten.
In der Logik des denkenden Rechnens sind das am Anfang schlicht Handlungsvorgänge. Diese bewusst zu machen und bewusst etwa zur Lösung eines Problems einzusetzen, ist eine wichtige Aufgabe des Anfangsunterrichts. Auch hier gilt unser Blickwinkel wieder der *Qualität* des Vorgangs, die erfahren werden soll. Dies ist nicht gebunden an die normgerechte Verschriftlichung. Man kann auch ohne Zahl- und Rechenzeichen bestimmen, wie viele Bonbons fünf Kinder beim Fasching zusammengesammelt haben und man kann sie auch ohne Kenntnisse im kleinen Einmaleins gerecht aufteilen. Was als gerecht empfunden wird, das hängt davon ab, inwieweit die Kinder schon einen Anzahl*begriff* gebildet haben, um den es in der Folge geht.

1.3 Die Zahl als unstrukturierte und als linear geordnete Menge

Die erste Vorstellung, in der eine Anzahl wahrgenommen wird, ist die einer ***unstrukturierten Menge***, die mit Hilfe des Zählens in eine ***lineare Ordnung*** gebracht wird oder wurde. Dieses Erstellen linear gedachter Ordnungen in diffus vorhandene Mengen ist der dritte wesentliche Aspekt, der im Unterricht präsent sein muss, damit sich die Kinder mit derartigen Vorgängen auseinander setzen. Die lineare Ordnung, die die Anzahl als ein Nacheinander von Einzelelementen auffasst, erscheint als die elementarste Form, Ordnung in Anzahlen zu bringen, die nicht mehr auf einen Blick erfasst werden können. Das *Abzählen* durch Zuordnen von Zahlnamen ist dabei nichts anderes als die Abbildung des Zählvorganges auf eine symbolische Ebene. Elementarer jedoch als dieses Abzählen ist das Zählen mit zunächst unstrukturiertem Zählmaterial (Würfel, Plättchen, Schneckengehäuse, Erbsen, etc.). Es ist elementarer, weil es zwar vom konkreten Objekt abstrahiert, aber die gezählte Anzahl am Ende doch gegenständlich darstellt.

Zählen lernen (das heißt, Mengen ordnen und Anzahlen in konkretes Material abbilden) und *Ab*zählen lernen (das heißt, die Zahlennamen sowie die Zahlzeichen in ihrer Folge lernen und anwenden), das sind Vorgänge, die zueinander passen, weshalb sie verknüpft werden sollten. Die Kinder sollen das Zählen *und* die Zahlen kennen lernen. Deshalb haben auf dieser Stufe auch alle Zähl- und Abzählspiele (Leiterspiel, Mensch-ärgere-dich-nicht, Abzählverse, 10er-König) ebenso ihre Bedeutung, wie Hilfsmittel, die Zahlzeichen und Anzahlen miteinander verknüpfen (siehe die Tabellen S. 17 und S. 57).

Das heißt allerdings nicht, dass die Kinder nur so weit zählen dürfen, wie sie die Zahlnamen kennen oder wie sie die Zahlzeichen aufschreiben können. Mit Strichlisten und Würfelreihen lassen sich weit größere Anzahlen feststellen und festhalten, als den Kindern in Form von Zahlnamen oder gar Zahlzeichen bekannt sind. Dies zeigt deutlich, dass zwischen *Zählen* und dem *Ab*zählen durch paralleles Aufsagen der Zahlenfolge unterschieden werden muss.

Ist es den Kindern vertraut, Anzahlen zählend oder abzählend in einer linearen Ordnung zu sehen, so können sie im Prinzip alle rechnerischen Probleme (ordnen, vergleichen, zusammenfügen, wegnehmen, Unterschiede bestimmen, vervielfachen, aufteilen, verteilen) auf dieser Grundlage lösen. In der Tat braucht man hinsichtlich der Aufgabenstellungen keine Hemmungen haben. Praktisch genommen sind die Operationen keine Frage des Schuljahres, sondern des Alltages und in diesem immer zu bewältigen. Daher sind die Kinder auch in der Lage, im Bereich des Sachrechnens konkret handelnd Lösungen zu finden, wobei es aus deren Sicht zweitrangig ist, ob dies durch den Einsatz eines Rechenmittels oder durch Nachspielen der Situation geschieht (vgl. B1, S. 38 ff. sowie Kasten S. 84). Gerade durch die vielfältige Bearbeitung sachlicher Probleme schärft sich das Verständnis der mathematischen Operationen, die hier im Vordergrund stehen und nicht von Zahlen, Zahlräumen und Rechenschemata dominiert werden.

Allerdings zeigt sich bei Problemstellungen mit größeren Anzahlen, dass die rein lineare, in sich aber unstrukturierte, Ordnung den Überblick nicht gewährleistet. Das muss den Kindern nicht gesagt werden! Es ist keine didaktische Aufgabe, dies festzustellen und voran zu treiben. Die Feststellung kommt unvermeidlich, wenn mit Anzahlen oberhalb der ‚12' operiert wird, weil dann auch die Bestandteile der Operationen (Zum Beispiel die ‚7' und die ‚8' in ‚12 – 8 = 4' oder ‚5 + 7 = 12') unübersichtlich werden. Und selbst die ‚5' jedes Mal von vorn abzuzählen ist unpraktisch, wenn man doch die ‚2' schon mit einem Blick erfasst.

1.4 Die Zahl als strukturierte Menge

Aus der Arbeit mit dem unstrukturierten Material entsteht also das innere Konzept *strukturierter Anzahlen*, bzw. der *Zahl als strukturierter Menge.* Die Kinder zählen in Schritten und erfassen kleine Mengen, wie zum Beispiel Würfelbilder, spontan. Dieser Prozess wird unterstützt, wenn mit strukturiertem Zählmaterial (z. B. Würfel und Fünferstangen) gerechnet wird und wenn Ergebnisse mit strukturierten Strichlisten notiert werden. Daneben sollten mit Schütteldosen und entsprechenden Übungen (siehe S. 23) die Zerlegungen bis 10 gezielt trainiert und mit Hilfe gefärbter 20er-Felder, von strukturierten Strichlisten sowie Würfeln und Fünferstangen das Blitzerfassen von Anzahlen geübt werden.
Statistische Untersuchungen darüber, wie etwa 5 Münzen fallen, wenn man sie häufig wirft, führen zu Strichlisten, wie der Blick auf die Münzen die möglichen Zerlegungen zeigt. Hilfreich ist es in diesem Zusammenhang ebenfalls, wenn man frühzeitig den Aspekt des Vielfachen ins Spiel bringt. Dies kann geschehen, indem man Würfelmengen, die die Lösung eines Problems repräsentieren, in gleiche Reihen legt und der Frage nachgeht, ob das immer möglich ist. Man kommt zu entsprechenden Aufgaben, wenn man die Anzahl von Puzzleteilen und anderen rechteckig angeordneten Elementen bestimmt oder wenn man Verteilprobleme legend löst. Derartige Situationen sollte man nutzen, da sie nicht nur das kleine Einmaleins vorbereiten, sondern auch die Zahlen durch die jeweilige Anordnung als strukturiert, bzw. strukturierbar vermitteln.
Eine andere Möglichkeit, Zahlen als strukturiert sichtbar zu machen, sind Zahlenfolgen. Auch diese müssen nicht dem Gebiet der Mathematik entstammen, sondern können sich in der Umwelt auftun, wenn man den Blick dafür gewinnt. Pflanzen haben zum Beispiel häufig für sie charakteristische Blätterzahlen. Pflanzt man mit der Klasse Bohnen und protokolliert deren Wachstum, so entdeckt man im Vergleich, dass bei allen Pflanzen nur die Anzahlen 2, 5, 8, 11, 14, usw. vorkommen. Solch eine Entdeckung kann weitere Forschungen auslösen: auf dem Gebiet der Pflanzen ebenso wie auf dem Gebiet ‚schöner' Zahlenfolgen.[28]

1.5 Die Logik des Zehners

Werden die Teilstrukturen zu Anfang fast ausschließlich als Zerlegungen wahrgenommen, so sind diese Zerlegungsteile bereits ‚Ganzheiten'. Die ‚5' zum Beispiel wird nicht mehr

als aus fünf Elementen gebildet erlebt, sondern aus ‚2' und ‚3' zusammengesetzt, die jeweils als ein Ganzes verstanden und erfasst werden. Mit dem bewussten Einstieg in den Zahlenraum bis 100 tritt nun eine besondere Ganzheit in den Vordergrund. Es ist der Zehner, weil sich aus ihm die Zehnerzahlen bilden lassen, die den Hunderterraum strukturieren. Die Zahlen werden dadurch als aus Zehnern und Einern zusammengesetzt empfunden, was Rechnungen in neuen Größenordnungen erlaubt.
Um das wichtige Konzept des Zehners zu stärken, gilt es einerseits, diesen als Element in den Unterricht zu integrieren und andererseits ihn in seinem inneren Zusammenhang zum Einer beständig sichtbar zu machen. Der Zehner darf nicht zu einem Ding an sich werden, zu einer anderen Art Einer. Wir müssen verhindern, dass aus Zehnern und Einern ‚Äpfel und Birnen' werden, die getrennt nebeneinander berechnet werden. Diesem Ziel dient die Arbeit mit Plättchen und Zehnerstäben, und diesem Ziel dient Ende der 1. Klasse und in der 2. Klasse insbesondere der Blick auf Additionen und Subtraktionen des Typs ‚65 +/- 8 =', bei denen der Übergang durch einen einstelligen Summanden oder Subtrahenden hervorgerufen wird (siehe S. 80 ff.).

Doch auch wenn Zehner und Einer nicht wie Äpfel und Birnen unverbunden nebeneinander existieren, so stellt der Zehner in der Logik der Kinder auf dieser Stufe *noch nicht* die erste Ebene einer immer weiter führenden dezimalen Bündelung dar. Da im Zahlenraum bis 100 dieser Übergang ja nur einmal, eben zwischen Zehner und Einer erfahren wird, kann die Verallgemeinerung (Einer, Zehner, Hunderter, Tausender, usw.), die für uns Erwachsene automatisch mitschwingt, nur von denjenigen Kindern bereits erlebt werden, die diesen Zahlenraum gedanklich schon überschritten haben. Der Unterrichtsinhalt selbst macht es nicht zwingend, und es ist ein grobes Missverständnis vieler Lehrer, dass sie meinen, hier schon einen echten Schritt ins Stellenwertdenken hinein getan zu haben. Genau diesen Schritt vollziehen durchschnittliche und schwache Rechner an dieser Stelle noch nicht, weil die innere Logik ihres Rechnens ihn in diesem Zahlenraum eben *nicht* erzwingt.

Dieses Missverständnis wird durch die Unterrichtsvorschläge zahlreicher Lehrbücher geradezu provoziert, die an dieser Stelle Übungen mit der Stellenwerttafel einfügen. Indem sie den Zusammenhang zwischen Zehner und Einer nicht thematisiert, zerreißt die Stellenwerttafel die Zahl in unverbundene Bestandteile. Dadurch unterstützt sie – insbesondere bei den schwachen Rechnern – die Logik der Äpfel und Birnen, das heißt, den unverstandenen Blick auf vorne und hinten in der Zahl, und ihr Einsatz ist daher oft ausgesprochen kontraproduktiv!

1.6 Die Zahl als Symbol

Symbole spielen von Anfang an eine große Rolle. Schon die Strichliste, mit der die Anzahl der Fenster in der Klasse festgehalten wird, symbolisiert *in Verbindung mit dem gemalten Fenster* diese Realität. Aber hier kommt die symbolische Ebene durch die zugefügte Zeichnung hinzu, welche die Aussage ‚so viele Fenster wie Striche hier' bildet. Die Zahl-

ebene selbst, die acht Striche isoliert von der abgebildeten Wirklichkeit, ist noch völlig konkret. Sie ist ebenso dinglich vorhanden wie in den 13 Würfeln, mit denen die Tische gezählt wurden.
Unsere Zahlzeichen dagegen sind Symbole, allein auf der Ebene der Anzahl. Die ‚4' als Zeichen enthält in keiner Weise mehr die Anzahl der Menge ‚vier'. Unsere Zahlzeichen sind keine Anzahlen, sondern stehen für diese. Man muss sie kennen, um sie lesen und benutzen zu können. Man muss sie mit der Zeit auch schreiben können. Deshalb gehört es dazu, den Zahlzeichen angemessenen Raum im Anfangsunterricht zu geben. Mit einer wie auf den Seiten 17 oder 57 vorgeschlagenen Tabelle haben die Kinder die Möglichkeit, sich diese Zahlzeichen im Gebrauch eigenständig anzueignen.
Auch wenn es sich bei unseren Zahlzeichen objektiv um Symbole handelt, so rechnet man doch *nicht* mit diesen Symbolen. Diese müssen erst in konkrete Vorstellungen zurückübersetzt werden, wenn man mit ihnen arbeiten will. Das Rechnen findet immer auf einer konkreteren Ebene statt. Wie konkret diese ist, das hängt davon ab, mit welchem inneren Zahlkonzept ein Kind oder ein Erwachsener arbeitet. Deshalb ist es ja gerade so wichtig, *diese* Ebene der Vorstellungen zu entwickeln.

Um das Konzept der Zahl als Anzahl von Einzelelementen zugunsten von Ganzheiten aufzulösen, spielt ein anderes Material eine große Rolle, das den Kindern bereits in der Form solcher Ganzheiten vertraut ist. Es sind die Geldmünzen, bei denen die symbolische Ebene der Zahlen alltäglich in das Leben der Kinder eingreift. Es bietet sich daher schon im ersten Schuljahr an, durch den Gebrauch von Geldmünzen (beim Sachrechnen ebenso wie als Rechenmittel zur Lösung von Aufgaben) den Symbolaspekt der Zahlen nicht nur in geschriebenen Zahlzeichen frühzeitig im Unterricht präsent zu halten.

Zusammenfassung

Der Rechenunterricht der ersten Klasse sollte eingebunden sein in ein möglichst vielfältiges Klassenleben. Je mehr die Klasse einer tätigen Werkstatt gleicht, umso besser. Aber auch wer seinen Unterricht zentrierter führt, hat die Möglichkeit, seinen Rechenunterricht den alltäglichen Erfahrungen zu öffnen, die in jeder Grundschularbeit zum Tragen kommen. Auf Ausflügen und Unterrichtsgängen, durch Kreisgespräche oder auch andere Unterrichtsfächer kommen Themen und Vorgänge ins Spiel, die – wenn man darauf aufmerksam wird – Mathematik in sich tragen. Wer zum Beispiel mit Lernwörtern in der Klasse arbeitet, könnte einmal die Frage stellen, aus wie viel Buchstaben die meisten gebildet werden. Wer klassisch nach einer Fibel arbeitet, kann die Frage stellen, ob denn alle Buchstaben gleich oft vorkommen und was die ‚wichtigsten Buchstaben' sind. Wer im Herbst Laternen bastelt, kann die Kosten dafür mit der Klasse bestimmen. All dies ist möglich, wenn wir in der Klasse eine Kultur des handelnden Rechnens erzeugen.
Zentrale Rechenmittel sind dafür im Anfangsunterricht die Würfel und Fünferstangen, und später im ersten Schuljahr unsere Geldmünzen sowie die quadratischen Plättchen und 10er-Stäbe.

2. Das zweite Schuljahr

Erstes und zweites Schuljahr bilden in vielerlei Hinsicht eine Einheit. Das zweite führt fort, was das erste begonnen hat.
Die Klasse hat sich als soziale Gruppe und als Lerngruppe gefunden. Die schulischen Arbeits- und Umgangsformen sind vertraut. Gleichzeitig sind in den Bereichen des Lesens, Schreibens und Rechnens die Grundlagen so weit gelegt, dass diese Techniken zunehmend dienend benutzt werden können. Im gesamten Lernprozess kommt es weniger darauf an, etwas *qualitativ Neues* zu lernen als vielmehr, das Bekannte auszubauen und zu verbessern. So auch im Rechnen.

Im Kern werden die im ersten Schuljahr zentralen Aspekte weitergeführt. Dabei steht weiterhin der Anzahlaspekt im Vordergrund, aber er muss nicht mehr ausdrücklich ins Spiel gebracht werden. Diese Blickrichtung ist inzwischen allen Kindern geläufig.
Die allermeisten rechnen auf dem Hintergrund strukturierter Zahlvorstellungen. Nur wenn Aufgaben unübersichtlich werden, greifen sie auf abzählende Verfahren zurück. Manche Kinder gebrauchen bereits ausgesprochen kompetent die Idee des Zehners, um sich im zweistelligen Bereich zu bewegen. Gleichzeitig gibt es andere, die auch bei einfachen Aufgaben noch auf abzählende Rechenhandlungen angewiesen sind.
Das Ziel des zweiten Schuljahres ist noch nicht, zu einem echten Stellenwertverständnis zu führen. Das Ziel des zweiten Schuljahres beschränkt sich darauf, möglichst viele Kinder so weit zu bringen, dass sie den Zehner in seinem inneren Zusammenhang mit den Einern beim Rechnen im Zahlenraum bis 100 nutzen können. Fachdidaktisch wird man also in gleicher Weise wie schon im ersten Schuljahr durch den Einsatz von Würfeln und Fünferstangen, Plättchen und Zehnerstäben sowie Geld als Rechenmittel daran arbeiten, die *inneren Grundlagen dafür* zu legen. Der Unterschied zum ersten Schuljahr besteht allein darin, dass sich der Schwerpunkt der Arbeit aufgrund der Entwicklung der Kinder allmählich verschiebt, so dass Würfel und Stangen an Bedeutung verlieren, Stäbe und Plättchen sowie 10-Cent- und 1-Cent-Münzen dagegen an Bedeutung gewinnen.

Dadurch, dass die Rechenkompetenz in der Klasse steigt, wird es möglich, den Umweltaspekt zunehmend *messend* ins Spiel zu bringen. Neben der Uhrzeit werden vor allem Gewichts- und Längenmaße behandelt. Längenmaße haben dabei den Vorteil, dass die Arbeit mit dem Zollstock mit seinen Zentimetern genau den Zahlraum zum Thema macht, der in der Klasse und im Rahmen der überwiegend vorhandenen Zahlvorstellungen behandelt werden kann. An dieser Stelle ist es besonders schön, wenn man sich in der ersten Klasse, wie vorgeschlagen, wirklich die Zeit genommen hat, Körper- oder Schuhgrößen in Streifen (und vielleicht die Körpergewichte als Zahl) festzuhalten. Dann kann man dies jetzt nämlich wieder aufnehmen und die nun gemessenen Werte in eine Tabelle eintragen. Nichts bringt Kindern so viel Spaß, wie sich ihr eigenes Wachstum vor Augen zu führen.

Auf der Ebene der Zahlkonzepte geschieht im zweiten Schuljahr nichts wesentlich Neues. Das eigentlich Neue im Bereich des Rechnens sind die beiden neuen Operationen: Multiplikation und Division.

2.1 Einschub zur Einführung von Multiplikation und Division

„Multiplikation und Division können im 2. Schuljahr erst erarbeitet bzw. thematisiert werden, wenn alle Kinder einen relativ sicheren Überblick über den Zahlenraum bis 100 und operative Erfahrungen in diesem Zahlenraum haben, d. h. in der zweiten Hälfte des ersten Schuljahres."[29] Diese Grundposition, die die Schulwirklichkeit in diesem Bereich nachhaltig bestimmt, ist aus meiner Sicht nicht zu halten. Dass die Aussage nicht stimmt, zeigt die Tatsache, dass Multiplikation und Division in der Montessoripädagogik Themen des ***Vor***schulbereichs(!) darstellen und schon von Vier- und Fünfjährigen am Multiplikations- und Divisionsbrett als Vorgang handelnd erfahren werden.

Wer erst jetzt – in der zweiten Klasse – mit der Multiplikation und Division beginnt, hat viel kostbare Zeit verloren. Die Vorgänge sind so elementarer Natur, dass sie vom ersten Tage an in den Anfangsunterricht gehören. Beide Operationen sind nicht an das Einmaleins gebunden, aus dem heraus sich die späte Beschäftigung mit dem Thema erklärt. Dieses setzt Rechenfähigkeit im Zahlenraum bis 100 voraus, weshalb viele erst glauben, diese Thematik im Anschluss an die Öffnung dieses Zahlenraumes behandeln zu können. Das ist aber nicht der Fall.

Die Beherrschung des Einmaleins als wichtiges Lernziel des Rechenunterrichts soll nicht bestritten werden. Ohne sicheres und automatisiertes Einmaleins scheitert das Kind an der schriftlichen Multiplikation und Division. Wichtiger noch ist, dass das Überschlagen einer Rechnung oft seine Beherrschung erfordert. Ich kann den Verbrauch eines Autos, das für 687 km eine Benzinmenge von 40,3 l benötigt, nicht abschätzen, wenn ich die 7er-Reihe nicht kenne. Nur dann sehe ich, dass 40,3 fast 42 ist und der Verbrauch also bei knapp 6 Litern pro 100 km liegt.

Aber die Beherrschung des Einmaleins reicht nicht aus! Um in dem Problem überhaupt die Teil- oder Vervielfachungsaufgabe zu erkennen, muss ich mich mit diesem Typ von Problemen beschäftigt haben. Viele Erwachsene können ihr Einmaleins und sind doch unfähig, das genannte Problem zu lösen. Sie kennen die Ergebnisse, aber nicht die Struktur – weder die Struktur des Einmaleins noch die der ihm zugrunde liegenden Fragestellungen. Sie sind nicht in der Lage, die Verbindung herzustellen. Wenn wir Rechenunterricht erteilen, dann kommt es darauf an, nicht nur Rechentechniken zu vermitteln, sondern vor allem auch die Kompetenz, diese in Sachsituationen zu erkennen und auf diese angemessen anzuwenden.

Wollen wir die Kinder wirklich befähigen, mathematische Aspekte von Sachproblemen in ihrer Umwelt zu lösen, so müssen wir das mit ihnen üben und die Rechentechniken als Hilfsmittel entwickeln. Die Sachsituation kommt vor der Rechnung und nicht danach! Daher ist es so wichtig, schon im Unterricht der ersten Klasse entsprechende Situationen aufzugreifen und in ihrer wiederkehrenden Struktur sichtbar zu machen.

So wie die Kinder schon im Kindergarten Bonbons verteilt haben, so kann man die 35 Münzen, 42 Muscheln oder 92 Sammelkarten, die die Kinder zum Zeigen in den Kreis mitgebracht haben, nicht nur abzählen lassen. Schon in der ersten Klasse kann man die Frage stellen, ob sich die Anzahl in gleiche Reihen legen lässt. Das ist zunächst einmal einfach ein Ratespiel mit Probe. Wie viele sollen in einer Reihe liegen? Man probiert und merkt, manchmal geht es und manchmal nicht. Dabei zählt man gemeinsam, und die Kinder üben die Zahlenfolge. Man kann aber auch zeigen, wie jetzt ‚immer 4' oder ‚immer 5' in einer Reihe liegen und versuchen, das bei kleineren Anzahlen langsam rhythmisch zu zählen. Außerdem sehen die Kinder, wie beim Aufteilen Rechteckmuster entstehen und lernen, in den Rechteckmustern selbst ähnliche Aufgaben zu entdecken. Hat man kleine Puzzle für die Freiarbeit in der Klasse, so kann man deren Zahlen untersuchen. Puzzlezahlen sind immer auch Einmaleinszahlen.

Da liegen zum Beispiel die Teile eines Puzzles ungeordnet, weil es nicht sorgfältig zurückgeräumt wurde. Diese Teile kann man im Kreis zeigen und fragen, wie man ohne das Puzzle zu puzzeln feststellt, ob es vollständig ist. Wieder steckt dahinter die Frage, ob es sich in Reihen legen lässt.
An Keksverpackungen lassen sich zu Weihnachten situativ Fragen einbringen, die auf das Einmaleins vorbereiten. Eine leere Schachtel mit vier Vertiefungen wird gezeigt: „Wie viele Kekse waren wohl in der Packung?" Vermutungen darüber müssen begründet werden und es wird deutlich, dass nicht alle Anzahlen vorkommen können. Man würde wohl kaum 5 oder 13 Kekse auf diese Art verpacken. Sicher waren es auch nicht 4 oder 8, weil dafür die Vertiefungen zu tief sind. Vielleicht waren es 12 oder 16 oder 20. „Wie viel Kekse könnten denn in einem Loch gelegen haben?" – „5?" – Plötzlich sind wir bei der 5er-Reihe und rechnen ‚5+5+5+5'.

Diese Beispiele sollen exemplarisch zeigen, dass wir auch hier lernen müssen, die Chancen zu nutzen, die uns der Alltag stellt. Wir müssen uns selbst sensibilisieren, solche Mathematik in unserer Umwelt zu entdecken und wir müssen uns trauen, sie im Unterricht zum Thema zu machen.
Multiplikation und Division lassen sich also auch unabhängig vom kleinen Einmaleins und vor allem schon viel früher zur Sprache bringen. Dabei geht es noch nicht um die Schreibweisen, die Kenntnis wichtiger Ergebnisse oder die Automatisierung der Folgen. Es geht erst einmal nur um das Kennenlernen der mathematischen Struktur als Ausdruck einer in der Wirklichkeit vorkommenden Realität.

2.2 Die Einführung des kleinen Einmaleins in der 2. Klasse

Behandelt man in der 2. Klasse das Einmaleins, kommt es zunächst vor allem darauf an, die innere Systematik der mathematischen Struktur im benannten Sinne zu verankern, die sowohl beim Erlernen des Einmaleins als auch beim kreativen Rechnen hilft. Die Kinder sollen innere Bilder der Einmaleinsfolgen entwickeln, den Zusammenhang zwischen Tauschaufgaben (3 x 6 = 6 x 3) nicht nur kennen, sondern auch verstehen und begründen können. Sie sollen verstehen, wie ‚7 x 6' aus ‚5 x 6' oder ‚13 x 8' aus ‚10 x 8' hervorgeht.

Dabei ist es durchaus nicht notwendig, dass wir uns beim Kennenlernen der Struktur auf das kleine Einmaleins beschränken. Im Gegenteil birgt das die Gefahr, doch zu schnell die Ergebnisse der Einmaleinsreihen anzusteuern. Gerade die Übertragung unseres Modells auf größere Aufgaben hilft, den strukturellen Gesichtspunkt im Vordergrund zu belassen. Nur brauchen wir angemessene ***Hilfsmittel***, die diese Struktur sichtbar machen und die rechnerischen Aspekte für die Kinder trotzdem überschaubar halten.

Solch ein Hilfsmittel stellen rechteckige Karomuster dar, mit denen ich die beste Erfahrung gemacht habe, da sie einen frühen und eigenständigen Zugang ermöglichen und zum konkreten und an der Umwelt orientierten Rechnen passen.[30]
Ausgangspunkt sind Verpackungen, die häufig rechteckige Anordnungen haben. Eierkartons, Kartonpaletten mit Joghurt, Schokokussverpackungen, Getränkekästen, überall verstecken sich in der rechteckigen Anordnung nach gleichen Reihen Malaufgaben. Immer findet man zwei Aufgaben, denn die 10 Eier im Karton kann man als ‚2 x 5' ebenso lesen wie als ‚5 x 2'. Von Beginn an sind die Tauschaufgaben im Blick.

Im nächsten Schritt werden die in der Realität gefundenen Muster zu entsprechenden Karomustern in Verbindung gestellt. 4 x 6 Schokoladenrippen in der Tafel werden zu einem Rechteck mit 4 x 6 Karos.

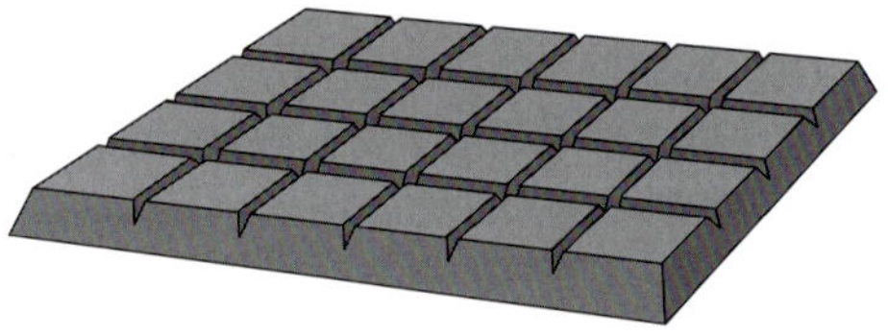

4 x 6 (oder 6 x 4)

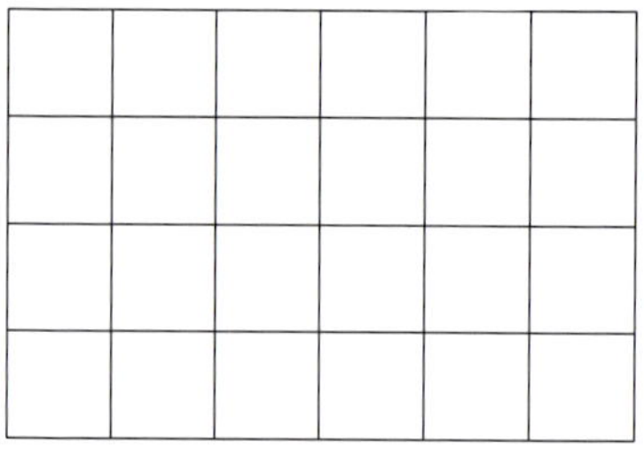

Der Eierkarton mit 10 Eiern wird entsprechend zu einem Rechteck mit 2 x 5 Karos. Dieser Zusammenhang wird festgehalten: Zu jeder Malaufgabe kann ich ein Rechteck aus Karos schneiden oder zeichnen, und jedes Rechteck stellt eine (oder zwei) Malaufgaben dar.

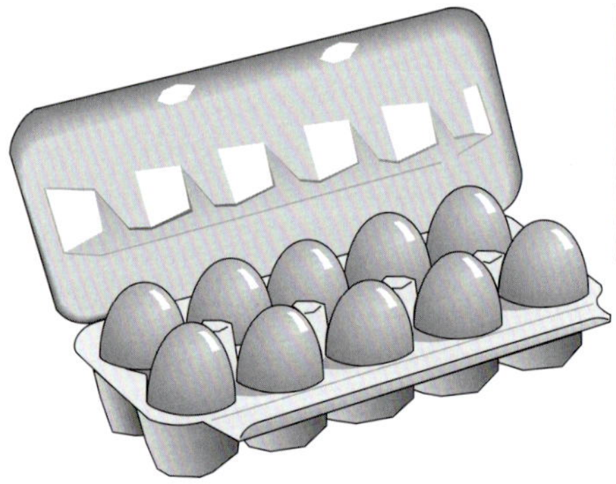

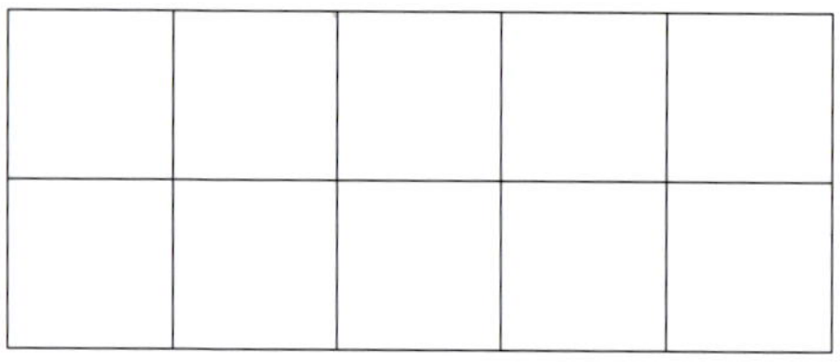

2 x 5 (oder 5 x 2)

Auf diesem Kenntnisniveau lässt sich erfahrungsorientiert arbeiten. Bezüge zwischen reellen Verpackungen, Rechteckmustern und Aufgaben müssen auf unterschiedliche Weise hergestellt und Anzahlen berechnet werden. Dabei lässt die Tatsache, dass die Aufgaben oft auf doppelte Weise, mindestens aber auf der Ebene von Rechtecken mit Karos, konkret präsent sind, zu, dass auch rechenschwache Kinder die Lösungen bestimmen können.

Die Entdeckung der 100 Malaufgaben

An dieser Stelle des Unterrichts kann man die Frage ins Spiel bringen, wie viele verschiedene Malaufgaben es überhaupt gibt, wenn kein Faktor über 10 sein darf. Dies ist, wie gesehen, gleichbedeutend mit der Frage, wie viele Rechtecke es wohl gibt, die an keiner Seite mehr als 10 Kästchen haben.

Dieser Frage kann in der Form nachgegangen werden, dass die Kinder die Aufgabe bekommen, jeweils 5 verschiedene Rechtecke auszuschneiden. Mit diesen Rechtecken trifft man sich im Kreis und reihum darf jedes Kind ein neues Rechteck in die Mitte legen. Rechtecke, die dort schon liegen, fallen als Möglichkeit weg oder werden auf schon vorhandene gelegt. Nach einer Weile wird das aber unübersichtlich. „Was ist schon da?“ „Haben wir das schon?“ Automatisch entsteht die Frage, wie man die Rechtecke ordnen kann. Naheliegenderweise entsteht dabei eine Ordnung nach Verwandtschaft.
Alle Rechtecke mit 4 Kästchen auf einer Seite kommen in eine Reihe (7 x 4, 4 x 4, 2 x 4, 3 x 4, 9 x 4). In dieser Reihe ordnen wir jetzt vom Kleinen zum Großen.

Verwandte Rechtecke – verwandte Malaufgaben

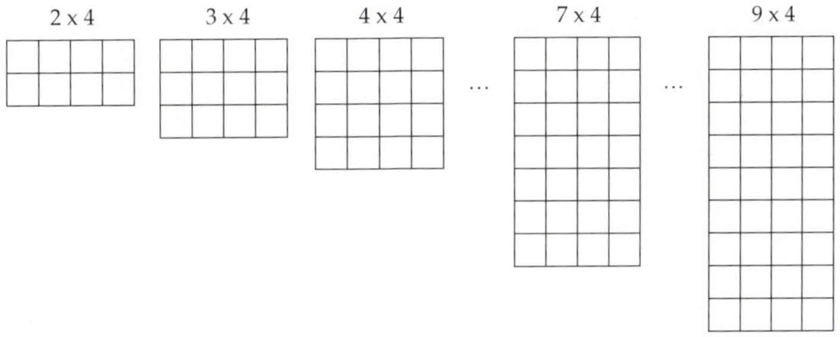

Irgendwann sind alle Rechtecke der Kinder gelegt, und es ist die Frage: „Gibt es noch mehr Rechtecke oder haben wir alle?“ Oder: „Wer findet noch eines, das wir noch nicht haben?“ Natürlich fällt der Blick auf die Lücken in den Reihen. „Da liegen schon 2 x 4, 3 x 4, 4 x 4 und dann geht es mit 7 x 4 und 9 x 4 weiter. Da fehlen welche!“
„In der fünften Reihe liegt ja eines mit 4 x 5. Das kann man jetzt hoch legen.“ – „Stimmt! Aber jetzt haben wir zwischen 3 x 5 und 5 x 5 ein Loch!“
So finden die Kinder ohne große Hilfen die 100 Aufgaben des Einmaleins, und sie entdecken dabei vor allem die Logik der Reihen ebenso wie den Zusammenhang von Tauschaufgaben wie 4 x 5 und 5 x 4. Sie erkennen, wie eine Aufgabe aus der anderen hervorgeht, indem man eine Reihe anfügt oder wegnimmt. („Ich habe noch eine 9 x 4. Da brauche ich für die 8 x 4, die uns fehlt, nur eine Reihe abschneiden.“)

Das Ergebnis dieser Arbeit bleibt als großes Plakat in der Klasse präsent und lässt sich immer wieder nutzen. Aufgaben können darauf gezeigt werden. Rechtecke können abgedeckt werden und es geht darum, die versteckten Aufgaben zu benennen.

Außerdem lassen sich die 100 Rechtecke noch einmal auf DIN-A6-Kartons kleben und die Malaufgabe darunter notieren, was in der Freiarbeit als Kartenspiel nutzbar ist.[31]
Notiere ich die Lösungen statt auf der Vorderseite auf der Rückseite, so habe ich eine Übungskartei, bei der die Aufgaben erkannt und benannt werden müssen. Trenne ich die Aufgabe vom Rechteckmuster, kann ich ein Memory oder ein Domino erstellen. Es gibt viele Möglichkeiten, die Rechtecke für die Kinder mit den Malaufgaben und ihren Ergebnissen zu verknüpfen.

Systematischer geschieht das durch Einsatz des Hunderterfeldes[32] mit Winkel, das ab einem gewissen Punkt den Unterricht ergänzen sollte.

Hunderterfeld mit Winkel
An ihm lassen sich die Malaufgaben schnell zeigen, und es lässt sich zu sichtbaren Rechtecken nach der dazugehörigen Malaufgabe fragen.
Das Hunderterfeld übernimmt durchaus die Funktion eines Rechenmittels, wenn es etwa um die Suche nach der Lösung einer Malaufgabe geht.
Die sichtbaren Kästchen lassen sich leichter abzählen und die gleichmäßigen Reihen springen dabei ins Auge.
Außerdem lässt sich aufgrund des deutlichen Fünferstrichs diese Teilstruktur nutzen.

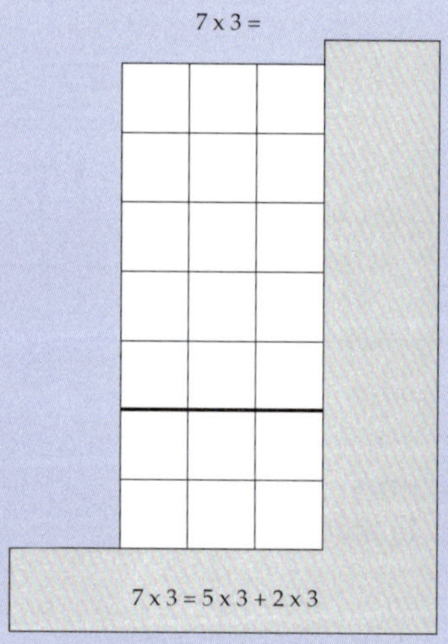

Am Hunderterfeld wird auch sichtbar, wie die verschiedenen Aufgaben auseinander hervorgehen, indem der Winkel horizontal oder vertikal verschoben wird. Die Kästchen werden ja nicht einzeln sichtbar, sondern es kommen immer gleiche Reihen von Kästchen hinzu. So baut sich die gesamte Einmaleins-Reihe vor den Augen auf und lässt sich im Zusammenhang mit diesem Bild üben, was das Erlernen der Reihen, auch im Hinblick auf deren Automatisierung, erleichtert.

Große Rechteckmuster (Aufgaben des großen Einmaleins)

Eine wichtige Rolle im Erkennen und Nutzen von Strukturen bilden Karofelder, die das kleine Einmaleins bewusst übersteigen. Gute Rechner sind in ihrem Verständnis und in ihrer Kenntnis der Reihen oft schon so weit, dass sie bei kleinen Feldern wie 7 x 6 gar nicht mehr hinschauen. Sie müssen diese nicht mehr zerlegen, um zur Lösung zu kommen. Sie

Ganz anders sieht das aus, wenn man den Kindern die Aufgabe gibt 12 x 13 oder 17 x 14 mit Hilfe eines entsprechenden Rechtecks zu berechnen. Kaum ein Schüler dürfte Mitte der 2. Klasse in der Lage sein, die Lösung dieser Aufgabe allein rechnend zu erarbeiten. Am rechteckigen Karofeld wird die Rechnung aber so leicht und einsichtig, dass nicht nur die guten, sondern auch die schwachen Rechner die Aufgabe bewältigen können.

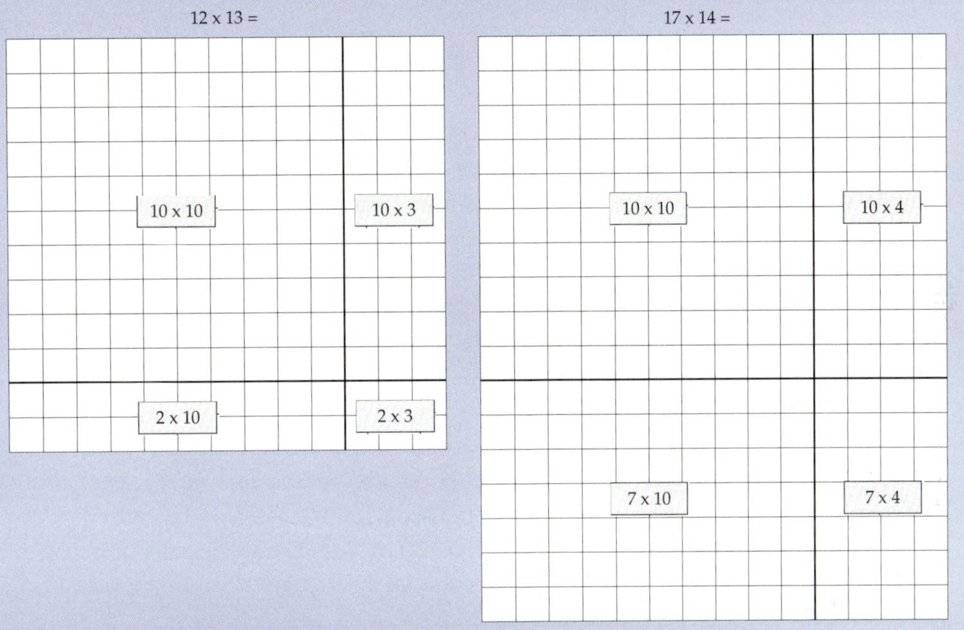

nehmen daher die innere Logik der Felder nicht wirklich auf. Nicht anders geht es den schwächeren Rechnern, die die Reihen zu Hause mit Mama (oder von Papa) gelernt haben.
Die Aufgabe löst sich nämlich in die ausgesprochen leichten Teilaufgaben 10 x 10, 2 x 10, 10 x 3 und 2 x 3 auf. Selbst die Addition der Teilbeträge ist einfach, weil drei der vier Ergebnisse Zehnerzahlen sind. Alle Aufgaben des großen Einmaleins lassen sich auf diese Weise ausrechnen und werden letztlich auf die Summe aus Hundert, zwei Zehnerzahlen und einer Aufgabe des kleinen Einmaleins reduziert.

Große Malaufgaben wirken daher ausgesprochen integrierend, ganz im Gegenteil zu einem forcierten Erlernen der Einmaleinsreihen, welches die Klasse auseinander reißt und die leistungsschwachen Kinder entmutigt. Auf der so erworbenen Grundlage lässt sich das kleine Einmaleins *im Anschluss* ebenso aufbauen wie die zugehörige Division als Umkehroperation eingeführt werden kann.

Möglicherweise ist durch die hier vorgeschlagene intensive Beschäftigung mit der Multiplikation Zeit ‚verloren' gegangen, die nun im Rahmen der 2. Klasse für die Automatisierung fehlt. Möglicherweise können daher nur die elementaren Reihen (10er-, 2er-, 5er-, 3er-, 4er-Reihe, vielleicht die 9er-Reihe) im Rahmen der 2. Klasse mit allen gesichert werden, während die schwierigeren Reihen und Aufgaben in der 3. Klasse im Anschluss an die Sommerferien geübt werden müssen (siehe Arbeitsblätter zum „10-Minuten-Rechnen" im Anhang auf S. 163–165). Dieser ‚Verlust' wird aber durch den ‚Gewinn' mehr als wett gemacht, dass die Kinder sich die Struktur der Operationen erarbeitet haben und dadurch die so erworbenen Rechentechniken produktiver einsetzen können.

10-Minuten-Rechnen

Eine bewährte Form zum Festigen der Reihen ist das ‚10-Minuten-Rechnen': Für alle Reihen sind kleine Zettel vorbereitet, auf denen die 11 Aufgaben (auch 0 mal!) als Mal-, Geteilt- und Ergänzungsaufgabe in jeweils anderer Mischung vorkommen (Kopiervorlage im Anhang). Alle beginnen mit dem Zettel der Zehnerreihe. Wer fertig ist, kommt zum Lehrer. Der notiert die Zeit und das Kind nimmt sich die Zweierreihe. Ist es damit fertig, kommt es wieder vor, die Zeit wird wieder notiert, und es bekommt die Fünferreihe. So geht es mit immer schwierigeren Reihen weiter.

Nach 10 Minuten ist Schluss. Zu Hause kontrolliert man in Ruhe die Ergebnisse. Wer schnell (unter 2–3 Minuten) alles richtig gerechnet hat, braucht diese Reihe in Zukunft nicht mehr zu üben und fängt das nächste Mal mit der nächstschwierigeren an. Dadurch findet sehr schnell eine Differenzierung statt, bei der jeder die Reihen kontrolliert, die noch nicht automatisiert waren. Im Wochenplan können dann parallel differenzierte Übungen zu den noch zu übenden Reihen verteilt werden. Dieses ‚Wettrechnen gegen die Uhr' macht eigentlich allen Kindern Spaß, gerade weil es zeitlich so klar und strikt abgegrenzt ist.

3. Das dritte Schuljahr

Das dritte Schuljahr ist für die Fortentwicklung des Zahlbegriffs ein zentrales Schuljahr. Während es in der zweiten Klasse weiterhin darum ging, vom rein zählenden Rechnen zu einem in Zerlegungen und Teilstrukturen denkenden vorzudringen und auf dieser Grundlage die Rechenkompetenz im Zahlenraum bis 100 auszubauen, kommt nun etwas elementar Neues ins Spiel: die *Idee* der Bündelung!

3.1 Die Idee der Bündelung

Ich schreibe hier bewusst die *Idee* der Bündelung. Denn faktisch finden schon lange Bündelungen statt. In den Fünfern und Zehnern haben sie ja ihren sichtbaren Ausdruck. Beim

Auflösen der Zehnerstange zu Einern im Rahmen des Zehnerübergangs bei der Subtraktion wird der so gegenständliche Zehner ja entbündelt. Und beim Übergang in der Addition entsteht durch Bündelung ein neuer Zehner. In der Sicht vieler Kinder ist die dahinter stehende grundsätzliche Idee aber durchaus noch nicht präsent. Sie brauchen diese Sichtweise auch noch nicht, um die Aufgaben des Hunderterraumes verständig lösen zu können.

Einer und Zehner sind ihnen noch immer Gegenstände, Ganzheiten wie etwa die Münzen. Man kann sie benutzen und ineinander umtauschen, so wie man für 65 Cent am Kiosk eine Dose Cola eintauscht. Dass sich auf dieser Idee unsere gesamte dezimale Zahlstruktur aufbaut, wird bestenfalls geahnt.

Immerhin hat das hantierende Rechnen auf dieser Grundlage, die ich die Ebene der Zehnerlogik genannt habe, dazu geführt, dass diese Ebene sich gefestigt hat und an der Kenntnis des Hunderters anknüpfend, kann nun in einem wunderschönen Projekt der dezimale und stellenweise Zahlbegriff, der unseren Zahlen zugrunde liegt, endgültig aufgebaut werden.

Das Projekt heißt ‚die Geschichte der Zahlen und des Rechnens'. Es führt noch einmal vom elementaren Zählen über das Zählen großer Mengen samt den dabei notwendigen Bündelungen über die Arbeit am römischen Rechenbrett bis zu unseren schriftlichen Rechenverfahren.[33] Aber auch wer es nicht so ausführlich machen will, der sollte zumindest an dem Punkt einsteigen, an dem die Idee der Bündelung zentral vermittelt wird: dem Zählen sehr großer Anzahlen.

Große Anzahlen bestimmen

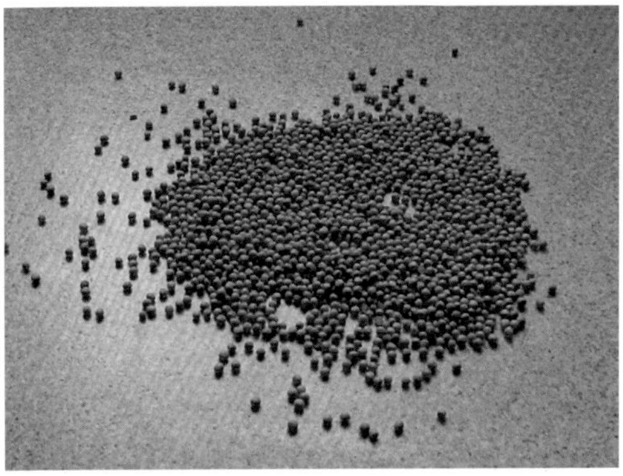

In einem ersten Schritt geht es darum, das Problem in die Klasse zu holen, das darin besteht, große Anzahlen zu bestimmen. Gläser voll Erbsen oder Bohnen, Berge von Streichhölzern, Eierbecher voll Reis, eine Schale schöner Steine und Ähnliches können in Verbindung mit der Frage ‚Wie viele sind das jeweils?' den Einstieg bieten.

Am besten arbeitet man hier in Kleingruppen. In jedem Fall können die Kinder, indem sie die große Menge teilen und jeder einen Teil zählt, die Aufgabe schneller bewältigen. Wichtiger aber ist, dass sie über ihre Schwierigkeiten reden, sich nicht zu verzählen und dass mit hoher Wahrscheinlichkeit jemand in der Gruppe ist, der es ausnützt, in Zehnerhaufen zu legen.

Falls das in einer Gruppe nicht geschieht, macht das nichts. Spätestens das anschließende Gespräch über die Arbeit fördert den Vorteil dieses Vorgehens zu Tage. Und wenn man diejenigen Gruppen, die in Zehnern gebündelt haben, auffordert, dies erst mal so liegen zu lassen, wird augenscheinlich, dass man sogar im Nachhinein noch die Menge gut kontrollieren und erfassen kann, während man das Ergebnis bei den einfach abgezählten Haufen schlicht zur Kenntnis nehmen muss.

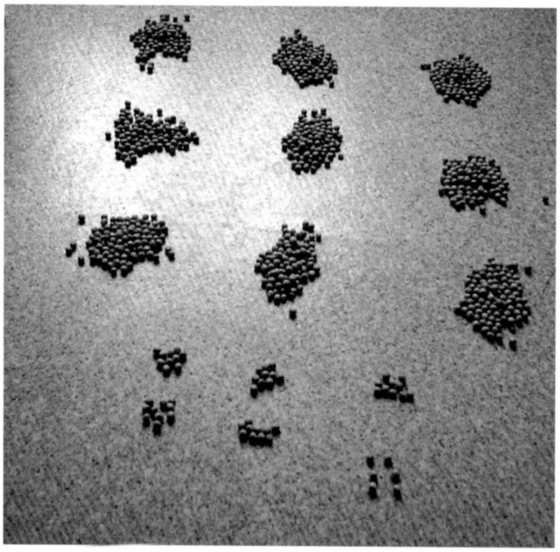

Die große Menge an Zehnern wird noch übersichtlicher, wenn immer 10 Zehner zu einem Hunderterhaufen zusammengeschoben werden. Nun kann man aus Hunderterhaufen, Zehnerhaufen und als Muster gelegten Einern die Gesamtzahl unmittelbar ablesen, was für zukünftige Zählungen als Forderung formuliert wird.

Dieser Einstieg ermöglicht es allen Kindern, auf einem ihnen vertrauten Vorstellungsniveau anzuknüpfen.

- Die Zahl repräsentiert bei dieser Aufgabenstellung die Anzahl, die durch Abzählen festgestellt werden kann. Das ist eine Vorstellung, die auch die Schwächsten besitzen.
- Sie lässt sich (wahrscheinlich mit Abzählfehlern aber im Prinzip) durch reines Zählen und Aufsagen der Zahlenfolge lösen. Kinder, die noch immer rein zählend rechnen, sind also nicht ausgeschlossen. Sie üben gleichzeitig das Zählen großer Zahlen. Und wahrscheinlich nehmen auch diese Kinder eine Bündelung vor, denn da das Zählen über Hundert sprachlich schwierig wird, ist die Wahrscheinlichkeit hoch, dass sie hier einen Haufen zur Seite schieben und wieder mit ‚1' beginnen.

Aufgrund der spätestens im Gespräch gebildeten Zehner- und Hunderterhaufen wird die rein lineare Vorstellung der Menge ergänzt durch eine dezimal strukturierte.

Falls eine Gruppe mit Zehnerbündelung etwa das Ergebnis 437 mitteilt, so ist es leicht durch die Frage ‚Wo sind die 400?' oder ‚Wo sind die 4 Hunderter?' dorthin zu führen, diese sichtbar zu machen.

Das Ergebnis dieses Schrittes ist in jedem Fall die Einsicht, dass die Anzahl großer Mengen leichter über Bündelung bestimmt werden kann, die ein immer weiter fortzusetzendes Prinzip darstellt. Wir tun dies intuitiv im Zehnersystem (1/10/100/1000/usw.), weil unsere Zahlen so aufgebaut sind. Wir bilden die Mengen analog zu den uns vertrauten Zahlen und geben damit den Zahlen eine konkrete Gestalt. Die ‚Erscheinung' der Bündelung und der dezimalen Struktur unserer Zahlen eröffnet sich freiwillig.[34] Indem wir das Problem angehen, die Anzahl zu bestimmen und sichtbar zu machen, stellen wir sie her. Wir suchen die Zehner und Hunderter in der Menge und sehen die ‚437' plötzlich ganz deutlich vor uns liegen. ‚437', das ist keine abstrakte Zahl mehr, keine Ansammlung von ‚4' und ‚3' und ‚7', wo ich beim Rechnen ‚die da' mit ‚der da' rechnen kann.

Die Zahl wird nicht nur in ihrer gesamten Dimension konkret, sondern als etwas aus unterschiedlich dimensionierten Teilen zusammengesetztes. 400 hat eine offensichtlich ganz andere Qualität als 30 oder 7. Der ‚4' als 400 kommt also eine ganz andere Bedeutung zu als den Ziffern ‚3' und ‚7' in der Zahl. Das sind die wesentlichen Erfahrungen, die gemacht werden müssen, um unser dezimales Stellenwertsystem wirklich innerlich aufzunehmen. Und diese Erfahrung wird nur als Tätigkeit gewonnen. Anschauung allein reicht nicht aus.

3.2 Konkrete symbolische Bündelung – symbolische Zeichen

Wer mit Bündelungen arbeitet, kommt früher oder später darauf, diesen in unterschiedlichen Zählgegenständen oder unterschiedlichen Zeichen eine jeweils spezifische Gestalt zu geben.

Die ägyptischen Zahlzeichen sind ein gutes Beispiel für entsprechende Zahlzeichen. So zeigt eine rund 5000 Jahre alte Zeichnung auf der Keule von König Narmer die Beute, die dieser von einem Kriegszug mitbrachte.[35]

Entsprechend gingen viele Kulturen auch dazu über, große Mengen nicht nur in riesigen Steinhaufen darzustellen, sondern dafür Gegenstände mit unterschiedlicher Wertigkeit zu benutzen. Da sich die Naturmaterialien dabei als unpraktisch erwiesen, da Steine, Stöckchen oder Muscheln, die unter anderem als Zählmaterialien verwendet wurden, oft nicht gleicher Größe und deutlich unterscheidbarere Größe waren, fing man an, aus zunächst ungebranntem Ton Zählgegenstände zu schaffen, die sich deutlich sichtbar unterschieden.[36]

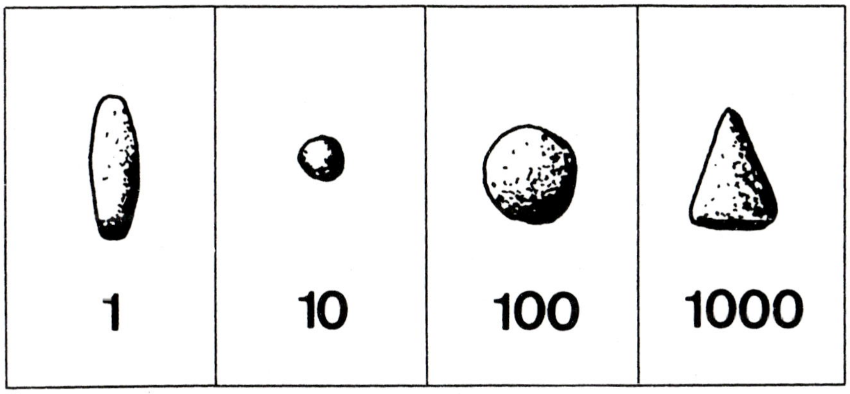

Diese Etappe in der Menschheitsgeschichte der Zahlen ist wichtig und darf im Unterricht nicht übersprungen werden. Denn bei unserem ersten Schritt bleibt die Zahl noch konkret an die Sache gebunden. Es sind 437 Erbsen oder 437 Bohnen oder 437 Reiskörner, die da gezählt wurden. Und das ist offenkundig, wenn man sich die Haufen anschaut, ganz unterschiedlich viel! Um die 437 von der Sache zu isolieren und dadurch nicht die Masse, sondern die Anzahl in ihrer Größenordnung sichtbar zu machen, darf man also nicht mehr die Gegenstände selbst zählen, sondern man muss sich ein analoges Zählmaterial schaffen – etwas, mit dem die Gegenstände gezählt wird.
Man kann den Kindern also aus der Geschichte der Menschheit erzählen: dass die Menschen früher noch gar keine großen Zahlen kannten und trotzdem Mengen festhalten und vergleichen konnten. Man kann ihnen vom Hirten erzählen, der keine Zahlen kannte und doch Rechenschaft für die Vollständigkeit der Herde ablegen musste.
Um also die Anzahl der Bodenfliesen im Flur zu bestimmen oder etwa mit denen in einem anderen Flur zu vergleichen (ohne mit Zahlen abzuzählen, denn das konnten die frühen Menschen noch nicht!), geht man zu zweit die Flure entlang und legt für jede Fliese eine Erbse in einen Becher. Die gesamte Anzahl kann dann, wie schon bekannt, durch Bündeln sichtbar gemacht und mit einer anderen verglichen werden. Allerdings offenbart sich den Kindern, wie unpraktisch das ist, weil man so viele Erbsen braucht und weil das so langwierig ist, das alles wieder aufzuzählen. Man kann ihnen also erzählen, dass die Menschen angefangen haben, Einer, Zehner, Hunderter durch unterschiedliche Gegenstände darzustellen und dieses Verfahren nun selbst anwenden, das die eigentlich bedeutsame Erfahrung in diesem zweiten Schritt darstellt. (Wenn man diese Erfahrung an den in der Klasse gezählten Erbsen, Bohnen und Hölzern bereits gemacht hat, kann man auch direkt in das nun geschilderte Verfahren einsteigen, um die Anzahl der Bodenfliesen zu bestimmen.)

Die Aufgabe ist also nun, die Fliesen im Schulhaus in der Form abzuzählen, dass man Einer-, Zehner- und Hundertersymbole verwendet: 10 Erbsen sind eine Bohne, 10 Bohnen (also 100 Erbsen) sind ein Holzstäbchen. 10 Holzstäbchen (also 1000 Erbsen) sind eine Nudel. Dann machen sich die Kinder in Vierergruppen auf den Weg, je einer mit 10 Erbsen und einem Becher, mit 10 Bohnen und einem Becher, mit 10 Streichhölzern und einem Becher sowie 10 Nudeln und einem Becher ausgerüstet. Der Erste legt nun für jede Fliese eine Erbse in den Becher. Sind die weg, so legt der Zweite eine Bohne in seinen Becher und der Erste nimmt seine Erbsen wieder in die Hand. Das geht immer so weiter, bis alle Bohnen im Becher sind, woraufhin der Dritte ein Streichholz in seinen Becher tut und der Zweite die Bohnen in die Hand nimmt.
Dieses ständige Umtauschen ‚10 zu 1' ist eine wichtige Konditionierung, denn sie macht die unterschiedliche Wertigkeit augenscheinlich. Ein Holzstäbchen ist eben nicht nur ‚1', sondern es dauert ziemlich lange, bis endlich eines in den Becher darf. Zehnmal müssen Erbsen zu Bohnen getauscht werden, bevor man so weit ist. 10 x 10! Und die Nudeln kommen gar nicht zum Zuge. So viel sind eintausend!

Mit ihren Ergebnissen aus den Fluren kommen die Kinder zurück in den Kreis, und plötzlich sehen wir, dass wir mit diesen symbolischen Zahlgegenständen nicht nur Anzahlen benennen und vergleichen können, sondern sogar rechnen (siehe B 3.4). Erbsen, Bohnen und Holzstäbchen werden auf diesem Wege zu einem praktischen und bildenden Rechenmittel. Voraussetzung ist nur, dass den Kindern zuvor die unterschiedliche Wertigkeit der Gegenstände – wie dargestellt – handgreiflich geworden ist. Im Gebrauch dieser symbolischen Wertigkeiten erfahren sie dann, was dezimale Bündelung bedeutet und wie auf ihrer Grundlage handelnd gerechnet wird.

3.3 Konkrete Stellenwertlogik

Haben die Kinder handelnd erfahren, welche Dimension große Anzahlen haben, wie Bündelungen entstehen und wie mit Bündelungen in Form von Gegenständen gerechnet werden kann, so kann man mit Hilfe des römischen Rechenbretts die Stellenwertlogik ins Spiel bringen. Die Handhabung dieses zentralen Rechenmittels wurde bereits ausführlich beschrieben (S. 95–119) und muss hier nicht erneut ausgeführt werden. Wichtig ist dabei, dass die Arbeit am Rechenbrett rechenschwachen Kindern *noch einmal* eine Chance gibt, sich *auf der Basis ihres inneren Zahlkonzepts* zu den Einsichten in die Logik des Bündelns und des stellenweisen Rechnens vorzuarbeiten. Dies ist möglich, da das Brett auf einzigartige Weise elementare Handlungsvorgänge mit komplizierten Rechnungen verbindet und insbesondere dem Positionssystem eine klar verständliche Gestalt gibt, als deren Nachbild schließlich auch die abstrakten dezimal strukturierten Zahlen verstanden werden.

3.4 Abstrakte Stellenwertlogik

Dies ist der letzte Verständnispfeiler, den die Kinder in ihrem Denken verankern müssen, wenn sie verständig rechnen wollen. Sie müssen in der Lage sein, hinter den Ziffern und Positionen, aus denen eine Zahl gebildet wird, die Wertigkeiten zu spüren und im Rechnen zu benutzen. Wer dies kann, der kann sich einen klaren Begriff der Größenordnung machen, die als Resultat einer Rechnung in Frage kommt. Und der wird die Schritte seines Rechnens den jeweils beteiligten Zahlen geschickt anpassen.

Diese abstrakte Stellenwertlogik wird befördert, wenn das Rechnen mit unseren Zahlen sich vor dem Hintergrund konkreter Handlungserfahrungen vollzieht und aus diesen heraus entwickelt wird. Wenn etwa die schriftliche Addition und Subtraktion aus den Vorerfahrungen des Rechenbretts gewonnen werden, dann sind sie mehr als ein trockenes Rechenschema, das korrekt durchzuführen ist. Und auch beim Kopfrechnen bekommen die Zahlen und Aufgaben eine andere Gestalt, wenn diese vor dem Hintergrund von Legeerfahrungen gesehen werden, wie sie hier im Umgang mit Erbsen, Bohnen und Holzstäbchen vorgeschlagen wurden.

Das letzte Ziel dieses Rechenlehrgangs ist eines, das nicht eigentlich angestrebt werden muss, weil es vor dem Hintergrund, dass wir ohnehin in unserer Zahlenwelt leben und die Kinder *diesen* Erfahrungen gar nicht ausweichen können, ohne unser weiteres Zutun von selbst erreicht wird. – Vorausgesetzt, wir helfen, den Boden dafür zu bereiten.

4. Das vierte Schuljahr

Zum vierten Schuljahr bleibt vor diesem Hintergrund wenig zu sagen. Soweit es um Zahlenkonzepte und Verständnispfeiler geht, ist alles angelegt. Im vierten Schuljahr geht es, wie schon im zweiten, vor allem darum, die vorhandene Basis zu sichern und quantitativ auszubauen.
Dies geschieht zum einen durch die Einführung der schriftlichen Multiplikation und Division, die ich, so weit sie aus der Arbeit mit dem Rechenbrett hervorgeht, dargestellt habe (siehe S. 119 ff.) Dies geschieht zum zweiten durch eine erweiterte Behandlung der Größen, wobei nun auch die sehr großen und sehr kleinen Maßeinheiten ins Spiel kommen. Und das geschieht drittens durch die Erweiterung des Zahlenraumes in den Millionenbereich, was qualitativ ebenfalls nichts Neues darstellt.
Wer die *Idee der Bündelung* verstanden hat und die Zahlen in ihrer Stellenwertlogik lesen kann, dem bereiten die großen Zahlen nicht mehr Probleme als sie auch jedem Erwachsenen bereiten, da sie ab einer gewissen Dimension unser aller Fassungsvermögen übersteigen. Darin vielleicht, *in der Kompetenz, auch mit dem nicht völlig Fassbaren rechnen zu können*, liegt noch am ehesten das Neue, was das Rechnen des vierten Schuljahres mit sich bringt.

4.1 Rechnen im Unbekannten

Die Zahlen, der durch Zahlen gesteuerte Blick auf die Welt, die Operationen, mit denen die Vorgänge beschrieben und die Verfahren, mit denen die so entstehenden Fragestellungen beantwortet werden, all dies ist so weit gefestigt, dass es zu einer eigenen Realität in den Kindern geworden ist, über die sie verfügen können. Die Sicherheit, die im ersten Schuljahr noch auf der Ebene des konkreten Legens hergestellt werden musste, entsteht langsam auf der Ebene unserer Zahlen. Dies macht es möglich, unsichere Inhalte in Angriff zu nehmen, die mit diesem – unserem – Repertoire erschlossen werden können.
So können wir uns nun zum Beispiel – nicht mehr (oder nur sehr begrenzt) anschaulich, dafür aber rechnend und berechnend – mit dem Weltraum auseinander setzen, mit der Stellung der Erde und der Planeten, mit den unser Vorstellungsvermögen übersteigenden Dimensionen des Sonnensystems.[37] Die Zahlen machen gerade durch ihre Abstraktheit und durch unser abstraktes Verständnis den Weltraum und ähnliche Gegenstände (wenn auch nicht fassbar, so doch) beschreibbar. Die Welt der Zahlen schafft uns ein sicheres Terrain, von dem aus wir forschend unsicheres untersuchen können. Das ermutigt uns, die Grenzen unseres Denkens zu erweitern.
Dass wir unser Denken und unseren Horizont aber über das uns Bekannte hinaus ausdehnen, dass wir am noch Unbekannten neue Vorstellungen entwickeln und uns selbst dort assimilierend einrichten können, in diesem Prozess liegt unsere Freiheit begründet, denn hier sind wir als Menschen schöpferisch tätig. Das eigentlich ist der wichtigste Pfeiler, der im Prozess des Rechnenlernens ***von Anfang* an** beachtet werden muss und durch das hier vorgestellte Konzept beachtet werden kann. Gerade aus diesem Bedürfnis heraus entstand das Konzept ‚Rechnen durch Handeln' oder ‚durch Rechnen zur Mathematik'.

Anhang

Übungsaufgaben zum 10-Minuten-Rechnen

3 · 2 =	14 : 2 =	_ · 2 = 10
7 · 2 =	10 : 2 =	_ · 2 = 16
6 · 2 =	12 : 2 =	_ · 2 = 4
9 · 2 =	18 : 2 =	_ · 2 = 18
10 · 2 =	6 : 2 =	_ · 2 = 12
4 · 2 =	20 : 2 =	_ · 2 = 20
5 · 2 =	4 : 2 =	_ · 2 = 2
8 · 2 =	16 : 2 =	_ · 2 = 14
0 · 2 =	2 : 2 =	_ · 2 = 0

9 · 3 =	21 : 3 =	_ · 3 = 15
4 · 3 =	12 : 3 =	_ · 3 = 6
7 · 3 =	30 : 3 =	_ · 3 = 12
10 · 3 =	0 : 3 =	_ · 3 = 0
6 · 3 =	15 : 3 =	_ · 3 = 24
3 · 3 =	27 : 3 =	_ · 3 = 9
8 · 3 =	9 : 3 =	_ · 3 = 18
5 · 3 =	18 : 3 =	_ · 3 = 27
2 · 3 =	24 : 3 =	_ · 3 = 3

5 · 10 =	100 : 10 =	_ · 10 = 30
8 · 10 =	70 : 10 =	_ · 10 = 80
6 · 10 =	0 : 10 =	_ · 10 = 10
0 · 10 =	20 : 10 =	_ · 10 = 60
9 · 10 =	50 : 10 =	_ · 10 = 0
3 · 10 =	90 : 10 =	_ · 10 = 100
1 · 10 =	10 : 10 =	_ · 10 = 70
7 · 10 =	60 : 10 =	_ · 10 = 90
2 · 10 =	80 : 10 =	_ · 10 = 40

4 · 5 =	40 : 5 =	_ · 5 = 0
7 · 5 =	30 : 5 =	_ · 5 = 20
3 · 5 =	15 : 5 =	_ · 5 = 40
8 · 5 =	50 : 5 =	_ · 5 = 35
5 · 5 =	20 : 5 =	_ · 5 = 15
9 · 5 =	35 : 5 =	_ · 5 = 25
2 · 5 =	10 : 5 =	_ · 5 = 50
0 · 5 =	45 : 5 =	_ · 5 = 45
6 · 5 =	25 : 5 =	_ · 5 = 30

6 · 4 =	32 : 4 =	_ · 4 = 16
9 · 4 =	16 : 4 =	_ · 4 = 8
2 · 4 =	24 : 4 =	_ · 4 = 20
8 · 4 =	40 : 4 =	_ · 4 = 36
3 · 4 =	8 : 4 =	_ · 4 = 0
5 · 4 =	28 : 4 =	_ · 4 = 24
4 · 4 =	12 : 4 =	_ · 4 = 12
7 · 4 =	36 : 4 =	_ · 4 = 32
1 · 4 =	20 : 4 =	_ · 4 = 28
10 · 4 =	4 : 4 =	_ · 4 = 40

3 · 6 =	36 : 6 =	_ · 6 = 6
7 · 6 =	18 : 6 =	_ · 6 = 24
4 · 6 =	42 : 6 =	_ · 6 = 42
2 · 6 =	6 : 6 =	_ · 6 = 18
8 · 6 =	30 : 6 =	_ · 6 = 30
5 · 6 =	54 : 6 =	_ · 6 = 12
9 · 6 =	12 : 6 =	_ · 6 = 54
0 · 6 =	24 : 6 =	_ · 6 = 60
6 · 6 =	48 : 6 =	_ · 6 = 48
10 · 6 =	60 : 6 =	_ · 6 = 36

Übungsaufgaben zum 10-Minuten-Rechnen

3 · 7 =	49 : 7 =	_ · 7 = 21
7 · 7 =	14 : 7 =	_ · 7 = 63
4 · 7 =	35 : 7 =	_ · 7 = 28
2 · 7 =	70 : 7 =	_ · 7 = 56
8 · 7 =	56 : 7 =	_ · 7 = 35
5 · 7 =	21 : 7 =	_ · 7 = 70
9 · 7 =	63 : 7 =	_ · 7 = 14
6 · 7 =	7 : 7 =	_ · 7 = 49
0 · 7 =	28 : 7 =	_ · 7 = 0
10 · 7 =	42 : 7 =	_ · 7 = 42

5 · 8 =	48 : 8 =	_ · 8 = 32
8 · 8 =	16 : 8 =	_ · 8 = 48
2 · 8 =	32 : 8 =	_ · 8 = 0
6 · 8 =	80 : 8 =	_ · 8 = 80
3 · 8 =	56 : 8 =	_ · 8 = 56
1 · 8 =	24 : 8 =	_ · 8 = 24
7 · 8 =	72 : 8 =	_ · 8 = 72
0 · 8 =	48 : 8 =	_ · 8 = 16
9 · 8 =	8 : 8 =	_ · 8 = 64
4 · 8 =	40 : 8 =	_ · 8 = 40

5 · 9 =	90 : 9 =	_ · 9 = 54
8 · 9 =	45 : 9 =	_ · 9 = 36
2 · 9 =	81 : 9 =	_ · 9 = 18
9 · 9 =	36 : 9 =	_ · 9 = 72
1 · 9 =	54 : 9 =	_ · 9 = 45
3 · 9 =	18 : 9 =	_ · 9 = 63
6 · 9 =	9 : 9 =	_ · 9 = 0
4 · 9 =	72 : 9 =	_ · 9 = 27
7 · 9 =	27 : 9 =	_ · 9 = 81
0 · 9 =	63 : 9 =	_ · 9 = 9

6 · 7 =	56 : 8 =	_ · 8 = 64
9 · 8 =	48 : 6 =	_ · 9 = 72
7 · 8 =	72 : 9 =	_ · 7 = 56
6 · 6 =	64 : 8 =	_ · 6 = 54
8 · 7 =	54 : 9 =	_ · 8 = 72
9 · 6 =	49 : 7 =	_ · 7 = 63
7 · 7 =	81 : 9 =	_ · 8 = 56
8 · 6 =	54 : 6 =	_ · 9 = 81
9 · 9 =	72 : 8 =	_ · 7 = 49
8 · 8 =	56 : 7 =	_ · 9 = 63

Kopiervorlage 1 x 1 Pass

Hiermit wird bescheinigt,

dass ________________

alle Mal-, Geteilt- und
Ergänzungsaufgaben
des kleinen 1 x 1

schnell und sicher
im Kopf rechnen kann.

____
Ort, Datum

____
Unterschrift

1 x 1 Pass
von

____

Foto

Beherrscht alle Aufgaben der 10er-Reihe schnell und sicher.	Beherrscht alle Aufgaben der 9er-Reihe schnell und sicher.
Beherrscht alle Aufgaben der 5er-Reihe schnell und sicher.	Beherrscht alle Aufgaben der 6er-Reihe schnell und sicher.
Beherrscht alle Aufgaben der 2er-Reihe schnell und sicher.	Beherrscht alle Aufgaben der 8er-Reihe schnell und sicher.
Beherrscht alle Aufgaben der 3er-Reihe schnell und sicher.	Beherrscht alle Aufgaben der 7er-Reihe schnell und sicher.
Beherrscht alle Aufgaben der 4er-Reihe schnell und sicher.	Beherrscht alle Aufgaben durcheinander schnell und sicher.

Stufen der Abstraktion

Analoge Abbildung (geordnet)

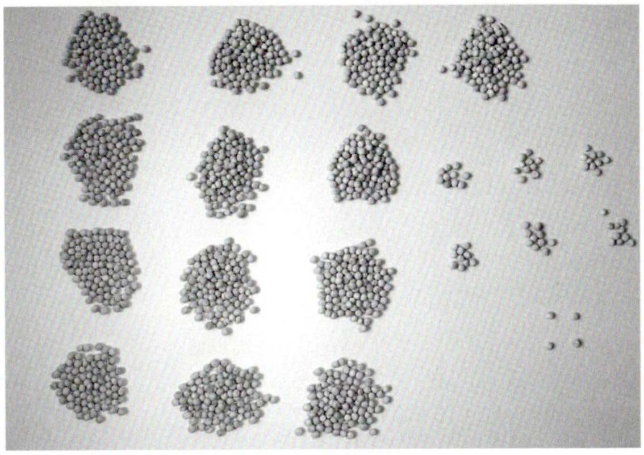

1.364

Konkretes Stellenwertsystem

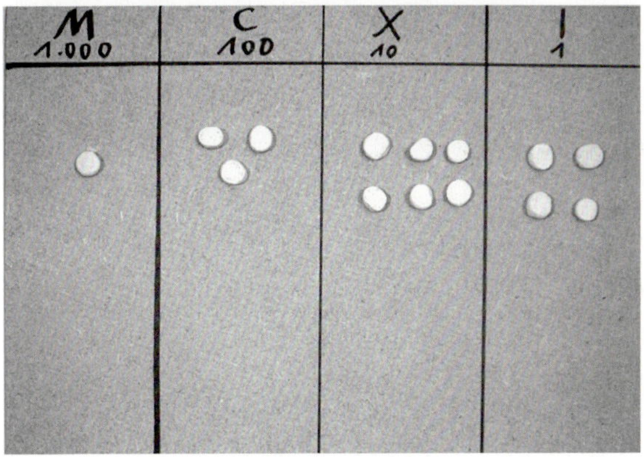

1.364

Konkrete Bündelung

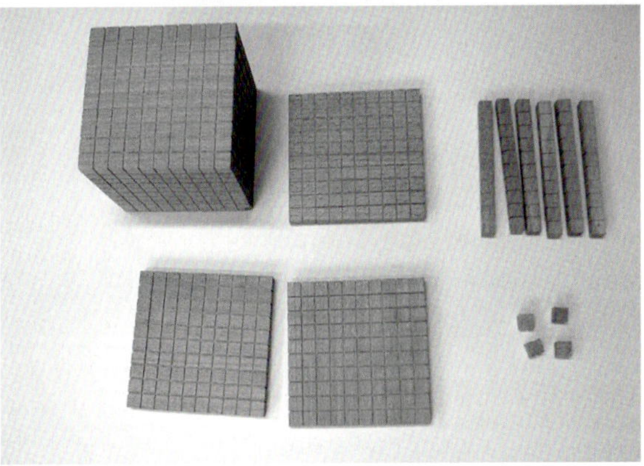

1.364

Konkretes Stellenwertsystem mit Zahlzeichen

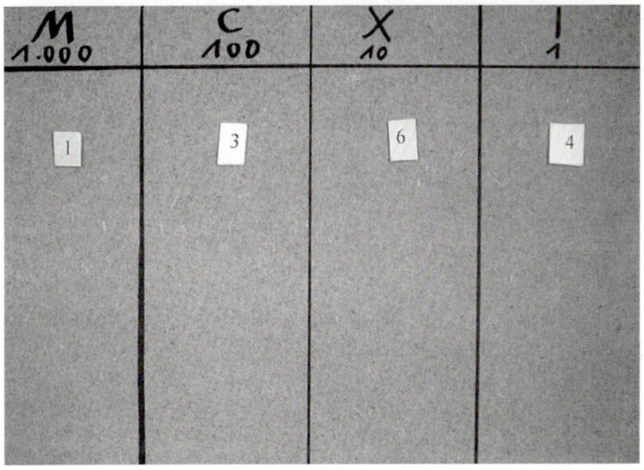

1.364

Symbolische Bündelung

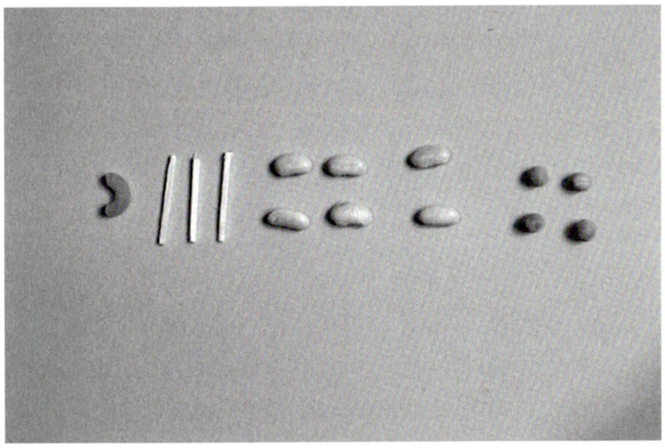

1.364

Abstrakte Zahl

1.364

Addition

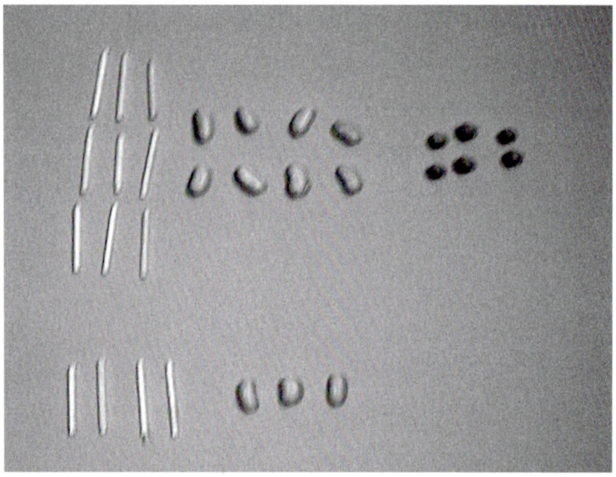

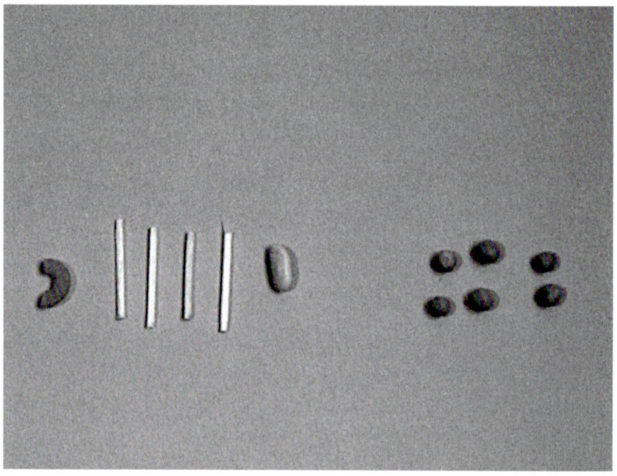

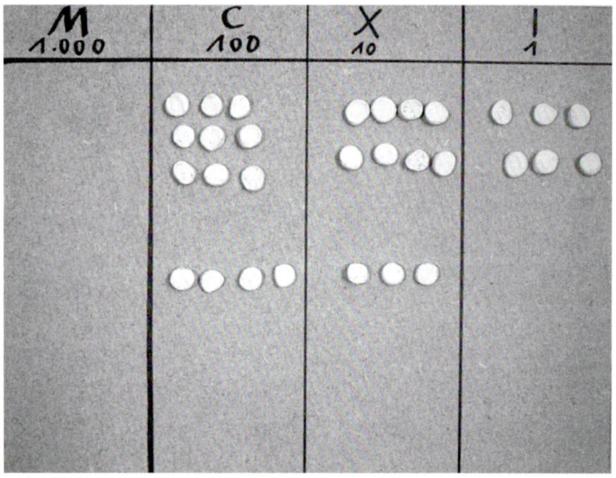

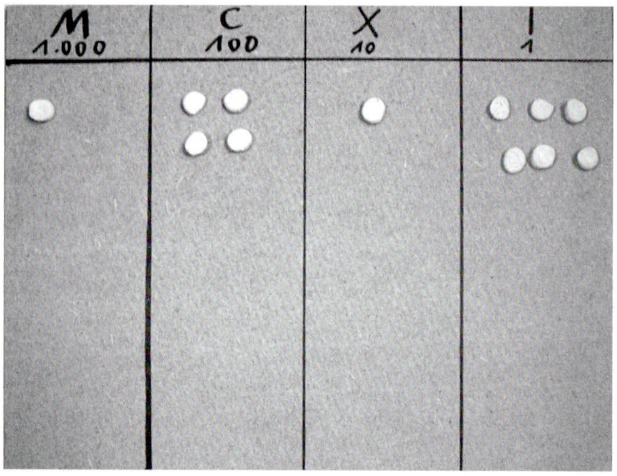

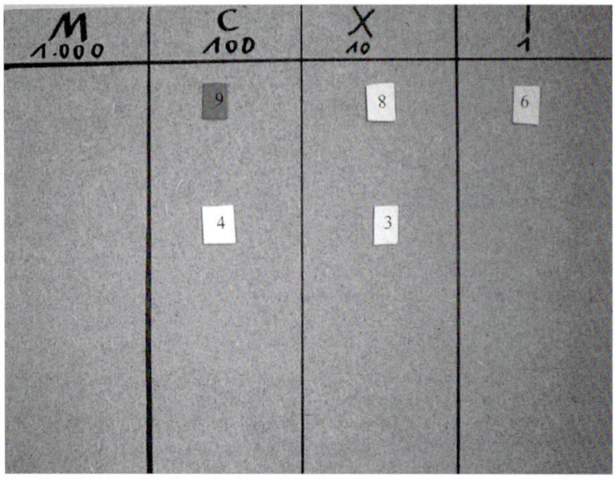

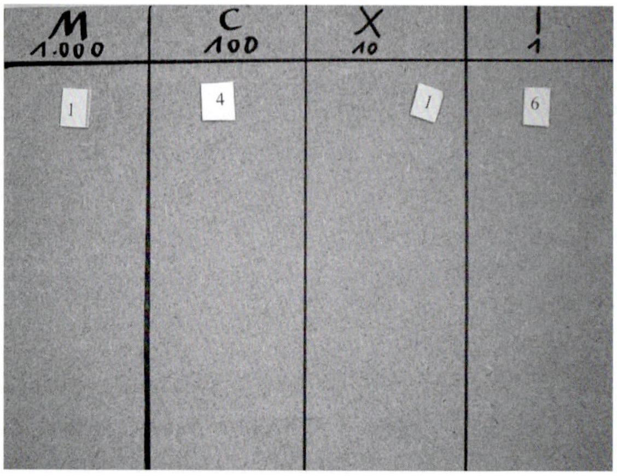

986 + 430

= 4.116

Subtraktion

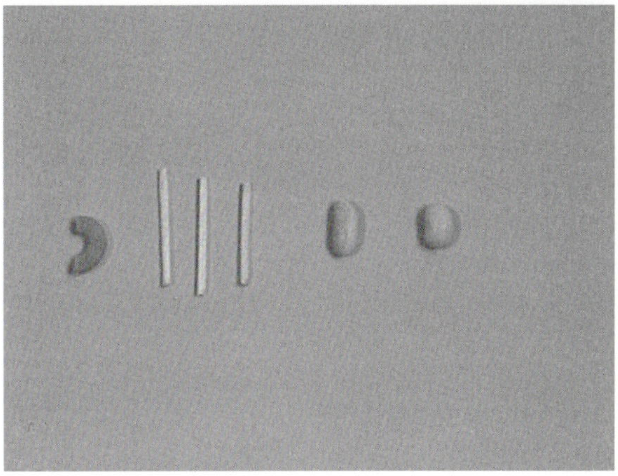

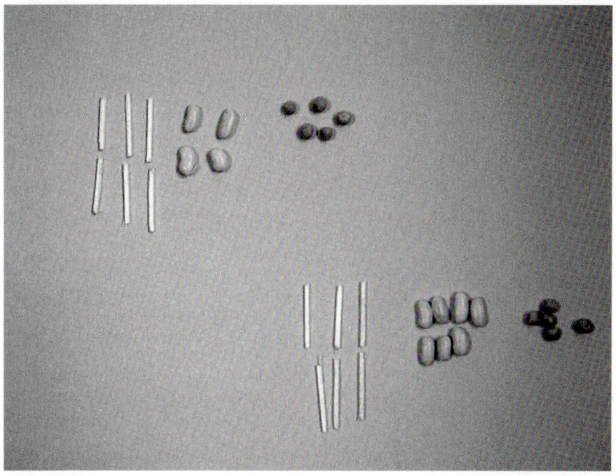

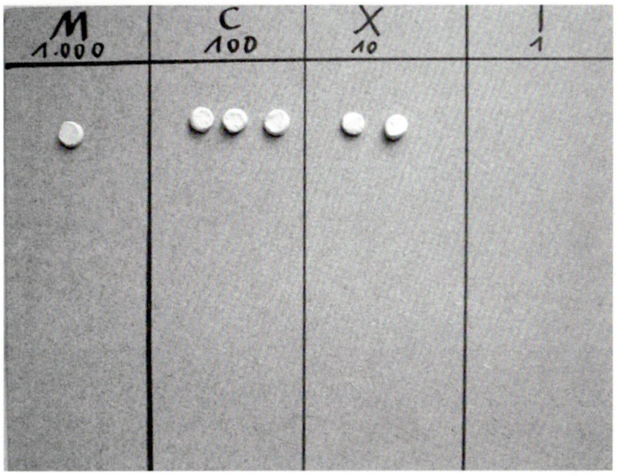

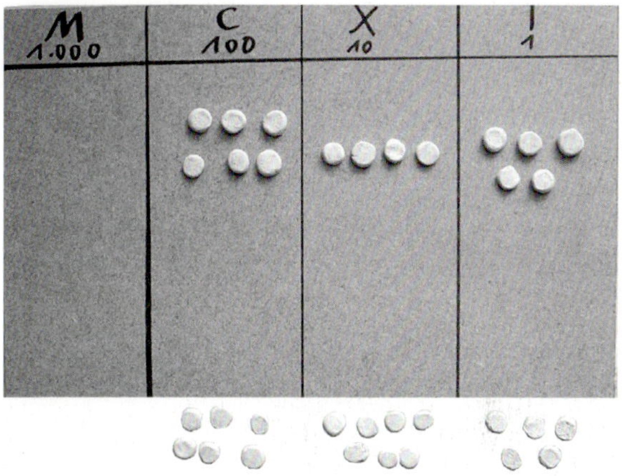

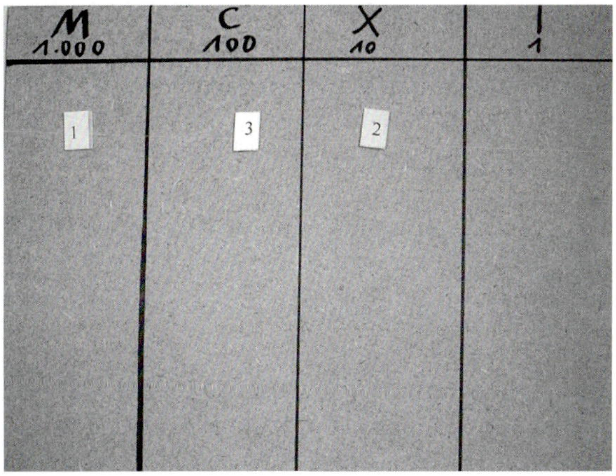

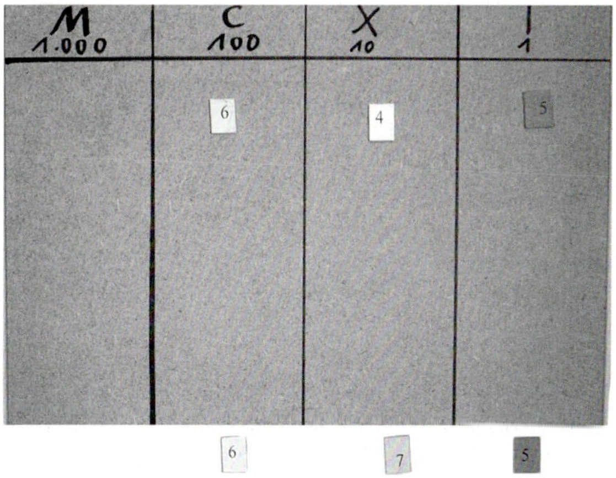

1.320 – 675 = 645

Multiplikation

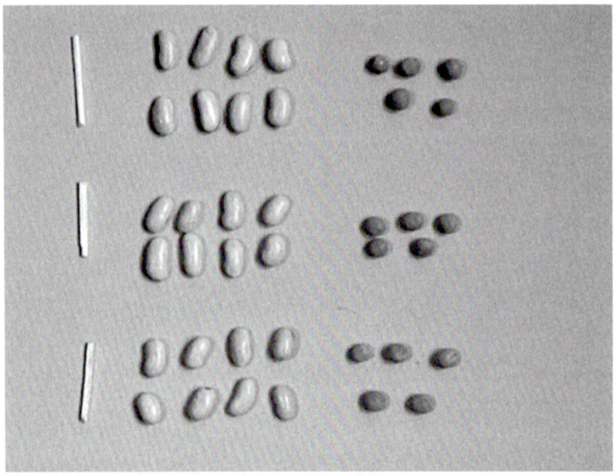

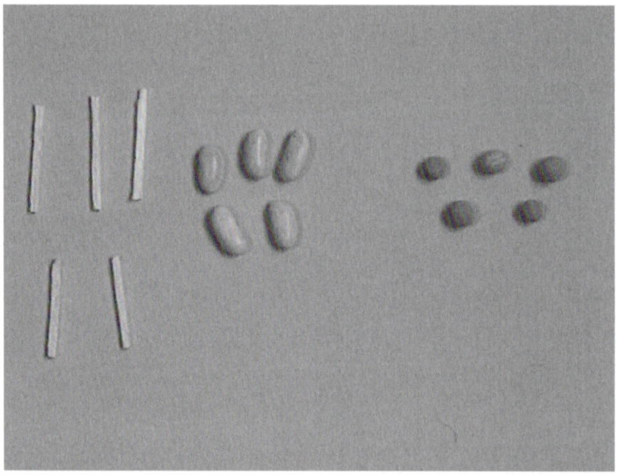

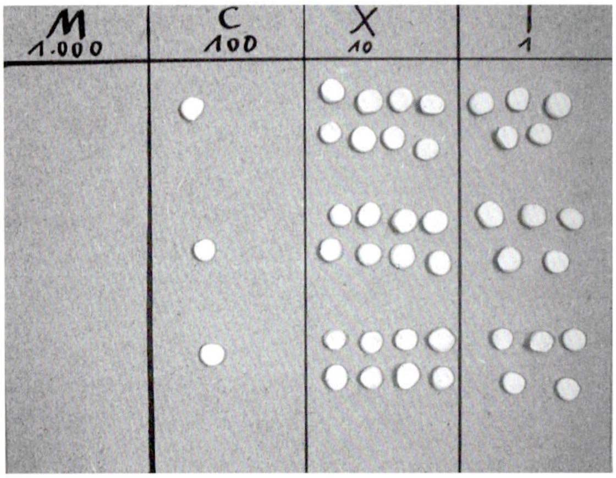

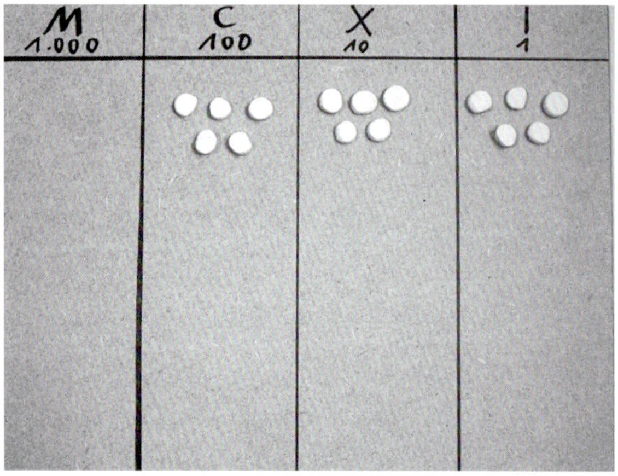

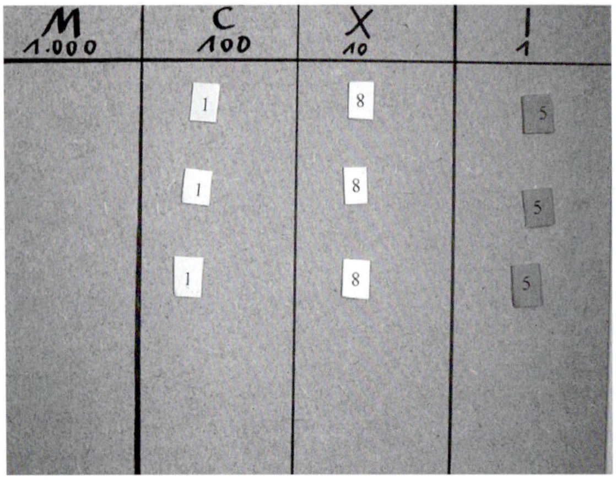

3 x 185

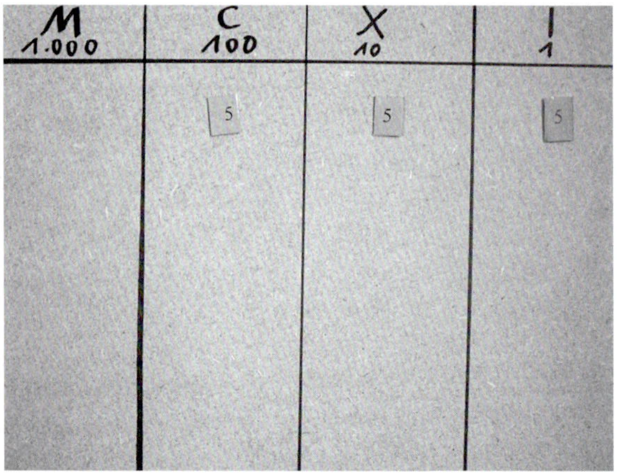

= 555

Division

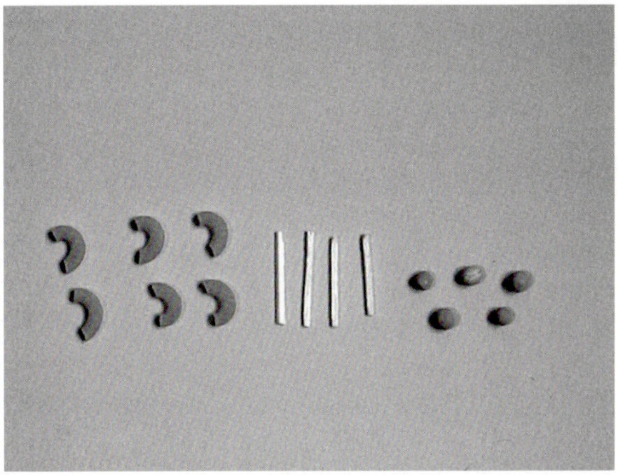

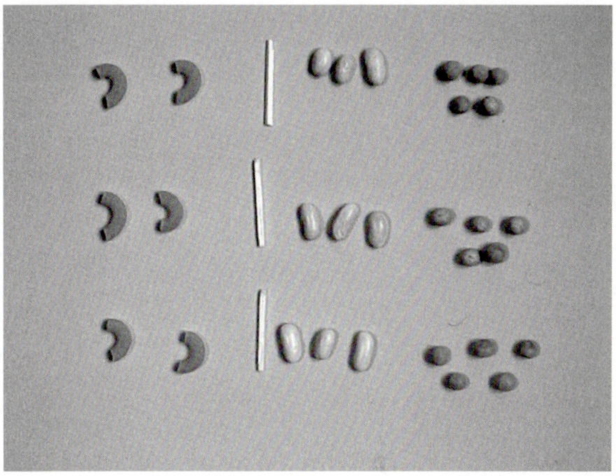

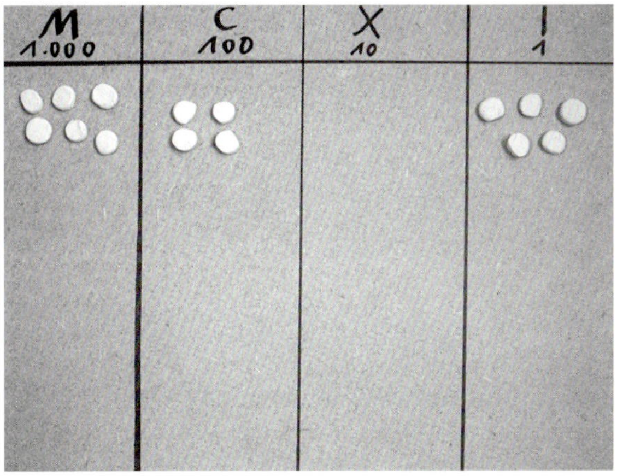

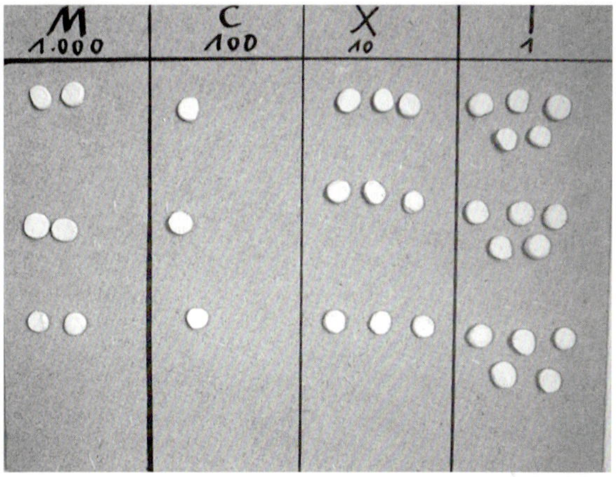

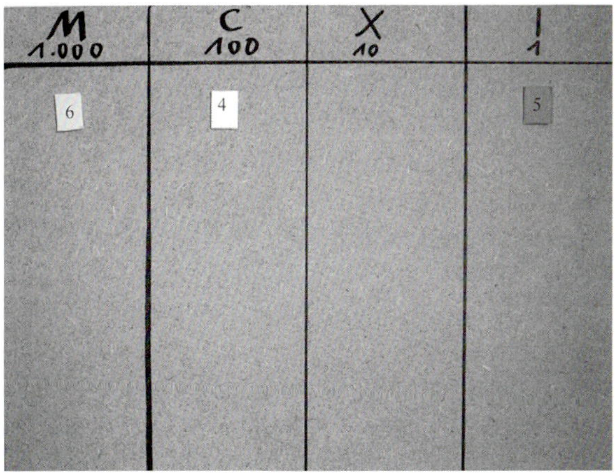

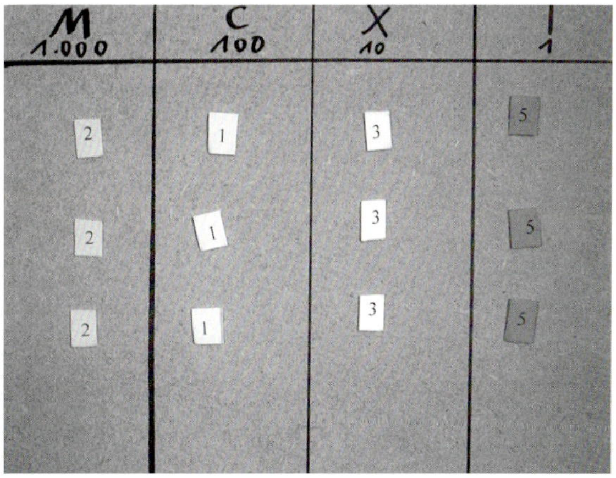

6.405

: 3 = 2.135

Anmerkungen

1 Wittmann, in: Baum/Willpütz (Hrsg.) 2003, S. 27.
2 Handbuch des Mathematikunterrichts, Band 1, S. 77.
3 Selter/Spiegel 2003, S. 19.
4 Raddatz/Schipper u. a. 1996, S. 4.
5 Raddatz/Schipper u. a. 1998, S. 77. Siehe auch 1996, S. 84.
6 Zur Kritik am Kugelrahmen, siehe B 2.3 und 2.4.
7 Erichson 1997, S. 48.
8 Martin Wagenschein 1970, S. 49.
9 Viele weitere interessante Anregungen für das Sachrechnen finden sich bei Raddatz/ Schipper u. a. 1999 und 2000 in den diesbezüglichen Abschnitten.
10 Siehe auch: Kapitel Frühling in: LEONARDO, Band 1.
11 Zu diesem Vorschlag, siehe auch LEONARDO, Band 2.
12 Zum Begriff der Formation, siehe Wagenschein 1970, S. 51.
13 Ifrah 1987, S. 29 und 119.
14 Charles Dickens, zit. in Ifrah 1987, S. 113.
15 Raddatz/Schipper 1996, S. 30.
16 Vergl. Raddatz/Schipper, u. a. 1996, S. 41 ff., 1998, S. 29 ff., 48 ff. und 90 f. sowie 1999, S. 65.
17 Zum Rechenstrich siehe ebd., S. 58 f. und Spiegel/Selter 2003, S. 23.
18 Siehe Ifrah 1987, S. 528–539 und 553.
19 Zu sinnvollen Einsatzmöglichkeiten des Taschenrechners, siehe Raddatz/Schipper u. a. 1996, S. 112 und 1998, S. 13 ff.
20 Vergl. Raddatz/Schipper 1996, S. 54.
21 Siehe Ifrah 1987, S. 136 ff.
22 Zum Problem der Subtraktion, siehe unten S. 122 ff.
23 Holzschnitt von Gregorius Reisch (Freiburg 1503), aus: Ifrah 1987, S. 147.
24 Raddatz/Schipper u. a. 1999, S. 131.
25 Raddatz/Schipper u. a. 1998, S. 32.
26 Vergl. Wagenschein 1968, S. 10–13.
27 Diese Aussage ist im Zusammenhang mit dem nächsten Satz zu lesen. Es soll betont werden, dass mit dem Umweltaspekt der qualitative Aspekt gemeint ist, weil allein die Behandlung der Maßeinheiten (von den Kindern faktisch als Zahlen mit Anhängsel genommen) im Blick auf deren inneres Zahlkonzept noch nichts Neues hervorruft. Schaut man dagegen auf die neuen Qualitäten, so wird die Tatsache deutlich, dass hier nicht mehr Abzählbares gemessen wird, warum sich auf einer ersten Stufe neue gegenständliche Analogien eignen. (Statt Würfel für Anzahlen nun Streifen für Längen.)

In dem Moment aber, in dem das Nicht-Abzählbare durch Messen mit Einheiten abzählbar gemacht wird, indem wir eine Länge in Zentimeter oder ein Gewicht in Kilogramm und Gramm dokumentieren, werden diese untersuchten Größen selbst wieder zu Modellen für Zahlen. Sie fügen dem reinen Anzahlkonzept (indem sie durch die Messung in dieses überführen) neue Bilder hinzu, so dass dieses komplexer wird. Beim Wiegen von Gegenständen und Abmessen von Längen entstehen Zwischenwerte, die das Bedürfnis nach einem Zahlenkontinuum entstehen lassen. Andererseits zeigen die Skalen auf der Küchenwaage oder dem Zollstock linear geordnete Zahlen und unterstützen damit dieses Bild, an das Zahlenstrahl und Rechenlinie anknüpfen können.

[28] Siehe dazu auch LEONARDO, Bd. 1 sowie im Lehrerband das Kapitel ‚Frühling'.

[29] Raddatz/Schipper u. a. 1998, S. 81.

[30] Dieser Vorschlag entspricht einschließlich der nachfolgend beschriebenen Erarbeitung der 100 Einmaleinsaufgaben dem im Schulbuch LEONARDO Bd. 2 empfohlenen Weg.

[31] Jedes Kind, das mitspielt, erhält zu Anfang eine gleiche Anzahl der gemischten Karten. Jedes wählt eine und legt sie zunächst verdeckt vor sich. Nachdem alle gleichzeitig ihre Karte umgedreht haben, erhält das Kind den Stoß, das die meisten Kästchen hat.
Hier kommt es nicht nur auf Kartenglück, sondern auch auf Taktik an. Spiele ich meine hohen Werte gleich am Anfang aus? Schone ich sie? Wann rechnen meine Mitspieler eher mit einer niedrigen Karte? Vor allem aber muss ich meine Karten einschätzen können. Dieses Rechteck hat 7 x 4 Kästchen. Jenes hat 5 x 8 Kästchen und das dritte 9 x 2. Ich lerne, die Größenordnungen abzuschätzen. Dieses Abschätzen findet auch bei der Variante Eingang, dass immer reihum einer eine Karte aufdeckt und die anderen entscheiden müssen, ob und wie sie darüber gehen, bzw. was sie abwerfen.

[32] Vergl. die von Raddatz/Schipper vorgeschlagenen Punktefelder (1998, S. 85 f.)

[33] Siehe dazu: Rödler 1997, 1998a, 1998b und 2004 .

[34] Vergl. oben S. 38, sowie Wagenschein 1970, S. 49.

[35] Aus: Ifrah 1987, S. 119.

[36] Ebd.

[37] Dieses Projekt, einschließlich einiger Bereicherungen für den Mathematikunterricht, ist ausführlich dargestellt in: Rödler 1999.

Literatur

M. Baum/H. Wielpütz (Hrsg.): ‚Mathematik in der Grundschule', Seelze 2003
Chr. Erichson: ‚Authentische Texte zum Mathematiklernen'; in: Grundschulzeitschrift 102, Seelze 1997
Chr. Erichson: ‚Von Lichtjahren, Pyramiden und einem regen Wurm', Hamburg o. J.
G. Galilei: ‚Dialog über die beiden hauptsächlichen Weltsysteme', Stuttgart 1982
G. Ifrah: ‚Universalgeschichte der Zahlen', Frankfurt 1987
G. Müller u. a. (Hrsg.): ‚Arithmetik als Prozess', Seelze 2004
H. Radatz/W. Schipper u. a.: ‚Handbuch für den Mathematikunterricht, Band 1', Hannover 1996
H. Radatz/W. Schipper u. a.: ‚Handbuch für den Mathematikunterricht, Band 2', Hannover 1998
H. Radatz/W. Schipper u. a.: ‚Handbuch für den Mathematikunterricht, Band 3', Hannover 1999
K. Rödler: ‚Rechnen am römischen Rechenbrett'; in: Grundschule 11/97, Braunschweig 1997
K. Rödler: ‚Auf fremden Wegen ins Reich der Zahlen'; in: Grundschule 5/98, Braunschweig 1998
K. Rödler: ‚Die Geschichte der Zahlen und des Rechnens;' in: mathematik lehren 87/98, Seelze 1998
K. Rödler: ‚Mit Kindern den Weltraum entdecken;' in: Grundschulzeitschrift 129/99, Seelze 1999
K. Rödler: ‚Zählen ohne Zahlen', ‚Rechnen bis 1000', ‚Schriftliche Addition', ‚Abziehen mit Entbündeln', ‚Ägyptische Zahlzeichen', Römische Zahlzeichen'; in: Grundschule Mathematik 1/2004, Seelze 2004
W. Schipper/R. Dröge u. a.: ‚Handbuch für den Mathematikunterricht, Band 4', Hannover 2000
A. Sieglin/W. Goll: ‚Schule der Zukunft', Berlin 1990
H. Spiegel/Chr. Selter: ‚Kinder & Mathematik', Seelze 2003
M. Wagenschein: ‚Verstehen lehren', Weinheim 1970
E. Wittmann/G. Müller: ‚Handbuch produktiver Rechenübungen Band 1', Stuttgart **Jahr?**
E. Wittmann/G. Müller: ‚Handbuch produktiver Rechenübungen Band 2', Stuttgart 1994

Als Schulbücher:

Leonardo: D. Mosel-Göbel/M. Stein (Hrsg.): Verlag Moritz Diesterweg, Frankfurt am Main
Zahlenbuch: E. Wittmann/G. Müller (Hrsg.): Ernst Klett Schulbuchverlag, Stuttgart